新工科暨卓越工程师教育培养计划航空航天类专业系列教材

流动声学声比拟理论

Acoustic Analogy of Flow Induced Sound

毛义军　徐　辰　主编

华中科技大学出版社
中国·武汉

内 容 简 介

本书围绕流动声学声比拟理论的三大核心问题：声源、声学变量和波动算子逐步展开。其中，第2~5章详细介绍了不同边界条件下的声比拟理论，第6章介绍了基于声学矢量的声比拟理论，第7章和第8章分别介绍了考虑介质运动和黏性效应对声传播影响的声比拟理论，第9章在总结当前声比拟理论研究的基础上对未来声比拟研究进行了展望。

通过本书的学习，读者可以掌握流动声学声比拟理论的思想和原理，学会利用声比拟理论开展工程问题的分析，同时了解声比拟理论存在的缺陷和不足。

本书可以作为高等院校高年级本科生或研究生的教材及参考用书，也可以作为力学、航空、航天、航海、机械工程、车辆工程和能源动力等领域的教师和科研工作者的参考用书。

图书在版编目(CIP)数据

流动声学声比拟理论 / 毛义军，徐辰主编. -- 武汉：华中科技大学出版社，2024.12. -- ISBN 978-7-5772-1462-7

Ⅰ. O351.2；O42

中国国家版本馆 CIP 数据核字第 2024QP1981 号

流动声学声比拟理论
Liudong Shengxue Shengbini Lilun

毛义军　徐　辰　主编

策划编辑：陈舒淇	
责任编辑：刘艳花	
封面设计：原色设计	
责任校对：刘小雨	
责任监印：曾　婷	
出版发行：华中科技大学出版社（中国·武汉）	电话：(027)81321913
武汉市东湖新技术开发区华工科技园	邮编：430223
录　　排：华中科技大学惠友文印中心	
印　　刷：武汉市洪林印务有限公司	
开　　本：787mm×1092mm　1/16	
印　　张：11.5	
字　　数：295 千字	
版　　次：2024 年 12 月第 1 版第 1 次印刷	
定　　价：42.00 元	

本书若有印装质量问题，请向出版社营销中心调换
全国免费服务热线：400-6679-118　竭诚为您服务
版权所有　侵权必究

前　言

流体运动伴随的声学现象广泛存在于自然界和人类的日常生活中,例如风声、流水声和笛子声,这些声音往往悦耳动听,让人身心放松。但是,随着气体动力技术的出现与发展,气体高速运动伴随的声学现象开始以噪声的形式负面地影响着人类的生产和生活。因此,科学家和工程师甚至广大居民逐渐开始关注流动噪声的研究和控制。

基于现阶段的国家战略需求和经济发展需要,促进我国流动声学的研究具有重要的价值和意义。降低流动噪声不仅对提升国防装备的隐声性能和改善生产生活环境具有重要的意义,也是保障众多装备安全、可靠运行需要解决的关键技术难题。特别地,2024年《政府工作报告》明确指出积极打造"低空经济"和"商业航天"等新增长引擎,可以预见广泛使用的低空飞行器和高频发射的商业火箭都需要重点关注和解决流动诱发噪声对周围环境和安全飞行带来的负面影响。

声比拟理论是流动声学领域中目前理论价值最重要、工程应用最广泛的理论。因此,在流动声学研究的第三个黄金时代来临之际,编者根据自己的研究经历和知识体系对声比拟理论过往研究的一些工作进行总结,汇编成此书。其目的主要包括以下几个方面:一是介绍声比拟理论的发展历程和典型应用,包括编者在其中开展的一些工作,期望能够给感兴趣的读者提供一些有益的参考;二是祖国的日益强大为我国流动声学的基础理论和工程应用研究提供了极好的机遇,编者期望为实现我国流动声学研究从并跑到领跑的历史进程作出一些力所能及的贡献;三是总结已有的工作,并反思其中存在的不足,为促进一些工程问题的解决提供新的可能的思路。

本书围绕声比拟理论的三大核心问题:声源、声学变量和波动算子逐步展开。其中声源与流体运动的边界条件和初始条件密切相关。第2～5章详细介绍了不同边界条件下的声比拟理论,并重点分析边界条件对声源的影响。经典的声比拟理论以密度或压力等标量作为声学变量,第6章介绍了基于速度矢量的声比拟理论。经典的声比拟理论在实际应用中描述声源辐射的声波在静态、无黏介质中传播。第7章和第8章分别介绍了考虑介质运动和黏性效应对声传播影响的声比拟理论。第9章在回望与总结声比拟理论研究历史进程的基础上,从面向我国重大需求和立足人工智能时代两个方面对声比拟理论的未来研究进行了分析和展望。

本书两位编者都曾经在西安交通大学求学和工作多年。在此期间,深受母校优良校风的熏陶而终身受益,在此,向母校众多给予编者教诲和帮助的老师、同学和同事们致以衷心的感谢。本书编者特别需要向导师祁大同教授和师娘郭喜凤老师予以崇高的敬意和诚挚的感谢,春风化雨、润物无声,师恩难忘、铭记于心!本书两位编者都曾经在英国南安普顿大学学习和工作过三年,在此期间与胡志伟老师的相关合作也直接促成了本书初稿的规划和形成,在此向胡志伟老师表示衷心的感谢。本书两位编者现在分别任职于华中科技大学和武汉理工大学,在本书的编写过程中得到了各自单位领导、同事和学生的关心和支持,在此也一并向他们表示感谢。

本书的研究工作得到了国家自然科学基金项目(Nos. 52076086,51806164,51476123,51206127,50976084,51511130075)以及英国皇家学会国际合作交流项目(No. IE141516)的资助。国家自然科学基金的长期资助保障了编者能够围绕声比拟理论开展持续、深入的系统性研究,最终促成了本书的构思、编写和出版。本书的出版还得到华中科技大学国家卓越工程师学院卓越工程师校企示范课程及工程案例库项目的资助以及武汉理工大学研究生教材专著资助建设项目的资助。在此,对国家自然科学基金和两所学校的资助表示衷心的感谢!编者团队的研究生在课题研究和本书编写过程中提供了协助;此外,编者从事的研究工作还得到了行业一些研究所、公司的领导和技术人员的支持和帮助,在此向他们一并表示诚挚的感谢。

本书适用于各大院校和科研机构的高年级本科生、研究生和科学技术研究人员,可以作为力学、航空宇航科学与技术、船舶与海洋工程、动力工程及工程热物理、车辆工程和机械工程等相关专业学生的教材或参考书。对于流动声学领域的初学者,本书可以作为入门的学习用书;对于流动声学领域的研究者,本书可以作为参考书。

在本书的写作过程中,编者参考了国内外的相关文献,但是囿于学识视野和学术水平,在选材和撰写中难免有疏漏、不当甚至错误之处,诚请读者批评、指正。

编者

2024 年 8 月

常用符号表

c_0	声速,单位为 m/s	v_n	积分面运动速度矢量的法向分量,单位为 m/s
f	积分面函数	$\boldsymbol{x}$	观测点位置矢量,单位为 m
f_0	源脉动频率,单位为 Hz	x_i	观测器位置矢量在 i 方向的分量,单位为 m
G	频域格林函数	$\boldsymbol{y}$	源位置矢量,单位为 m
H	赫维赛德/阶跃函数	y_i	源位置矢量在 i 方向的分量,单位为 m
k	波数,$k=\omega/c_0$,单位为 m^{-1}	ρ	当地流体密度,单位为 $kg \cdot m^{-3}$
L	载荷声源时域强度,单位为 Pa	ρ_0	无扰动介质的流体密度,单位为 $kg \cdot m^{-3}$
L_M	$L_M=L_iM_i$,单位为 Pa	ρ'	密度扰动,单位为 $kg \cdot m^{-3}$
L_r	$L_r=L_i\hat{r}_i$,单位为 Pa	δ	狄拉克/脉冲函数
$\dot{L}_r$	$\dot{L}_r=\frac{\partial L_i}{\partial \tau}\hat{r}_i$,单位为 $Pa \cdot s^{-1}$	σ_{ij}	黏性应力张量分量,单位为 Pa
$\hat{n}_i$	垂直于积分面的单位矢量在 i 方向的分量	τ	声源时间,单位为 s
$\tilde{p}'$	频域声压,单位为 Pa	ω	角频率,单位为 $rad \cdot s^{-1}$
Q	厚度声源的时域强度,单位为 $kg \cdot m^{-2} \cdot s^{-1}$		
r	源和观察点之间的距离,$r=|\boldsymbol{x}-\boldsymbol{y}|$,单位为 m	**下标**	
r_i	辐射方向矢量在 i 方向的分量,$r_i=x_i-y_i$,单位为 m	0	无扰动介质中的流体变量
		a	声扰动分量
$\hat{r}_i$	辐射方向单位矢量在 i 方向的分量,$\hat{r}_i=r_i/r$	L	载荷声源相关的量
		v	涡扰动分量
t	观测点时间,单位为 s	T	厚度声源相关的量
$\tilde{u}'$	频域扰动速度,单位为 m/s	x	观测点相关的量
u_i	流体速度矢量在 i 方向的分量,单位为 m/s	y	声源相关的量
u_n	流体速度矢量的法向分量,单位为 m/s		

目　　录

1　绪论 ………………………………………………………………………… (1)
　1.1　流动声学概述 ………………………………………………………… (1)
　1.2　声比拟理论研究的基本思想 ………………………………………… (2)
　1.3　声比拟理论研究的核心问题 ………………………………………… (5)
　　1.3.1　等效声源 ………………………………………………………… (5)
　　1.3.2　声学变量 ………………………………………………………… (6)
　　1.3.3　波动算子 ………………………………………………………… (7)
　1.4　本书主要内容 ………………………………………………………… (7)

2　无约束运动流体的声比拟理论 ………………………………………… (9)
　2.1　引言 …………………………………………………………………… (9)
　2.2　Lighthill 波动方程的推导 …………………………………………… (9)
　2.3　针对 Lighthill 波动方程的分析与讨论 ……………………………… (10)
　　2.3.1　Lighthill 波动方程的物理意义 ………………………………… (10)
　　2.3.2　Lighthill 波动方程在实际应用中的近似处理和局限性 ……… (11)
　　2.3.3　Lighthill 波动方程左端声学变量的选择 ……………………… (12)
　　2.3.4　Lighthill 波动方程右端等效声源的辐射特性 ………………… (13)
　2.4　涡声方程的推导与分析 ……………………………………………… (15)
　2.5　应用分析 ……………………………………………………………… (17)
　　2.5.1　冷喷流噪声分析：等效声源 …………………………………… (17)
　　2.5.2　无边界约束的直接燃烧噪声：等效声源和声学变量 ………… (21)
　2.6　本章小结 ……………………………………………………………… (23)

3　不可渗透刚性边界约束的声比拟理论 ………………………………… (24)
　3.1　引言 …………………………………………………………………… (24)
　3.2　FW-H 方程的推导 …………………………………………………… (25)
　　3.2.1　基于 Green 公式的推导方法 …………………………………… (25)
　　3.2.2　基于广义函数的推导方法 ……………………………………… (27)
　3.3　针对 FW-H 方程的分析与讨论 ……………………………………… (29)
　　3.3.1　FW-H 方程的物理意义 ………………………………………… (29)
　　3.3.2　FW-H 方程在实际应用中的近似处理和局限性 ……………… (31)
　3.4　FW-H 方程的积分解 ………………………………………………… (32)
　　3.4.1　时域积分公式的推导及分析讨论 ……………………………… (32)
　　3.4.2　频域积分公式的推导及分析讨论 ……………………………… (36)

3.5 考虑不可渗透刚性边界约束的涡声方程推导及其分析 …………………… (38)
3.6 应用分析 ………………………………………………………………… (38)
　　3.6.1 基于广义函数方法推导广义 Green 公式 ………………………… (38)
　　3.6.2 圆柱绕流的涡脱落噪声 …………………………………………… (39)
　　3.6.3 低 Ma 数流动中的翼型噪声 ……………………………………… (41)
　　3.6.4 旋转叶片的厚度噪声 ……………………………………………… (43)
3.7 本章小结 ………………………………………………………………… (46)

4 可渗透边界的声比拟理论
4.1 引言 ……………………………………………………………………… (47)
4.2 可渗透边界的声比拟理论推导与分析 ………………………………… (48)
　　4.2.1 广义 Kirchhoff 积分公式的推导 ………………………………… (48)
　　4.2.2 可渗透边界 FW-H 方程的推导 …………………………………… (50)
　　4.2.3 可渗透边界 FW-H 方程的讨论分析 ……………………………… (51)
4.3 可渗透边界 FW-H 方程的伪声源问题 ………………………………… (52)
　　4.3.1 伪声源问题的国内外研究现状 …………………………………… (52)
　　4.3.2 可渗透边界 FW-H 方程的伪声源分析 …………………………… (53)
　　4.3.3 数值测试 …………………………………………………………… (58)
　　4.3.4 讨论 ………………………………………………………………… (63)
4.4 本章小结 ………………………………………………………………… (64)

5 不可渗透弹性边界约束的声比拟理论
5.1 引言 ……………………………………………………………………… (66)
5.2 预测多相/多组分流动噪声的 C-FW 和 Howe 方程 ………………… (67)
　　5.2.1 C-FW 方程的推导与分析 ………………………………………… (67)
　　5.2.2 Howe 方程推导与分析 …………………………………………… (69)
5.3 不可渗透弹性边界约束波动方程的推导与分析 ……………………… (69)
　　5.3.1 波动方程的推导 …………………………………………………… (69)
　　5.3.2 不同波动方程的对比分析与讨论 ………………………………… (72)
5.4 气、液、固三相介质作用的声比拟理论 ……………………………… (73)
5.5 水中气泡脉动产生的声波 ……………………………………………… (75)
　　5.5.1 基本定义和假设 …………………………………………………… (75)
　　5.5.2 单个气泡产生的声波 ……………………………………………… (76)
　　5.5.3 气泡团产生的声波 ………………………………………………… (76)
5.6 本章小结 ………………………………………………………………… (77)

6 基于声学矢量的声比拟理论
6.1 引言 ……………………………………………………………………… (78)
6.2 声压梯度的积分公式 …………………………………………………… (79)
6.3 矢量波动方程 …………………………………………………………… (80)
6.4 声振速积分公式 ………………………………………………………… (81)
6.5 应用分析 ………………………………………………………………… (85)

  6.5.1 旋转声源辐射声能量的模式分析 …………………………………(86)
  6.5.2 边界散射噪声的分析 ……………………………………………(98)
 6.6 本章小结………………………………………………………………(102)

7 基于对流波动算子的声比拟理论 ……………………………………………(104)
 7.1 引言……………………………………………………………………(104)
 7.2 运动流体中的扰动类型和分解………………………………………(104)
  7.2.1 运动流体中的扰动类型与特征 …………………………………(104)
  7.2.2 矢量场有旋和无旋分量的分解 …………………………………(105)
 7.3 均匀背景中的标量和矢量波动方程…………………………………(106)
  7.3.1 对流波动算子的标量波动方程 …………………………………(106)
  7.3.2 对流波动算子的矢量波动方程 …………………………………(106)
 7.4 均匀背景流对应的积分解……………………………………………(108)
  7.4.1 对流 Green 函数 …………………………………………………(108)
  7.4.2 声学标量和矢量的时域和频域积分解 …………………………(109)
  7.4.3 声压积分公式的数值验证 ………………………………………(111)
  7.4.4 声振速积分公式的数值验证 ……………………………………(115)
 7.5 均匀背景流中声源辐射声强和声功率的分析………………………(119)
  7.5.1 均匀背景流中声能量的理论分析 ………………………………(120)
  7.5.2 均匀背景流中有功声强场分布特征的数值分析 ………………(121)
  7.5.3 均匀背景流中声源辐射声功率的分析 …………………………(122)
  7.5.4 飞行和风洞工况下输出声功率的对比分析 ……………………(126)
 7.6 本章小结………………………………………………………………(128)

8 基于黏性波动算子的声比拟理论 ……………………………………………(129)
 8.1 引言……………………………………………………………………(129)
 8.2 黏性流体中的扰动分解………………………………………………(131)
  8.2.1 流体速度和黏性应力的分解 ……………………………………(131)
  8.2.2 黏性流中的波传播 ………………………………………………(132)
 8.3 黏性流体的标量与矢量波动方程……………………………………(133)
  8.3.1 广义 Navier-Stokes 方程和 FW-H 方程 ………………………(133)
  8.3.2 黏性标量波动方程 ………………………………………………(133)
  8.3.3 黏性矢量波动方程 ………………………………………………(135)
  8.3.4 黏性波动方程的 Green 函数 ……………………………………(137)
  8.3.5 黏性流体中声波与涡波的波数 …………………………………(138)
 8.4 声和涡扰动积分公式…………………………………………………(138)
  8.4.1 声压与声振速公式 ………………………………………………(139)
  8.4.2 涡扰动速度公式 …………………………………………………(139)
  8.4.3 声波积分公式的数值验证 ………………………………………(140)
  8.4.4 涡波积分公式的数值验证 ………………………………………(141)
 8.5 声能耗散分析…………………………………………………………(144)

  8.5.1 声能平衡方程……………………………………………………(144)
  8.5.2 流体黏性对声能耗散的影响………………………………(145)
 8.6 本章小结………………………………………………………………(149)
9 总结与展望 ……………………………………………………………(150)
 9.1 声比拟理论研究历史进程的回望与总结……………………………(150)
 9.2 面向国家重大需求的声比拟研究分析………………………………(151)
 9.3 立足人工智能时代的声比拟研究展望………………………………(154)
参考文献……………………………………………………………………………(157)

1 绪 论

1.1 流动声学概述

流动声学研究的是流体运动中伴随的声学现象。相对于振动声学而言,流动声学是一门相对年轻的学科,它是在流体力学和声学基础上形成的交叉学科。

自然界中广泛存在流动声学现象,如潺潺的流水声和呼呼的寒风声。气流吹过笛子发出的声音本质上也属于流动声学的范畴。在工业革命之前,自然界存在和人类创造出来的流动声学现象一般都不会成为噪声问题,因此,人类基本没有开展关于流动声学方面的探索研究。

在工业革命之后,气体动力技术得到了长足的发展。到 20 世纪 30 年代以后,航空发动机巨大的轰鸣声促使当时的科学家和工程师们开始严肃地关注流动诱发的噪声问题。例如,Stowell 和 Deming 在 1935 年研究了运动气流经过旋转圆柱时形成的涡脱落及其伴随的噪声现象[1],Gutin 在 1937 年开展了定常气动力激发螺旋桨噪声的研究[2]。一般认为,现代流动声学建立的标志是 1952 年 Lighthill 声比拟理论[3]的提出,这是因为声比拟理论首次在流体力学和经典声学的基础上采用严格的数学语言描述喷流噪声的产生和传播特征。大部分的流动声学现象通常都与空气动力学的非定常流动相关,因此,学术界和工程界通常将非定常空气动力学相关的声学研究称为气动声学(Aeroacoustics)研究。

气动声学建立的相关研究方法通常也可以应用于水下噪声的产生和传播研究,如水中航行器和推进桨的水动力噪声。虽然水流的运动过程通常可以假设为不可压缩过程,但是研究水中噪声的传播必须考虑水的可压缩性。

本书中采用流动声学的概念来描述流体运动过程中伴随的声学现象,其原因有两方面:一方面,表述的严谨性,表明相关的理论和分析方法不仅适用于气体介质,同样也适用于液体介质;另一方面,经典的声比拟理论通常研究大气中与运动气流相关的噪声产生和传播现象,即描述的是单相/单组分运动流体及其与固体边界作用诱发的声学现象,本书中将其拓展到能够分析多相/多组分运动流体相关的声学现象,其工程应用背景包括水下喷气噪声和空化噪声等。因此,采用流动声学的概念能够更全面地概括本书中涉及的内容。

流动声学的研究方法在过去的半个多世纪得到了长足发展,目前流动声学的研究方法主要分为两大类,如图 1-1 所示。一类是流场、声场的统一求解方法,也称直接求解方法;另一类是流场和声场的分离求解方法,也称混合求解方法。其中直接求解方法通过直接求解可压缩 Navier-Stokes 方程模拟整个非线性流动和线性声传播区域的流体扰动现象。直接求解方法采用的是高精度的数值方法,同时模拟非定常流动和声传播过程,其对计算机的硬件和计算格式的精度均具有极高的要求,目前尚没有达到工程广泛应用的程度。因此,本书中不作相关的介绍,关于该方面的内容可以参见 Tam[4]的著作等。

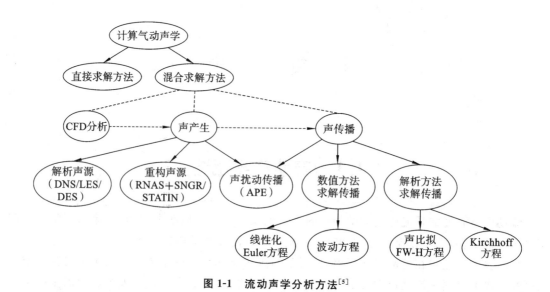

图 1-1　流动声学分析方法[5]

混合求解方法建立的假设是：流动是诱发声音产生的根源,而声波传播的过程对流动和声音产生的影响忽略不计。在此假设前提下,首先采用计算流体力学(CFD)方法模拟非线性流动得到声源信息,然后再采用相关的声学理论或方法求解声源向远场辐射的噪声。声比拟理论是目前最广泛采用的流动声学分析方法,因此,也是本书关注的重点内容。

1.2　声比拟理论研究的基本思想

在流动声学声理论建立之前,人类已经在经典声学领域开展了长期深入的研究,相关的研究成果可以参见英国科学家 Rayleigh 的著作《The Theory of Sound》[6]。经典声学中已经建立了成熟的理论描述声音的产生和传播过程,其中声音的产生通常可以用不同类型的声源描述,如单、偶极子源;声音的传播特征可以用波动方程描述。不过,在 Rayleigh 时代,人类感兴趣的声学现象通常都与固体结构的振动相关。因此,当人类进入喷气时代,遇到流动噪声的问题时,声学的研究对象已经超出了当时声学科学家和工程师的认知范围。另外,在喷气时代之前已经建立了流体动力学的基础理论。科学家和工程师们已经能够认识到流体运动过程中伴随的声学现象是可压缩流体中的一种特殊的非定常流动现象。因此,只要满足牛顿流体的定义,相关的现象都可以采用 Navier-Stokes 方程进行描述。

但是,如何建立理论描述喷流过程中伴随的噪声现象?当时的科学家和工程师进行了以下两种探索研究。第一种探索站立在流体力学专家的角度,考虑如何从非定常 Navier-Stokes 方程中建立相关的理论揭示流体运动过程中伴随的声学现象。例如,Kovasznay 将流体中的扰流力分解为涡、声及熵三种模式[7]。第二种探索站立在声学专家的角度,考虑能否将经典振动声学的理论和方法拓展到研究流动相关的声学现象。例如,Gutin 研究螺旋桨定常力诱发的噪声现象[2]。但是,如何桥接流体力学与声学的理论体系以建立能够分析研究流动声的工程分析方法是当时需要解决的关键难题。

人类知识不断积累的实现方式通常是通过已有知识(理论、方法、工具等)探索、发现未知。因此,基于经典声学和流体力学的知识体系建立相关的理论和方法以揭示流动声学的机理在当时的历史背景下是具有科学性和合理性的。

经典声学理论利用非齐次波动方程关联声音的产生和传播过程,其中右端声源描述声音的产生,左端波动算子描述声音的传播。因此,借鉴经典声学的这种分析方法,从描述可压缩流体运动的控制方程出发,经过数学恒等变换后得到非齐次形式的波动方程,方程左端项的波动算子被用于描述声音的传播,方程右端项称为等效声源项。上述数学变换过程没有采用任何的假设和近似,因此,所建立的非齐次波动方程与流体力学的 Navier-Stokes 方程在数学上完全等价,同时又能够与经典声学的波动方程关联统一起来。这一开创性的理论工作由 Lighthill 首先完成并以论文形式于 1952 年发表在英国皇家学会会刊上[3],通常被认为是开创气动声学研究的标志。Lighthill 将这一理论命名为 Acoustic Analogy,表明这一理论借鉴了经典声学的思想和方法。

在中国文学中,"比拟"是一种常见的修辞方法,《辞海(第七版)》中的解释为"辞格之一,把物拟作人,或把人拟作物的手法"。此外,《辞海(第七版)》中对"类比"的解释为"利用两个不同领域(目标域和源域)知识的相似性,从源域的知识(包括相似特征和其他特征)推断出目标域的相应知识的推理方法"。因此,Acoustic Analogy 在中文文献中被翻译为"声类比"应该更为准确。但是,在经典声学分析方法中,还有一种声-电-力类比方法,为了将这两种截然不同的分析方法明显区分开来,本书中统一采用"声比拟"来翻译 Acoustic Analogy。

Lighthill 建立声比拟理论的背景是研究喷流噪声问题,即无固体边界约束的自由湍流过程中伴随存在的声学现象,基于 Lighthill 波动方程通过量纲分析得到著名的"八次方定律",该定律揭示了声功率和喷流速度之间的基本关联特征[3]。但是,Lighthill 波动方程没有考虑流体中固体边界对声产生和传播的影响。

在实际的工程问题中,几乎所有的流动噪声问题都与固体边界的存在密不可分,如飞行器的机体噪声、水中航行器的水动力噪声以及高速行驶的列车和汽车的车身噪声等。如何考虑固体边界对流动噪声的影响是 Lighthill 声比拟理论向更广泛领域推广应用需要解决的一个重要课题。这方面的理论推广工作主要由 Curle、Ffowcs Williams 和 Goldstein 等几位著名的气动声学专家采用两种不同的物理思想和数学方法分别主导完成。

首先,我们介绍 Curle 和 Goldstein 的研究工作。Curle 的主要贡献是借鉴电磁波领域的成果将其应用在流动声学领域。声波和电磁波的产生和传播都可以采用非齐次波动方程进行描述,方程的右端表示声波或电磁波的源项,左端为波动算子描述声波或电磁波的传播。19 世纪 60 年代,Maxwell 建立电磁场理论并预言电磁波的存在,并很快得到了 Hertz 的试验验证。声波和电磁波在传播过程中均不可避免地受到障碍物的反射和衍射影响,在 20 世纪 40 年代,Green 公式被用于描述电磁波的散射现象。在 Lighthill 提出声比拟理论的三年后,1955 年 Curle 利用 Lighthill 波动方程描述流动声源的产生和引入 Green 公式描述固体边界的散射效应,从而建立了 Curle 积分公式描述流体与静止固体边界相互作用诱发噪声的现象,相关的研究成果发表在英国皇家学会的会刊[8]。Curle 积分公式的建立第一次拓展了 Lighthill 波动方程的应用领域,基于 Curle 积分公式的理论分析发现,当固体边界满足声学紧凑边界条件(固体边界的特征尺度远小于声波波长)时,固体边界通常会极大地增强亚音速流体运动过程中辐射噪声的声功率，因此，在许多工程问题中我们需要优化固体结构的外形特征以控制流动噪声。

在经典的电磁学领域中，通常研究的是静止障碍物对电磁波的散射和衍射影响，因此，Green 公式在 20 世纪 50 年代只能适用于静止刚性边界的情形，这也限制了 Curle 积分公式只能分析运动流体和静止固体边界作用诱发的噪声现象，如风洞中气流流过静止机翼、起落架和空腔等辐射出的噪声现象等。直到 20 世纪 70 年代，Goldstein 将 Green 公式拓展到能够考虑任意运动固体边界的影响并将其命名为广义 Green 公式，在广义 Green 公式的基础上，Goldstein 进一步推导得到了流体与任意运动固体边界作用诱发噪声的积分公式[9]。这一积分公式在数学上等价于 FW-H 波动方程，但是 Goldstein 建立这一积分公式的时间比 Ffowcs Williams 和 Hawkings 提出 FW-H 波动方程[10]的时间大约晚了 8 年。

另一方面，我们来了解一下 Ffowcs Williams 和 Hawkings 建立的 FW-H 波动方程。FW-H 波动方程是目前声比拟理论体系中应用最广泛的基本控制方程，它精确地描述了流体与任意运动的固体边界相互作用过程中伴随存在的声学现象，因此，在实际应用领域中具有极大的实用价值。例如，涡喷发动机的噪声通常主要来源于高速喷流，因此，可以基于 Lighthill 波动方程进行分析研究；但是，对于涡扇、涡桨和桨扇发动机以及直升机螺旋桨噪声等，叶片是影响噪声产生和传播的重要因素，因此，需要利用 FW-H 波动方程来考虑固体边界对噪声产生和传播的影响。

在电磁学和声学的研究领域，采用 Green 公式描述固体边界对波散射的影响；在流体力学的研究领域，通常定义壁面上的无滑移边界条件来描述固体边界对流动的影响。从物理本质上讲，固体和流体属于两种不同属性的物质场，因此，在截面上存在物性参数不连续。这种不连续在场分析中不能用常规的连续函数来描述而需要引入广义函数（如阶跃函数和脉冲函数）描述场的不连续分布特征。Ffowcs Williams 和 Hawkings 在流动声学领域的杰出贡献在于引入广义函数方法来同时表达 Navier-Stokes 方程和流固边界条件，从而建立了能够同时描述流体和刚性固体区域的广义 Navier-Stokes 方程，而流固边界条件的影响暗含在广义 Navier-Stokes 方程中。进一步地，按照 Lighthill 从 Navier-Stokes 方程出发推导 Lighthill 波动方程的思路顺利地推导了 FW-H 方程，其优势在于能够描述任意运动状态的流体和刚性固体相互作用过程中伴随存在的声学现象。

Lighthill、Curle 和 FW-H 方程构成了声比拟理论的数学和物理基础。声比拟理论的上述建立和发展过程，可以给我们以下启示。

(1) 利用和借鉴已有知识探索未知是人类知识不断积累的通用实现方式。在经典声学和流体力学的基础上，采用比拟或类比的思想，发展出了流动声学的声比拟理论。进一步地，将电磁学领域中的 Green 公式应用到声散射分析领域，发展出了 Curle 积分公式，将流动声学的声比拟理论从只能适用于自由湍流的情形拓展到能够考虑固体边界的情形。

(2) 在一门学科理论的建立和发展过程中，数学通常具有非常重要的作用。虽然 Lighthill 波动方程是 Navier-Stokes 方程的恒等数学变形，但是它采用数学语言精确地表述了流体运动过程中声学现象的基本特征，因此，标志着流动声学作为一门交叉学科正式进入现代科学技术的研究范畴。广义 Green 公式或广义函数的引入是推导 FW-H 方程的关键数学基础，将流动声学的理论拓展到更宽广的工程应用领域。

1.3　声比拟理论研究的核心问题

声比拟理论的核心步骤是从流动控制方程出发,通过一系列的数学变换构建如下所示的非齐次波动方程:

$$La = s \tag{1-1}$$

方程的右端 s 比拟为有限区域内的等效源项或表观声源;方程左端则比拟为声源区域之外的声传播项,其中,L 表示波动算子,a 表示声学变量。

因此,声比拟理论研究的核心问题包括以下三个方面。

(1) 如何描述等效声源及影响声源的因素?
(2) 如何选择合适的变量描述声音的扰动?
(3) 如何采用波动算子描述声波的传播?

对上述三个方面的相关研究进展概述如下。

1.3.1　等效声源

Lighthill 方程中自由湍流的等效声源称为四极子体源,它是应力的两阶偏导,其主要由压力、密度、速度组合形成。流体的运动不仅可以采用 Navier-Stokes 方程描述,也可以采用涡动力学方程描述。对应地,流动声学的声比拟理论不仅可以从 Navier-Stokes 方程推导建立,也可以从涡动力学方程推导建立。建立涡与声之间关联关系的理论称为涡声理论,Powell[11] 和 Howe[12] 在此领域开展了大量的基础研究工作。但是,必须强调涡声理论仍然属于声比拟理论的范畴,因为涡声理论仍然沿用了声比拟理论的核心思想,即从流动控制方程出发,通过一系列的数学变换构建非齐次波动方程,方程的右端比拟为等效源项,方程的左端比拟为带有声学变量的声传播项。

Lighthill 方程主要用于分析无边界约束湍流引起的声辐射问题,人们在该理论基础之上进行了许多扩展延伸来解决各种各样的工程问题。从声源的角度分析,这种扩展延伸包括边界条件约束和初始条件约束对等效声源的影响。

第一种边界条件约束形式是刚性边界,其中典型的应用背景是流体与刚性固体的相互作用,此时扰动只会发生在流体区域,而不会发生在固体区域。虽然 Curle 与 Ffowcs Williams 和 Hawkings(FW-H) 采用了不同的数学方法分析了无渗透固体边界条件约束对流动噪声的影响,但是所建立的控制方程均表明流固界面上部分物理量的非连续效应可以等效为单极子源和偶极子源,其分别表示固体边界的运动和全反射对声产生和传播的影响。进一步地,研究人员在无渗透边界条件约束的 FW-H 方程的基础上发展了可渗透边界的 FW-H 方程。两种版本形式 FW-H 方程的源项十分类似,但是所表示的物理含义存在明显的区别。可渗透边界内的所有声源(包括四极子体声源)都可以由渗透边界上的单极子源和偶极子源等效表示,从而避免相对耗时的四极子体声源辐射声的积分运算,所以可渗透边界 FW-H 方程在预测流动噪声时比不可渗透边界 FW-H 方程更加高效。此外,可渗透边界也可以是吸声材料形成的阻抗边界,Goldstein 在其 1976 年出版的经典著作《Aeroacoustics》[9] 的第 115 页表示可渗透边界 FW-H 方程也可以用于预测吸声边界对流动声产生和传播的影响,但是编者目前还没有见到其在实际工程中的应用。

第二种边界条件约束形式是弹性边界,其中典型的应用背景是气、液两相流体或多组分流体的相互作用,此时扰动会同时存在不同的流体区域中。在此方面,Crighton 和 Ffowcs Williams[13]研究了水下气泡脉动时辐射的噪声,他们首先采用体积平均法将多相、多组分流体转化为等效流体,然后建立了等效流体的非齐次波动方程,此时,波动方程中新增等效单极子和偶极子体积源项表征气泡浓度对辐射噪声的影响,但是这种方法不能考虑弹性边界(如气液界面、多组分流体界面)的具体形状对声产生和传播的影响。Howe[14]以流体中存在熵斑时的辐射噪声为研究对象,利用涡声理论构建非齐次波动方程,其中方程右端的等效偶极子源等效表征熵斑界面上温度和密度的不连续性对声产生和传播的影响。本书编者在上述研究基础上进一步拓展了 FW-H 方程中广义函数的定义,建立了考虑组分/相界面影响的波动方程[15],具体内容可以参见本书第 5 章。

除了上述刚性/弹性界面上的不连续会形成新的等效声源项,初始条件的影响也可以采用等效声源模型描述。借鉴 Ffowcs Williams 采用 Heaviside 函数考虑边界条件约束形成的空间不连续性,Morfey 和 Wright[16]采用 Heaviside 函数考虑初始条件约束形成的时间不连续性,从而在此基础上建立能够考虑初始条件约束的非齐次波动方程,其中部分的新增等效源项表示初始条件的影响。

1.3.2 声学变量

在经典声学理论体系中,压力及对应的无量纲声压级被广泛用于量化声波的脉动幅度。但是,在 Lighthill 等先驱建立的流动声学声比拟理论研究体系中,并没有选取压力作为声学标量表征声的产生和传播。这是因为在经典声学理论体系中,流体介质通常被假设为宏观静止且无黏,此时压力的脉动即为声压;然而,运动流体中的压力脉动不再等价于声压。运动流体的扰动包括三种模式[7]:涡、声和熵扰动,其中涡和声扰动都会直接激发出压力脉动,因此,压力不再适合作为声学标量表征流动声的产生和传播。当运动流体中的热交换可以忽略时,不存在熵扰动,此时只有声扰动模式激发出密度的波动。因此,在 Lighthill、Powell、Curle 以及 FW-H 方程中均选用了密度作为波动算子对应的声学变量来构建非齐次波动方程。这种声比拟理论最早的表现形式也是目前应用最广泛的形式,包括 Lighthill、Powell、Curle 以及 FW-H 方程等。当研究对象的热交换效应变得显著而运动效应不再显著时,如燃烧噪声,压力脉动比密度扰动更适合作为声学变量,因为此时熵、声扰动都会激发出密度扰动,而只有声扰动与压力扰动关联[17]。

此外,Howe 和 Doak 发展了涡声理论解释涡扰动诱发声的机理,在他们的推导过程中,采用了焓作为声学变量。为了考虑非均匀背景流对声传播的影响,Lilley 方程[18]和 Phillip 方程[19]采用无量纲参数 $\Pi = \frac{1}{\gamma}\ln(p/p_0)$ 作为波动算子分量,其中 γ 表示绝热指数。

上述所有的声比拟理论均采用标量来构建波动方程,标量能够定量地评价声波脉动的幅值,但是不能描述声能量的具体传递途径。因此,为了形象化地描述声波能量的传递途径,本书编者开展了基于矢量的声比拟理论研究[20],具体内容见本书第 6 章。

1.3.3 波动算子

声比拟理论中的一些著名方程,例如 Lighthill、Curle、FW-H 波动方程以及 Powell、Howe 波动方程,均采用了经典波动算子。以 Lighthill 方程为例,它是 Navier-Stokes 方程的恒等数学变形,在理论上具有与 Navier-Stokes 方程完全相等的能力描述流体运动过程中扰动的演化规律。但是,在实际应用过程中,通常先求解方程右端有限区域内的等效源项,再求解方程左端的声传播项,上述求解过程中并没有考虑声传播对声源项的反馈影响。由于采用的是经典波动算子,因此,实际上忽略了有限声源区域以外的流体运动和黏性效应对声传播的影响。

为了考虑高马赫(Mach,简写为 Ma)数背景流对声传播的影响,学者们在 Navier-Stokes 方程的基础上重新推导了新的非齐次波动方程,方程左端采用了对流形式的波动算子来考虑背景流对声传播的影响。其中包括对流 FW-H 方程[21]、Lilley 方程[18]、Phillip 方程[19] 和 Mohring 方程[22] 等。对流 FW-H 方程考虑的是均匀背景流对声传播的影响,依然可以采用基于解析 Green 函数的积分方法求解得到等效声源向外辐射的声波,因此,目前被广泛应用在预测高 Mach 数流动噪声中。Lilley 方程[18]、Phillip 方程[19] 和 Mohring 方程[22] 考虑的是剪切背景流对声传播的影响,但是需要采用数值方法求解 Green 函数。需要说明的是,以航空发动机噪声为背景,Posson 和 Peake 提出了一种新的波动算子[23] 考虑环形通道边界条件和轴流式旋转叶轮下游螺旋背景流对声传播的影响,并在此基础上提出了一种半解析-半数值的求解方法。此外,上述波动方程都忽略了黏性对声波传播的影响,为了考虑声波在远程传播和吸声介质中传播时黏性的影响,本书编者建立了黏性波动算子的声比拟理论[24],具体内容在本书第 8 章予以介绍。

1.4 本书主要内容

本书在介绍声比拟理论发展历程的同时结合了编者在此领域开展的一些工作。后续各章的主要内容如下。

第 2 章主要介绍无边界约束流体运动的声比拟理论,包括 Lighthill 波动方程、Powell 和 Howe 的涡声波动方程。虽然三个方程描述的都是单相流体运动诱发的声学扰动问题,但是在等效声源的表达形式和声学变量的选取上有所不同。基于本章的内容,开展冷喷流噪声和直接燃烧噪声分析。

第 3 章主要介绍固体边界约束下流体运动的声比拟理论,包括 Curle 方程和 FW-H 方程。由于 Curle 方程是 FW-H 方程的特例,因此,重点介绍了采用两种不同数学方法推导建立 FW-H 方程的过程。此外,还介绍了 FW-H 方程的时域和频域积分解表达形式,以及考虑不可渗透刚性边界约束的涡声方程。在上述内容的基础上,开展了圆柱绕流噪声、静止叶片噪声和旋转叶片噪声分析。

第 3 章介绍的声比拟理论中选取不同介质的界面作为积分面构建非齐次波动方程,其优势在于各声源项均具有明确的物理含义,其不足在于四极子源项的积分运算通常十分耗时。

第 4 章介绍了可渗透边界的 FW-H 方程,该方程的优势在于能够减少甚至避免四极子源的积分运算。同时,也分析了可渗透边界 FW-H 方程的积分解存在虚假声源的原因及建议的处理方法。

第 5 章主要介绍了多相/多组分流体运动的声比拟理论,包括 C-FW 方程和 Howe 方程。其中 C-FW 方程是在 Lighthill 波动方程的基础上采用体积平均法将多相/多组分流体描述为等效流体建立得到的波动方程。Howe 方程是在 Howe 涡声方程的基础上,考虑多相/多组分流体界面上物理不连续推导建立的波动方程。本章还介绍了编者利用 FW-H 方程中引入广义函数的思想建立多相/多组分流体运动的声比拟理论。利用上述内容,本章开展了水中单个气泡和气泡团脉动辐射噪声分析。

前述所有的声比拟理论都以密度等标量作为声学变量构建波动方程。标量只能够描述大小,而不能描述方向。为了能够进一步描述流动诱发声过程中的能量传递特征,采用矢量作为声学变量具有明显的优势。因此,第 6 章介绍了流动声学中的矢量波动方程。类似于流体力学中的矢量能够形象地描述速度、动量和能量的传递途径,声学矢量的优势在于正向能够描述声能量的传播途径,逆向可以用于声源的定位研究。基于本章建立的矢量声比拟理论揭示了旋转声源噪声的三种模式,以及分析阻抗边界散射对声波传播和吸收的影响。

第 2~6 章中描述的声比拟理论均采用经典的波动算子描述声传播过程。当流体处于高速运动状态时,背景流的运动 Ma 数对声传播的影响尤为重要。因此,第 7 章介绍了对流波动算子的标量和矢量波动方程,强调了在运动背景流中涡、声扰动同时存在的特点,揭示了单极子源和偶极子源在运动背景流中声辐射指向性和声功率的不同特征。

第 2~7 章中描述的声比拟理论均采用无黏形式的波动算子,即认为黏性效应只体现在声源的产生过程中,而不体现在声音的传播过程中。但是,在声波的长程传播过程中以及声波透过多孔材料时,黏性效应不可忽略。因此,第 8 章建立了基于黏性波动算子的标量和矢量波动方程,并结合算例分析了黏性效应在涡、声两种扰动模式转换过程中的重要作用。

在各种高精度流动噪声预测算法繁荣发展的今天,声比拟理论仍然表现出强大的生命力,并不断受到各国学者的广泛关注。随着科学研究的不断深入和发展,声比拟理论的内涵和应用场景在不断地丰富和发展。因此,第 9 章首先对声比拟理论研究的历史进程进行了回望与总结,然后从面向国家重大需求和立足人工智能两个角度对进一步的声比拟理论研究进行了分析和展望。

2 无约束运动流体的声比拟理论

2.1 引　言

喷流噪声是流体运动过程中伴随的声学现象，这种现象具备以下特征：①流体处于持续的自由运动状态，即不受初始条件和边界条件约束的影响；②流体运动同时诱发近场（流场）和远场（声场）的压力及密度波动。喷流的持续自由运动可以采用可压缩 Navier-Stokes 方程描述，声学现象可以采用波动方程描述。Lighthill 以喷气式发动机的喷流噪声为背景建立了声比拟理论，他的杰出贡献在于将 Navier-Stokes 方程进行数学恒等变换，得到非齐次形式的波动方程，从而建立声比拟理论来分析喷流过程中伴随存在的声学现象，开创了气动（流动）声学的研究。

流体的持续自由运动也可以采用涡动力学方法进行描述，Powell 在 Lighthill 声比拟理论思想的指导下采用低 Ma 数流动假设或无黏流体假设推导建立了另一种形式的非齐次波动方程，方程右端的等效源项与涡量直接相关，因此又称为涡声方程，对应的理论称为涡声理论。涡声理论强调了涡量在高雷诺（Reynolds，简写为 Re）数、低 Ma 数流动声学现象中的重要作用。

本章首先在第 2.2 节和第 2.3 节推导 Lighthill 波动方程并针对其展开讨论和分析，进一步地，在第 2.4 节介绍了涡声方程，在第 2.5 节基于推导的方程分析无边界约束的亚音速冷喷流和燃烧过程形成的噪声特征，最后在第 2.6 节对本章内容进行了小结。

2.2　Lighthill 波动方程的推导

描述可压缩黏性流体运动的连续性方程和动量方程为

$$\frac{\partial \rho}{\partial t} + \frac{\partial (\rho u_i)}{\partial x_i} = 0 \tag{2-1}$$

$$\frac{\partial (\rho u_i)}{\partial t} + \frac{\partial (\rho u_i u_j)}{\partial x_j} = -\frac{\partial l_{ij}}{\partial x_j} \tag{2-2}$$

其中：l_{ij} 表示压应力和黏性应力的合成项，$l_{ij} = p\delta_{ij} - e_{ij}$。对方程(2-1)求时间偏导和对方程(2-2)求空间偏导，可以分别得到如下方程：

$$\frac{\partial^2 \rho}{\partial t^2} + \frac{\partial^2 (\rho u_i)}{\partial t \partial x_i} = 0 \tag{2-3}$$

$$\frac{\partial^2 (\rho u_i)}{\partial x_i \partial t} + \frac{\partial^2 (\rho u_i u_j)}{\partial x_i \partial x_j} = -\frac{\partial^2 l_{ij}}{\partial x_i \partial x_j} \tag{2-4}$$

方程(2-3)减去方程(2-4)得

$$\frac{\partial^2 \rho}{\partial t^2} = \frac{\partial^2 (\rho u_i u_j + l_{ij})}{\partial x_i \partial x_j} \tag{2-5}$$

进一步地，为了构造波动方程，方程(2-5)两端同时添加密度的 Laplace 算子项，可以推导得到以下方程[3]：

$$\frac{\partial^2 \rho}{\partial t^2} - c_0^2 \nabla^2 \rho = \frac{\partial^2 T_{ij}}{\partial x_i \partial x_j} \tag{2-6}$$

其中：

$$T_{ij} = \rho u_i u_j + (p - \rho c_0^2)\delta_{ij} - e_{ij} \tag{2-7}$$

表示 Lighthill 应力张量；c_0 为远场均质流体中的恒定声速。方程(2-6)是 Lighthill 最初给出的波动方程形式，进一步地，可以将密度和压力进行以下分解：

$$\rho = \rho_0 + \rho' \tag{2-8}$$

$$p = p_0 + p' \tag{2-9}$$

其中：ρ_0 和 p_0 分别为远场均质流体中未受扰动时的密度和静压，是与空间和时间均无关的恒定值；ρ' 和 p' 分别是密度和静压的扰动分量。将上述分解代入到方程(2-6)中则可以转化为

$$\frac{\partial^2 \rho'}{\partial t^2} - c_0^2 \nabla^2 \rho' = \frac{\partial^2 T_{ij}}{\partial x_i \partial x_j} \tag{2-10}$$

此时有

$$T_{ij} = \rho u_i u_j + (p' - \rho' c_0^2)\delta_{ij} - e_{ij} \tag{2-11}$$

上述两种表达形式的波动方程都称为 Lighthill 波动方程，方程(2-10)直接与流体的密度波动相关，因此在实际中得到更广泛的应用。

2.3 针对 Lighthill 波动方程的分析与讨论

2.3.1 Lighthill 波动方程的物理意义

Lighthill 波动方程的意义在于采用经典的非齐次波动方程描述流动过程中伴随产生的声学扰动，从而可以借用经典声学的研究方法来开展流动声学的分析。因此，Lighthill 波动方程是声比拟理论建立的标志，通常被认为是现代气动声学研究的开端。Lighthill 波动方程的右端称为等效声源项，左端称为声波传播项。

针对 Lighthill 波动方程物理意义的理解有以下几点需要强调。

(1) Lighthill 波动方程是可压缩 Navier-Stokes 方程的恒等数学变形，两者在数学上是完全等价的。理论上，可压缩 Navier-Stokes 方程能够描述流体的运动学和动力学特征，例如流动的非线性运动及其诱发的声扰动，Lighthill 波动方程也完全具备相同的能力。因此，可以认为 Lighthill 波动方程能够精确描述流动过程中伴随的所有声学特征。另外，可压缩 Navier-Stokes 方程仅仅描述流动自身的特征，并没有考虑边界条件和初始条件的约束，因此，Lighthill 波动方程同样也只能描述无边界和初始条件约束下的流体持续自由运动所伴随产生的声学现象。

(2) Lighthill 波动方程的右端项称为等效声源项或表观声源项。之所以称为等效/表观声源，是因为其不等同于经典声学中的声源定义，或者说它并不是物理意义上仅仅对外辐射声波的"纯粹声源"。Lighthill 波动方程右端项中不仅包括声源的产生，也包含各种因素（如流体的黏性、非均匀背景流）对声传播的影响，因此，在声比拟理论的后续发展过程中，一些学者建议将某些右端项移到波动方程的左端，直接考虑其对声传播的影响。此外，Lighthill 波动方程右端项中的某些扰动分量并不能真正地对外辐射声波，因此这些项本质上是虚假声源项或伪声源项。关于这些方面的分析将在后续章节中予以展开。

(3) Lighthill 波动方程的左端项称为声波传播项。由于采用经典波动算子，所以认为声波在宏观静态、无黏流体中传播。Navier-Stokes 方程能够考虑流体黏性和运动效应对声传播的影响，但是 Lighthill 波动方程看起来却忽略了流体黏性和运动效应对声传播的影响。实际上，流体黏性和运动效应的影响体现在 Lighthill 波动方程的等效声源项中，而不是在声学传播项中。也就是说，只要能够精确地求解得到等效声源项信息，就可以利用 Lighthill 波动方程考虑流体黏性和运动效应对声传播的影响。但是，Lighthill 波动方程的等效声源项在实际应用中往往需要采用近似处理，在此基础上求解等效声源的声辐射过程往往存在一定的局限性，具体的讨论和分析将在 2.3.2 节中予以展开。

2.3.2 Lighthill 波动方程在实际应用中的近似处理和局限性

一旦精确获取了 Lighthill 波动方程右端的等效声源项，就可以直接利用经典声学中的 Green 函数积分方法求解得到对外辐射的噪声。然而，在实际应用过程中却很难精确地求解得到 Lighthill 波动方程右端源项的信息，因为右端等效声源项和左端声传播项中同时包含待求解的密度扰动项，为了求解 Lighthill 波动方程，需要采用以下两种方法中的一种。

第一种方法是考虑双向耦合影响的迭代求解方法。其物理意义是：一定强度的声源辐射会激发出声场中的密度扰动，同时声场中的密度扰动也会反向影响声源的强度，需要同时考虑两者之间的双向耦合效应。因此，这种考虑双向耦合影响的迭代求解方法的主要步骤是：首先假设右端包含密度扰动项的初始值，再利用 Green 函数积分方法求解得到左端密度扰动项，然后比较其与初始密度扰动值之间的差值来判定计算是否收敛，如果没有达到收敛标准，则更新右端含密度扰动的项，并再次求解左端密度项，直至左、右两端的密度扰动差值达到收敛标准。

第二种方法是忽略双向耦合影响的近似求解方法。其物理假设是：只考虑一定强度的声源辐射激发出声场中的密度扰动，而忽略声场中的密度扰动对声源强度的反向影响。因此，这种忽略双向耦合影响的近似求解方法只采用一次 Green 函数积分方法来求解左端声传播项中的密度扰动，而不用考虑对右端等效源项的更新处理。

很显然，第一种方法的求解精度会高于第二种方法的求解精度，但是同时也需要消耗更大的计算资源。在很多实际工程应用中，采用第二种近似求解方法得到的结果能够满足工程问题分析的精度要求。但是，在一些特殊的应用场合，如声腔共振，第二种求解方法可能会导致较大的计算误差。

进一步地，在 Lighthill 波动方程的实际应用中通常需要采用以下近似处理。

(1) 等效声源区域的缩小近似处理。

严格地讲，Lighthill 波动方程的左端项和右端项的区域均包括所有的流动区域。但是，在实际应用中通常关注的是有限区域内的近场流体运动向远场辐射的声波，因此，等效源区域一般采用的是缩小近似处理，例如，在喷流噪声预测中只关注强非线性近场区域中的强扰动等效声源。这种缩小声源区域的近似处理优势在于能够减少数值预测的成本，但也导致 Lighthill 波动方程(2-10)在实际应用中的局限性。例如，左端波动算子忽略了流体黏性效应和运动效应对声传播的影响，从而限制了方程(2-10)只能应用于运动流体诱发的噪声在近场区域和静态介质中的传播。注意，此处的近场区域表示的是黏性耗散效应在声传播过程中可以近似忽略的线性扰动区域，而不是表示非线性流动的近场区域，静态介质表示的是喷流区域之外的流体介质均处于静止状态，不需要考虑运动气流对声传播的影响。

(2) 等效声源项表达式的简化处理。

方程(2-10)表明等效声源包括三种类型的项，即雷诺应力 $\rho u_i u_j$ 项、熵变 $(p'-\rho'c_0^2)\delta_{ij}$ 项及黏性应力 e_{ij} 项。在高 Re 数湍流运动状态的声源区域，流体的雷诺应力项远大于黏性力项，因此，通常可以忽略流体的黏性作用对声源的作用。此外，当流动过程中不存在明显的热交换现象时，熵变项通常也可以忽略不计。因此，在等温高 Re 数流动中，等效声源项通常可以简化为雷诺应力 $\rho u_i u_j$ 项。

进一步地，对于低 Ma 数流动，当地流体的密度扰动与 Ma 数存在以下关系：

$$(\rho-\rho_0)/\rho_0 \sim O(M^2) \tag{2-12}$$

其中：M 表示流动 Ma 数。基于上式可以得到以下近似

$$\rho u_i u_j = \rho_0[1+O(M^2)]u_i u_j \approx \rho_0 u_i u_j, M \ll 1 \tag{2-13}$$

因此，在高 Re 数、低 Ma 数流动中，Lighthill 应力张量通常近似为

$$T_{ij} \approx \rho_0 u_i u_j \tag{2-14}$$

2.3.3　Lighthill 波动方程左端声学变量的选择

声压是声学研究中最广泛采用的物理量，但是在推导 Lighthill 波动方程(2-6)和方程(2-10)的过程中为什么选择密度而不是压力作为波动方程左端波动算子对应的声学变量？

在经典声学研究中，通常认为空气介质处于宏观静止状态，声音在空气中的传播激发出静压脉动。因此，声压(即空气在压缩膨胀变形过程中形成的静压扰动)是经典声学研究中最广泛采用的声学物理量。运动流体中的压力扰动包括两种类型：一是平衡当地流体质点的运动，这种压力扰动通常称为伪声或水动力压力，它的形成与流体的可压缩性无关；二是由于流体的可压缩性形成的压缩-膨胀波以音速向周围传播扰动，这种压力波动即为声压。大部分工程问题中研究的声学现象不用考虑温度场的变化，即可以忽略熵波，此时密度的波动只与流体的可压缩性相关，即密度的波动以一定音速形式向周围传播。鉴于上述特征，与经典声学中通常采用压力作为变量描述波动方程不同的是，在流动声学研究中通常以密度作为变量建立波动方程来描述声音的传播过程。在远场情况下，基于小扰动假设，可以采用近似表达式 $p' \approx \rho' c_0^2$ 计算得到远场声压；但是，在强非线性对流环境的近场中，压力的扰动不等同于声压的波动。

实际上，如果从方程(2-10)出发，在方程的两端同时添加 $(1/c_0^2)\partial^2 p'/\partial t^2$ 项，可以推导得到以下以压力脉动作为波动算子变量的非齐次波动方程[5,17]：

$$\frac{1}{c_0^2}\frac{\partial^2 p'}{\partial t^2} - \nabla^2 p' = \frac{\partial^2 (\rho u_i u_j - e_{ij})}{\partial x_i \partial x_j} + \frac{1}{c_0^2}\frac{\partial^2 (p' - \rho' c_0^2)}{\partial t^2} \tag{2-15}$$

方程(2-15)也是 Navier-Stokes 方程的恒等数学变形，但是需要强调在运动的流体中的压力脉动 p' 并不等同于声压脉动。因此，方程(2-15)的物理含义远不如方程(2-10)清晰。但从实际应用的角度进行考虑，方程(2-15)仍然具有价值。在实际应用中，我们往往关注的是近场有限区域内的非线性流动声源向远场区域激发的声波小扰动。由于远场中并不存在流体的宏观运动，此时压力脉动 p' 即为声压脉动。也就是说，方程(2-15)在实际中能够应用于求解远场中的声压脉动，但不适用于求解近场中的声压脉动。

此外，Lighthill 波动方程(2-10)也可以等价表示为

$$\frac{\partial^2 \rho'}{\partial t^2} - c_0^2 \nabla^2 \rho' = \frac{\partial^2 (\rho u_i u_j - e_{ij})}{\partial x_i \partial x_j} + \frac{\partial^2 (p' - \rho' c_0^2)}{\partial x_i \partial x_i} \tag{2-16}$$

对比方程(2-15)和方程(2-16)，可以发现在忽略熵扰动的情况时有 $p' \approx \rho' c_0^2$，两个方程求解得到完全相同的远场声压特征。

但是，如果需要考虑近场中存在熵扰动对远场声辐射的影响，如燃烧噪声，方程(2-15)和方程(2-16)表现出不同的物理含义。方程(2-16)表明熵扰动是等效的四极子源项，而方程(2-15)表明熵扰动为等效的单子源项。那么，哪一种描述方法更为合理呢？当流体接近于静态时不存在涡扰动，此时燃烧过程中伴随的扰动主要表现为熵和声扰动，这两种扰动会同时激发出密度的扰动，而只有声扰动会激发出压力的脉动。因此，在研究燃烧噪声时采用压力脉动作为声学变量进行分析更具有合理性，此时方程(2-15)表明燃烧过程中熵扰动形成的等效噪声源主要表现为单极子源特征。更多关于燃烧噪声的分析可以见 2.5.2 节。

2.3.4　Lighthill 波动方程右端等效声源的辐射特性

采用经典声学的 Green 函数积分方法可以得到 Lighthill 波动方程右端等效声源向空间辐射声波引起的密度扰动，表示为

$$\rho'(\boldsymbol{x},t) = \frac{1}{c_0^2}\int_{-\infty}^{\infty}\!\!\int g\frac{\partial^2 T_{ij}}{\partial y_i \partial y_j}\mathrm{d}\boldsymbol{y}\mathrm{d}\tau = \frac{1}{c_0^2}\frac{\partial^2}{\partial x_i \partial x_j}\int_{-\infty}^{\infty}\!\!\int g T_{ij}\mathrm{d}\boldsymbol{y}\mathrm{d}\tau \tag{2-17}$$

其中：$g = \dfrac{\delta(t - \tau - r/c_0)}{4\pi r}$ 表示三维自由空间的时域 Green 函数；$r = |\boldsymbol{x} - \boldsymbol{y}|$ 表示声源位置矢量 $\boldsymbol{y}$ 与观察点位置矢量 $\boldsymbol{x}$ 之间的距离。

需要强调，在 Lighthill 波动方程推导过程中既没有考虑边界条件的影响，也没有考虑初始条件的影响，即研究的是流体在持续自由运动中的发声现象，因此方程(2-17)中关于时间和空间的积分均为无限积分。在实际应用中，由于声源通常集中在有限的空间内，因此空间积分限制在有限区域内，而时间积分依然采取无穷积分。

利用 δ 函数的积分性质消掉方程(2-17)中的时间积分得

$$\rho'(\boldsymbol{x},t) = \frac{1}{4\pi c_0^2}\frac{\partial^2}{\partial x_i \partial x_j}\int\left[\frac{T_{ij}}{r|1-M_r|}\right]_{\mathrm{ret}}\mathrm{d}\boldsymbol{y} \tag{2-18}$$

其中：ret 表示延迟时间 $\tau^* = t - r/c_0$；$M_r = \boldsymbol{M}\cdot\boldsymbol{r} = M\cos\theta$ 表示声源运动 Ma 数在辐射方向上的分量，θ 表示运动声源的速度方向与辐射方向之间的夹角；$1 - M_r$ 表示运动声源声传播的 Doppler 效应，又称为 Doppler 影响因子项。在假设声源处于低 Ma 数运动状态，忽略 Doppler

效应或处于静止状态时,方程(2-18)可以进一步简化为

$$\rho'(\boldsymbol{x},t) = \frac{1}{4\pi c_0^2} \frac{\partial^2}{\partial x_i \partial x_j} \int \frac{T_{ij}(\boldsymbol{y}, t-r/c_0)}{r} d\boldsymbol{y} \tag{2-19}$$

此外,可以证明 Green 函数 g 具有以下性质:

$$\frac{\partial g}{\partial y_i} = -\frac{\partial g}{\partial x_i} = \frac{1}{c_0} \frac{r_i}{r} \frac{\partial g}{\partial t} + \frac{g r_i}{r^2} = -\frac{1}{c_0} \frac{r_i}{r} \frac{\partial g}{\partial \tau} + \frac{g r_i}{r^2} \tag{2-20}$$

其中:r_i、r_i/r 为远场项,$r_i = x_i - y_i$;r_i/r^2 为近场项。当观察点处于远场时可以忽略近场项的作用,且有 $r_i \approx x_i$ 和 $r \approx |\boldsymbol{x}|$。利用式(2-20)将方程(2-17)中的空间偏导数转换为时间偏导数且忽略近场项,可以得到远场声波引起的密度扰动为

$$\rho'(\boldsymbol{x},t) = \frac{1}{4\pi c_0^4} \frac{x_i x_j}{|\boldsymbol{x}|^3} \frac{\partial^2}{\partial t^2} \iint \left[\frac{T_{ij}}{|1-M_r|}\right]_{\text{ret}} d\boldsymbol{y} \tag{2-21}$$

当声源处于静止状态时,方程(2-21)中的 Doppler 因子项消失,此时对方程两边同时进行傅里叶变换可以得到密度扰动的频域分量为

$$\widetilde{\rho}'(\boldsymbol{x},\omega) = \frac{-\omega^2}{4\pi c_0^4} \frac{x_i x_j}{|\boldsymbol{x}|^3} \int \widetilde{T}_{ij}(\boldsymbol{y},\omega) d\boldsymbol{y} \tag{2-22}$$

分析辐射声波的指向性特征如下。当 Lighthill 应力项为切应力,即 $i \neq j$ 时,可以得到辐射声波满足指向性特征为 $|\cos\theta \cdot \sin\theta|$;当 Lighthill 应力项为压应力,即 $i = j$ 时,可以得到辐射声波满足指向性特征为 $|\cos^2\theta|$,其中 θ 表示观察点相对源点的位置矢量 $\boldsymbol{r}$ 与坐标系横轴之间的夹角。

如图 2-1 所示,分别绘制了切应力和压应力源项辐射声波的指向性图,结果表明:切应力源项辐射的声波在极坐标系下呈现出四个极大值和极小值方向,压应力源项辐射的声波在极坐标系下分别呈现出两个极大值和极小值方向。通常地,把切应力源和压应力源分别称为横向和纵向四极子源。

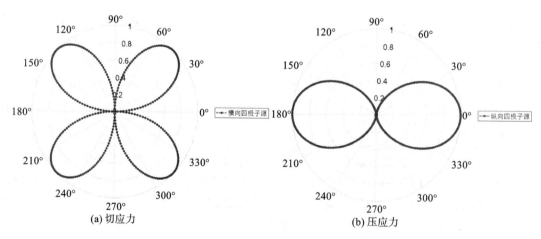

图 2-1 Lighthill 应力源项辐射声波的指向性图

进一步地,采用 l 表示声源区域的特征尺度,U 表示声源区域的特征速度,则对应的非定常扰动的特征频率为 U/l,在此特征频率下的声波波长为 $\lambda \sim c_0 l/U = l/M$。因此,在低 Ma 数流动情形下,四极子声源满足声学紧凑条件 $l \ll \lambda$。

针对方程(2-22),通过量纲分析可以得到远场的密度扰动满足以下特征:

$$\tilde{\rho}'(\boldsymbol{x},\omega) \sim \frac{1}{c_0^4}\frac{1}{|\boldsymbol{x}|}\rho_0 U^2 (U/l)^2 l^3 = \frac{l}{|\boldsymbol{x}|}\rho_0 M^4 \tag{2-23}$$

其中：$M=U/c_0$ 表示特征 Ma 数。方程(2-23)表明，四极子源辐射声波诱发的密度/声压脉动与 Ma 数的 4 次方成正比，进一步可以推导得到辐射的声功率与 Ma 数的 8 次方成正比[3]。

上述分析采用低 Ma 数流动假设，忽略 Doppler 因子对声辐射的影响。当流动 Ma 数逐渐增大时，Doppler 因子逐渐趋近于 0，此时辐射噪声的声功率随 Ma 数的变化以及辐射噪声的指向性均需要考虑 Doppler 因子的影响。特别地，当声源处于超音速运动状态时，会出现 Doppler 因子项 $1-M_r$ 等于 0 的情形，此时方程(2-21)右端为奇异积分，其表示的物理含义是激波通过时形成的间断现象。

2.4 涡声方程的推导与分析

Lighthill 波动方程虽然在右端给出了等效声源的表达形式，但是在实际应用中很难基于等效声源项来判断流动过程中主要声源的位置并指导如何进行噪声的控制。Powell 最早注意到亚音速流动诱发的声扰动与流体中的涡动力学特征密切相关，因此，他沿用 Lighthill 声比拟理论的思想，建立涡声理论来描述流动诱发的声扰动与流体中的涡量之间的关联[11]。需要说明，在 Powell 最初推导涡声波动方程以及后续的相关研究工作中采用了一定的假设，如无黏流体假设[11,25]或低 Ma 数流动假设[12,26]。此处，我们不采用上述假设进行涡声波动方程的推导，主要步骤如下。

不同于 Lighthill 波动方程推导过程中采用的动量方程(2-2)，我们从以下形式的动量方程出发[27]

$$\rho\frac{\partial \boldsymbol{u}}{\partial t}+\rho(\boldsymbol{u}\cdot\nabla)\boldsymbol{u}=-\nabla\cdot\boldsymbol{l} \tag{2-24}$$

其中：$\boldsymbol{l}$ 表示应力张量，其分量表达式为 $l_{ij}=p\delta_{ij}-e_{ij}$。首先利用以下恒等式

$$(\boldsymbol{u}\cdot\nabla)\boldsymbol{u}=\boldsymbol{\omega}\times\boldsymbol{u}+\frac{1}{2}\nabla(u^2) \tag{2-25}$$

置换方程(2-24)的第二项，并在方程两端增加 $\boldsymbol{u}\dfrac{\partial\rho}{\partial t}$ 项，得到以下表达式：

$$\frac{\partial(\rho\boldsymbol{u})}{\partial t}+\rho(\boldsymbol{\omega}\times\boldsymbol{u})+\frac{\rho}{2}\nabla(u^2)=-\nabla\cdot\boldsymbol{l}+\boldsymbol{u}\frac{\partial\rho}{\partial t} \tag{2-26}$$

其中：$\boldsymbol{\omega}=\nabla\times\boldsymbol{u}$ 表示涡量。类似于 Lighthill 波动方程的推导过程，对上述动量方程求散度运算得

$$\nabla\cdot\frac{\partial(\rho\boldsymbol{u})}{\partial t}+\nabla\cdot\left[\rho(\boldsymbol{\omega}\times\boldsymbol{u})+\frac{\rho}{2}\nabla(u^2)+\nabla\cdot\boldsymbol{l}-\boldsymbol{u}\frac{\partial\rho}{\partial t}\right]=0 \tag{2-27}$$

此外，连续性方程(2-1)对时间的偏导表达为

$$\frac{\partial^2\rho}{\partial t^2}+\frac{\partial[\nabla\cdot(\rho\boldsymbol{u})]}{\partial t}=0 \tag{2-28}$$

将方程(2-28)左端第二项采用方程(2-27)替换得

$$\frac{\partial^2\rho}{\partial t^2}=\nabla\cdot\left[\rho(\boldsymbol{\omega}\times\boldsymbol{u})+\frac{\rho}{2}\nabla(u^2)+\nabla\cdot\boldsymbol{l}-\boldsymbol{u}\frac{\partial\rho}{\partial t}\right] \tag{2-29}$$

为了构造波动算子,对方程(2-29)两端同时减去 $c_0^2 \nabla^2 \rho$ 项,且将 $\nabla \cdot l$ 项表示为 $\nabla \cdot l = \nabla p - \nabla \cdot e$,其中 e 表示黏性应力张量项,则可以得到以下形式的涡声波动方程:

$$\frac{\partial^2 \rho}{\partial t^2} - c_0^2 \nabla^2 \rho = \nabla \cdot \left[\rho(\boldsymbol{\omega} \times \boldsymbol{u}) + \frac{\rho}{2} \nabla (u^2) - \boldsymbol{u} \frac{\partial \rho}{\partial t} + \nabla(p - \rho c_0^2) - \nabla \cdot \boldsymbol{e} \right] \quad (2\text{-}30)$$

波动方程(2-30)在推导过程中没有采用高 Re 数假设来忽略流体黏性项,也没有采用低 Ma 数流动假设来忽略部分项中的密度扰动,因此,波动方程(2-30)与 $Lighthill$ 波动方程(2-10)都是 $Navier\text{-}Stokes$ 方程的恒等数学变形,方程的右端同样被比拟为等效声源项。

需要说明,尽管已有文献中给出了不同形式的涡声方程表达形式,但是存在一些表达上的错误,如 $Powell$ 最初推导的波动方程右端源项应为正号,而不是负号[11],$Blake$ 著作[25]中方程(2.93)的右端源项包括两项 $\frac{1}{2}\nabla(\rho u^2) - \frac{u^2}{2}\nabla p$,其中的 ∇p 应为 $\nabla \rho$,因此,上述两项可以表达为 $\frac{\rho}{2}\nabla(u^2)$。进一步地,对比方程(2-30)与 $Powell$ 的原始涡声方程[11]和 $Blake$ 著作[25]中的方程(2-93),方程(2-30)考虑了黏性应力对等效声源的影响。

波动方程(2-30)右端等效源项的第 4 项和第 5 项分别表示熵变和黏性对辐射声波的影响。当流动处于高 Re 数状态,且与外界无热交换时,此两项通常可以忽略不计。进一步地,当流动处于低 Ma 数状态时,近场中的密度扰动可以忽略不计,则波动方程(2-30)可以简化为

$$\frac{\partial^2 \rho'}{\partial t^2} - c_0^2 \nabla^2 \rho' = \rho_0 \nabla \cdot (\boldsymbol{\omega} \times \boldsymbol{u}) + \frac{\rho_0}{2} \nabla^2 (u^2) \quad (2\text{-}31)$$

波动方程(2-31)右端的两个等效源项在静止状态下辐射声波引起的密度扰动可以分别表示为

$$\rho_1'(\boldsymbol{x},t) = \frac{\rho_0}{4\pi c_0^2} \int \frac{[\nabla \cdot (\boldsymbol{\omega} \times \boldsymbol{u})]_{\text{ret}}}{r} \mathrm{d}\boldsymbol{y} \quad (2\text{-}32)$$

$$\rho_2'(\boldsymbol{x},t) = \frac{\rho_0}{8\pi c_0^2} \int \frac{[\nabla^2 (u^2)]_{\text{ret}}}{r} \mathrm{d}\boldsymbol{y} \quad (2\text{-}33)$$

利用 $Green$ 函数的微分性质将上述两方程中的空间偏导数转换为时间偏导数,且忽略近场项可以得到远场声波引起的密度扰动为

$$\rho_1'(\boldsymbol{x},t) = -\frac{\rho_0}{4\pi c_0^3 |\boldsymbol{x}|^2} \frac{\partial}{\partial t} \int [\boldsymbol{x} \cdot (\boldsymbol{\omega} \times \boldsymbol{u})]_{\text{ret}} \mathrm{d}\boldsymbol{y} \quad (2\text{-}34)$$

$$\rho_2'(\boldsymbol{x},t) = \frac{\rho_0}{8\pi c_0^3 |\boldsymbol{x}|} \frac{\partial^2}{\partial t^2} \int [u^2]_{\text{ret}} \mathrm{d}\boldsymbol{y} \quad (2\text{-}35)$$

类似于 $Lighthill$ 波动方程开展量级分析可以得到方程(2-34)和方程(2-35)满足以下特征[12]:

$$\rho_1'(\boldsymbol{x},t) \sim \frac{l}{|\boldsymbol{x}|} \rho_0 M^4 \quad (2\text{-}36)$$

$$\rho_2'(\boldsymbol{x},t) \sim \frac{l}{|\boldsymbol{x}|} \rho_0 M^6 + \frac{1}{Re} \frac{l}{|\boldsymbol{x}|} \rho_0 M^4 \quad (2\text{-}37)$$

方程(2-36)与方程(2-23)具有相同的量级,但是在高 Re 数、低 Ma 数流动下,方程(2-37)对声辐射的作用远小于方程(2-36)。因此,上述分析表明高 Re 数、低 Ma 数自由流动伴随的声扰动主要源于波动方程(2-31)的涡相关项。

上述涡声方程的推导和分析沿用了 $Lighthill$ 声比拟理论的基本思想,所得到的涡声方程

只是 Lighthill 声比拟理论的一个特殊表达形式,用于强调涡在流动发声过程中的重要作用,因此,涡声理论同样属于声比拟理论的范畴。

2.5 应用分析

2.5.1 冷喷流噪声分析:等效声源

如第 1 章所述,声比拟理论的三个核心问题是等效声源、波动算子和声学变量。在冷喷流中,涡和声扰动是主要的扰动类型,而熵扰动几乎可以忽略不计。涡、声扰动均能诱发出压力脉动,只有声扰动才能诱发出密度扰动,因此,我们选用密度扰动作为波动方程左端的声学变量,同时忽略 Lighthill 方程右端源项中的黏性应力项和熵扰动项等,该波动方程可以近似表示为

$$\frac{\partial^2 \rho'}{\partial t^2} - c_0^2 \nabla^2 \rho' = \frac{\partial^2 (\rho u_i u_j)}{\partial x_i \partial x_j} \quad (2\text{-}38)$$

由方程(2-38)出发采用 Green 函数方法可以得到观察点位置的密度扰动为

$$\rho'(\boldsymbol{x},t) = \frac{1}{4\pi c_0^4} \int \frac{\partial^2 T_{ij}(\boldsymbol{y},\tau)}{\partial y_i \partial y_j} \mathrm{d}\boldsymbol{y} \quad (2\text{-}39)$$

其中源点时空坐标 $(\boldsymbol{y},\tau)$ 和观察点时空坐标 $(\boldsymbol{x},t)$ 满足以下关系式:

$$\tau = t - |\boldsymbol{x}-\boldsymbol{y}|/c_0 = t - r/c_0 \quad (2\text{-}40)$$

当声源处于静止状态且采用远场近似处理时,方程(2-39)可以变换为

$$\rho'(\boldsymbol{x},t) = \frac{1}{4\pi c_0^4} \frac{x_i x_j}{|\boldsymbol{x}|^3} \int \frac{\partial^2 T_{ij}(\boldsymbol{y},t-r/c_0)}{\partial t^2} \mathrm{d}\boldsymbol{y} \quad (2\text{-}41)$$

在上述方程的基础上,Lighthill[3] 利用量纲分析方法证明喷流噪声的声功率与喷流 Ma 数的 8 次方成正比,喷流噪声的声辐射效率 η(辐射声功率与喷流功率的比值)与喷流 Ma 数的 5 次方成正比。上述结论在很多亚音速冷喷流试验中得到了验证,如文献[9,28]。因此,降低喷流 Ma 数是一种有效降低喷流噪声的措施,在涡喷发动机基础上演化出来的涡扇发动机由于能够明显地降低发动机出口的喷流速度,从而能够有效地降低喷流噪声。

进一步地,Lighthill 在利用 Rolls-Royce 等公司的试验数据的基础上指出[29],喷流噪声的辐射效率 η 在喷流 Ma 数小于 2 时可以近似计算:

$$\eta \approx 10^{-4} M^5 \quad (2\text{-}42)$$

当 Ma 数进一步增大时,声辐射效率达到最大值 6×10^{-3},并几乎不再随 Ma 数的增大发生变化。

Tam[30] 针对超音速湍流噪声进行了总结分析:除了亚音速喷流中存在的湍流混合宽频噪声外,超音速喷流中还存在以离散谱形式存在的超音速啸音以及激波关联的宽频噪声。其中,啸音及其高次谐波上存在明显的离散峰值,在啸音峰值频率的左侧低频区间和右侧高频区间分别为湍流混合形成的宽频噪声分量和激波关联形成的宽频噪声分量,如图 2-2(a)所示,其中 D 表示喷管直径。此外,亚音速喷流和超音速喷流噪声的指向性特征也存在明显的不同,湍流混合形成的宽频噪声主要向下游传播,而超音速状态下形成的啸音和激波关联噪声主要向上游传播,如图 2-2(b)所示。

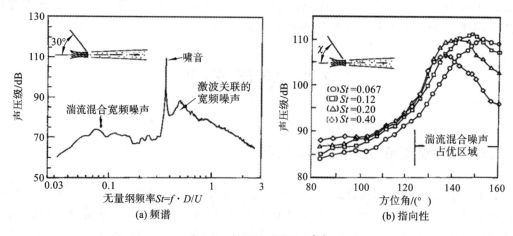

图 2-2 超音速喷流噪声[30]

上述特征表明,超音速喷流与亚音速喷流具有不同的声产生和传播机理,即需要采用不同的等效声源和波动算子描述声产生和传播过程。在本章中仅讨论等效声源的处理,对波动算子的分析将在本书第 8 章予以介绍。

理论上,我们可以获取全场范围内的四极子源特性,然后求解 Lighthill 波动方程(2-10)获得全场的声学扰动特征。但是,在实际应用中基于高精度的非定常流动数值模拟方法获取四极子源的特性需要较高的计算分析成本,因此,学者们提出了两个不同的方法来尝试降低计算成本。第一种方法是基于湍流统计特性的声源模型来预测湍流混合噪声,第二种方法是可渗透积分面的 FW-H 方程方法,这种方法利用积分面上偶极子和单极子声源等效积分面内的四极子体声源的作用来降低计算成本,关于该方法的详细分析可以见文献[31]或本书第 4 章内容。

假设湍流扰动及其辐射的声波为随机平稳过程,则系综平均等于时间平均,密度扰动的自相关函数满足以下特征:

$$R_a(\boldsymbol{x},\tau) = \left\langle \rho'(\boldsymbol{x},t)\rho'(\boldsymbol{x},t+\tau) \right\rangle = \overline{\rho'(\boldsymbol{x},t)\rho'(\boldsymbol{x},t+\tau)} = \frac{1}{\rho_0 c_0^3} \sum_{n=-\infty}^{\infty} I(\boldsymbol{x},\omega_n)\mathrm{e}^{-\mathrm{i}\omega_n\tau} \quad (2\text{-}43)$$

其中:$I(\boldsymbol{x},\omega_n)$ 表示频域声强。利用傅里叶变换性质有以下等式:

$$I(\boldsymbol{x},\omega_n) = \frac{\rho_0 c_0^3}{2\pi} \int_{-\infty}^{\infty} R_a(\boldsymbol{x},\tau)\mathrm{e}^{\mathrm{i}\omega\tau}\mathrm{d}\tau \quad (2\text{-}44)$$

利用方程(2-41)得到远场密度扰动的自相关函数为

$$R_a(\boldsymbol{x},\tau) = \left\langle \rho'(\boldsymbol{x},t)\rho'(\boldsymbol{x},t+\tau) \right\rangle = \frac{x_i x_j x_k x_l}{16\pi^2 |\boldsymbol{x}|^6 c_0^8} \int_{V(\boldsymbol{y}')}\int_{V(\boldsymbol{y}'')} \overline{\frac{\partial^2 T_{ij}(\boldsymbol{y}',t')}{\partial t'}\frac{\partial^2 T_{kl}(\boldsymbol{y}'',t'')}{\partial t''}}\mathrm{d}\boldsymbol{y}'\mathrm{d}\boldsymbol{y}''$$

$$(2\text{-}45)$$

其中:$(\boldsymbol{y}',t')$ 和 $(\boldsymbol{y}'',t'')$ 分别表示两个源点的时空坐标,且满足

$$t' = t - |\boldsymbol{x}-\boldsymbol{y}'|/c_0 \quad (2\text{-}46)$$

$$t'' = t + \tau - |\boldsymbol{x}-\boldsymbol{y}''|/c_0 \quad (2\text{-}47)$$

需要说明上述自相关函数与时间 t 无关。特别地,方程(2-45)中取 $\tau=0$ 时自相关函数与时均声强之间的关系表示为

$$I(\boldsymbol{x}) = R_a(\boldsymbol{x},0) = \rho_0 c_0^3 \left\langle \rho'(\boldsymbol{x},t)\rho'(\boldsymbol{x},t) \right\rangle \tag{2-48}$$

进一步地,互相关函数满足以下等式[9,32]:

$$\overline{\frac{\partial^2 T_{ij}(\boldsymbol{y}',t')}{\partial t'} \frac{\partial^2 T_{kl}(\boldsymbol{y}'',t'')}{\partial t''}} = \frac{\partial^4}{\partial \tau^4} \overline{T_{ij}(\boldsymbol{y}',t')T_{kl}(\boldsymbol{y}'',t'')} \tag{2-49}$$

$$\overline{T_{ij}(\boldsymbol{y}',t')T_{kl}(\boldsymbol{y}'',t'')} = \overline{T_{ij}(\boldsymbol{y}',t)T_{kl}(\boldsymbol{y}'',t+\tau+\frac{|\boldsymbol{x}-\boldsymbol{y}'|-|\boldsymbol{x}-\boldsymbol{y}''|}{c_0})} \tag{2-50}$$

利用远场近似条件

$$|\boldsymbol{x}-\boldsymbol{y}'|-|\boldsymbol{x}-\boldsymbol{y}''| \approx \left(\boldsymbol{x}-\frac{\boldsymbol{x}}{|\boldsymbol{x}|}\cdot\boldsymbol{y}'\right)-\left(\boldsymbol{x}-\frac{\boldsymbol{x}}{|\boldsymbol{x}|}\cdot\boldsymbol{y}''\right) = \frac{\boldsymbol{x}\cdot\boldsymbol{\eta}}{|\boldsymbol{x}|} \tag{2-51}$$

得到

$$\overline{T_{ij}(\boldsymbol{y}',t')T_{kl}(\boldsymbol{y}'',t'')} = \overline{T_{ij}(\boldsymbol{y}',t)T_{kl}(\boldsymbol{y}'',t+\tau+\frac{|\boldsymbol{x}-\boldsymbol{y}'|-|\boldsymbol{x}-\boldsymbol{y}''|}{c_0})}$$
$$= \overline{T_{ij}(\boldsymbol{y}',t)T_{kl}(\boldsymbol{y}'',\tau_0)} = R_{ijkl}(\boldsymbol{y}',\boldsymbol{\eta},\tau_0) \tag{2-52}$$

其中:$\boldsymbol{\eta} = \boldsymbol{y}'' - \boldsymbol{y}'$ 以及

$$\tau_0 = t + \tau + \frac{\boldsymbol{x}\cdot\boldsymbol{\eta}}{|\boldsymbol{x}|c_0} \tag{2-53}$$

则方程(2-45)可以表示为

$$R_a(\boldsymbol{x},\tau) = \frac{1}{16\pi^2|\boldsymbol{x}|^2 c_0^8} \frac{\partial^4}{\partial \tau^4} \int\int_{V(\boldsymbol{y}')V(\boldsymbol{\eta})} D_{ijkl} R_{ijkl}(\boldsymbol{y}',\boldsymbol{\eta},\tau_0) \mathrm{d}\boldsymbol{y}' \mathrm{d}\boldsymbol{\eta} \tag{2-54}$$

其中:$D_{ijkl} = x_i x_j x_k x_l / |\boldsymbol{x}|^4$ 表示指向性因子张量。利用方程(2-44)以及傅里叶变换的微分和位移性质可以得到频域声强为

$$I(\boldsymbol{x},\omega) = \frac{\rho_0 \omega^4}{32\pi^3 |\boldsymbol{x}|^2 c_0^5} D_{ijkl} \int_{-\infty}^{\infty}\int\int_{V(\boldsymbol{y}')V(\boldsymbol{\eta})} R_{ijkl}(\boldsymbol{y}',\boldsymbol{\eta},\tau) \mathrm{e}^{\mathrm{i}\omega\left[\tau - \frac{\boldsymbol{x}\cdot\boldsymbol{\eta}}{|\boldsymbol{x}|c_0}\right]} \mathrm{d}\boldsymbol{y}' \mathrm{d}\boldsymbol{\eta} \mathrm{d}\tau \tag{2-55}$$

需要强调方程(2-54)中 $R_{ijkl}(\boldsymbol{y}',\boldsymbol{\eta},\tau_0)$ 与方程(2-55)中 $R_{ijkl}(\boldsymbol{y}',\boldsymbol{\eta},\tau)$ 存在的相位差转换到指数函数中表示,并且上述两点之间四阶速度的时空关联张量是建立在静止坐标系下的。

采用不同的技术手段获取描述相关函数 $R_{ijkl}(\boldsymbol{y}',\boldsymbol{\eta},\tau)$ 成为基于声比拟理论预测喷流噪声的关键。Ffowcs Williams 和 Goldstein[9] 等学者建议采用以下的伴随运动坐标系

$$\boldsymbol{\xi} = \boldsymbol{\eta} - \mathrm{i}c_0 M_c \tau \tag{2-56}$$

其中:$\boldsymbol{i}$ 表示喷流时均速度的单位矢量方向;M_c 表示湍流涡的对流 Ma 数,表示的是当地流体速度与喷流区域以外的环境音速而不是当地音速的比值[33]。注意在两个坐标系下源的位置均处于静止状态,两点之间的相关函数在两个坐标系下满足以下假设:

$$R_{ijkl}(\boldsymbol{y}',\boldsymbol{\eta},\tau) = R_{ijkl}(\boldsymbol{y}',\boldsymbol{\xi},\tau) \tag{2-57}$$

将方程(2-56)和方程(2-57)代入方程(2-55)中得

$$I(\boldsymbol{x},\omega) = \frac{\rho_0 \omega^4}{32\pi^3 |\boldsymbol{x}|^2 c_0^5} D_{ijkl} \int_{-\infty}^{\infty}\int\int_{V(\boldsymbol{y}')V(\boldsymbol{\xi})} R_{ijkl}(\boldsymbol{y}',\boldsymbol{\xi},\tau) \mathrm{e}^{\mathrm{i}\omega\left[(1-M_c\cos\theta)\tau - \frac{\boldsymbol{x}\cdot\boldsymbol{\xi}}{|\boldsymbol{x}|c_0}\right]} \mathrm{d}\boldsymbol{y}' \mathrm{d}\boldsymbol{\xi} \mathrm{d}\tau \tag{2-58}$$

其中:$\cos\theta = (\boldsymbol{x}\cdot\boldsymbol{i})/|\boldsymbol{x}|$ 表示观察点位置矢量在辐射方向上的分量。

喷流噪声与湍流的结构与统计特性密切相关,下面我们分析如何对喷流噪声中四极子源进行表征。

第一种表征方法与湍流运动的时间尺度关联,将喷流速度采用 Reynolds 时均分解方法分解为时均量和扰动量之和,其表达形式如下:

$$u(x,t) = U(x) + u'(x,t) \tag{2-59}$$

将方程(2-59)代入方程(2-38)中得

$$\frac{\partial^2 \rho'}{\partial t^2} - c_0^2 \nabla^2 \rho' = \frac{\partial^2 [\rho U_i(x) U_j(x)]}{\partial x_i \partial x_j}$$
$$+ \frac{\partial^2 [\rho U_i(x) u'_j(x,t) + \rho U_j(x) u'_i(x,t)]}{\partial x_i \partial x_j} + \frac{\partial^2 [\rho u'_i(x,t) u'_j(x,t)]}{\partial x_i \partial x_j} \tag{2-60}$$

其中:方程(2-60)右端第一项中的速度与时间无关,其表示的物理含义主要为流体的压缩膨胀变形密度扰动对声辐射的作用,在喷流噪声中通常忽略这一项的作用;右端第二项表示时均剪切流和湍流相互干涉对声辐射的作用,因此,通常将其辐射的噪声称为剪切噪声;右端第三项表示湍流脉动自身对声辐射的作用,通常将其辐射的噪声称为自噪声。剪切噪声和自噪声的共同效应称为湍流混合噪声。

在上述 Reynolds 时均分解方法基础上建立的声源模型包括两类:第一类是基于各向同性湍流假设的 Ribner 声源模型[34],基于该声源模型的分析表明剪切噪声和自噪声具有不同的指向性特征,前者主要表现为偶极子源特性,而后者主要表现为单极子源特性;第二类是基于 Batchelor[35] 和 Chandrasekhar[36] 轴对称(各向异性)湍流假设的 Goldstein-Rosenbaum[37]、Khavaran[38] 声源模型等。通过求解 Reynolds 时均的 N-S 方程来模拟定常流动数值,并利用上述统计声源模型可以降低喷流噪声声源的预测成本,相关的研究内容参见 Bailly 等[39] 的论文。

第二种表征方法与湍流运动的空间尺度关联,将湍流结构分解为具有相干特性的大尺度涡和具有随机特性的小尺度涡。Tam[40,41] 在综合 NASA 大量喷流噪声试验数据的基础上发现上述两种不同尺度的涡结构均能够辐射出声波,但是存在明显不同的辐射特性:大尺度涡结构激发的声波主要向下游辐射;小尺度涡结构具有各向同性的特征,但是由于对流放大效应导致其辐射的声波主要向上游和喷流边线方向辐射;在 Mach 锥以内的区域中,大尺度涡结构辐射的声压通常远大于小尺度涡结构辐射的声压。进一步地,Tam 和 Auriault[42] 在类比分子随机运动理论的基础上建立了同样具有随机运动特征的小尺度涡结构对应的半经验声源模型。大量的研究表明,Tam-Auriault(TA)模型能够较好地预测喷流噪声上游方向的频谱特征,从而证实了该模型的准确性和可靠性。对于大尺度涡结构通常需要借助计算流体力学的方法进行求解,目前还很难建立半经验的声源模型。

上述两种方法表征的都是湍流混合噪声的等效声源项。对于超音速喷流中的激波关联噪声和啸音现象,其对应的噪声产生机理和等效声源该如何描述? 在声比拟理论中,右端的等效声源项决定了左端声扰动项的特征,但是,通常忽略了左端声扰动对右端等效声源的反馈作用。这是声比拟理论在实际应用中存在的缺陷之一。超音速流动中的啸音是背景流与声扰动在相互干涉情况下的闭环自激振荡现象,因此,目前还很难采用声比拟理论分析超音速流动中的啸音机理。

进一步地,如何定位喷流噪声的主要声源位置并有针对性地设计降噪方案? 此时,涡声方程比 Lighthill 波动方程体现出明显的优势。Lighthill 波动方程表明 Reynolds 应力项通常是亚音速喷流噪声的主要来源,但是基于 Lighthill 波动方程确定具体声源位置的能力十分有限。Powell 涡声方程(2-31)清晰地表明喷流噪声的声源强度与涡量密切相关,并且 $\omega \times u$ 项表明涡量矢量与速度矢量之间的夹角是影响喷流噪声的一个重要因素。特别地,当局部流场满足"涡-速同向"特征时,该区域不会激发出向外辐射的声扰动。实际上,部分发动机的喷口采用如图 2-3 所示的花瓣或波纹形状来抑制喷流噪声,其噪声控制机理也可以采用"涡-速同向"的原理进行解释,但不足之处是上述喷口形状通常也会带来发动机性能的降低。此外,由方程(2-34)可以发现,观察点位置矢量 x 处于垂直于喷流方向时,即 x 与 $\boldsymbol{\omega} \times \boldsymbol{u}$ 垂直时观察点位置接收到的声压通常最低,这与图 2-2(b)中给出的试验结果吻合。

(a) Rolls-Royce Conway发动机

(b) Pratt & Whitney 3C-6发动机

图 2-3 能够抑制喷流噪声的涡喷发动机喷口形状

2.5.2 无边界约束的直接燃烧噪声:等效声源和声学变量

在低 Ma 数运动气流燃烧过程中,熵和声扰动通常是主要的扰动类型,而涡扰动几乎可以忽略不计。由于熵、声扰动均能诱发出密度脉动,而只有声扰动才能诱发出压力扰动,因此,在分析燃烧噪声时我们选用压力扰动而不是密度扰动作为波动方程左端的声学变量。我们分析自由空间下燃烧过程中形成的噪声问题,Lighthill 波动方程(2-15)可以表示为

$$\frac{1}{c_0^2}\frac{\partial^2 p'}{\partial t^2} - \boldsymbol{\nabla}^2 p' = \frac{\partial^2 (\rho u_i u_j - e_{ij})}{\partial x_i \partial x_j} - \frac{1}{c_0^2}\frac{\partial^2 \rho_e}{\partial t^2} \tag{2-61}$$

其中:$\rho_e = \rho' - p'/c_0^2$ 称为过余密度,其在远场中可以忽略不计,但是在显著热交换的近场区域中需要作为源项进行考虑。方程(2-61)表明,近场过余密度的扰动是形成燃烧噪声的主要来源,且其表现出单极子源的特性,也就是燃烧形成的声波以球面波的形式向周围传播,这一特征得到了 Thomas 和 Williams 的试验验证[43]。

进一步地,为了考虑近场区域不同气体组分燃烧对声源的影响,Dowling 在多组分能量方程的基础上展开波动方程(2-61)右端第二项,推导了以下形式的非齐次波动方程[44,45]:

$$\frac{1}{c_0^2}\frac{\partial^2 p'}{\partial t^2} - \boldsymbol{\nabla}^2 p' = \frac{\partial W_1}{\partial t} + \frac{\partial^2 (\rho u_i u_j - e_{ij})}{\partial x_i \partial x_j}$$
$$+ \frac{1}{c_0^2}\frac{\partial}{\partial t}\left[\left(1 - \frac{\rho_0 c_0^2}{\rho c^2}\right)\frac{Dp}{Dt} - \frac{p - p_0}{\rho}\frac{D\rho}{Dt}\right] + \frac{\partial^2 (u_i \rho_e)}{\partial x_i \partial t} \tag{2-62}$$

$$W_1 = -\frac{\alpha \rho_0}{c_p \rho}\left(\sum_{n=1}^{N} \frac{\partial h}{\partial Y_n}\bigg|_{\rho,p,Y_n} \rho \frac{DY_n}{Dt} + \frac{\partial q_i}{\partial x_i} - e_{ij}\frac{\partial u_i}{\partial x_j}\right) \tag{2-63}$$

其中:Y_n 表示第 n 种组分的质量百分比;h 表示焓值;q 表示热流通量矢量;α 表示体积扩张系数。

方程(2-62)右端第一项是等效单极子源项,表示不可逆热力学过程中伴随形成的声学扰动;右端第二项是等效四极子源项,相当于 Lighthill 波动方程中描述无热交换喷流噪声的等

效声源项，在低 Ma 数流动中可以近似描述为 Powell 的涡声源项 $\rho_0 \nabla \cdot (\boldsymbol{\omega} \times \boldsymbol{u}) + \dfrac{\rho_0}{2} \nabla^2(u^2)$；右端第三项是等效单极子源项，它表示燃烧区域气体的密度和音速与周围环境气体的密度和音速差异，在低 Ma 数运动流体且定压燃烧环境下满足关系式 $\alpha^2 = \gamma p$，因此第三个源项的作用通常十分微弱；右端第四个源项是等效偶极子源项，表示过余密度的动量交换对声扰动的影响。

我们重点分析方程(2-62)右端的第一个等效声源项。对于任意的第 n 种组分，其满足以下守恒定律：

$$\rho \frac{DY_n}{Dt} = w_n - \nabla \cdot \boldsymbol{J}_n \tag{2-64}$$

其中：w_n 表示单位体积内第 n 种组分的生成率，$\boldsymbol{J}_n$ 表示第 n 种组分的扩散通量矢量。将方程(2-64)代入到方程(2-63)中可以得到

$$W_1 = -\frac{\alpha \rho_0}{c_p \rho} \left(\sum_{n=1}^{N} \frac{\partial h}{\partial Y_n}\bigg|_{\rho,p,Y_n} w_n - \sum_{n=1}^{N} \frac{\partial h}{\partial Y_n}\bigg|_{\rho,p,Y_n} \nabla \cdot \boldsymbol{J}_n + \frac{\partial q_i}{\partial x_i} - e_{ij}\frac{\partial u_i}{\partial x_j} \right) \tag{2-65}$$

方程(2-65)表明单极子等效声源源项分别表示的是组分生成、组分扩散、热扩散和黏性耗散四种不可逆热力学过程对声扰动的作用。在低 Ma 数运动气流的燃烧过程中，气体组分生成对声扰动的作用通常远大于组分扩散、热扩散和黏性耗散对声扰动的作用。此外，采用理想气体假设，有

$$\frac{\alpha}{c_p} = \frac{\gamma - 1}{c^2} \tag{2-66}$$

其中：γ 表示绝热指数。对空气中碳氢燃料有以下近似

$$Q = -\sum_{n=1}^{N} \frac{\partial h}{\partial Y_n}\bigg|_{\rho,p,Y_n} w_n \tag{2-67}$$

其中：Q 表示单位体积内热量释放的速率。因此，自由空间下气体定压燃烧形成的等效单极子源可以近似表示为

$$W_1 = \frac{\rho_0(\gamma - 1)}{\rho c^2} Q \tag{2-68}$$

则定压燃烧过程中辐射声压的计算公式为

$$p'(\boldsymbol{x},t) = \frac{\rho_0}{4\pi} \frac{\partial}{\partial t} \int \left[\frac{(\gamma-1)Q}{\rho c^2} \right]_{\text{ret}} \mathrm{d}\boldsymbol{y} \tag{2-69}$$

通常可以认为绝热指数 γ 只与气体组分相关，且采用定压燃烧假设，则有

$$\rho c^2 = \gamma p = \gamma p_0 = \rho_0 c_0^2 \tag{2-70}$$

因此，方程(2-69)可以进一步简化为

$$p'(\boldsymbol{x},t) = \frac{(\gamma-1)}{4\pi c_0^2} \frac{\partial}{\partial t} \int Q(\boldsymbol{y}, t - r/c_0) \mathrm{d}\boldsymbol{y} \tag{2-71}$$

方程(2-71)表明燃烧噪声形成的声压波动与单位体积内热量的释放速率成正比。

需要强调，上述针对燃烧噪声的分析没有考虑边界条件约束的影响，因此，通常也称为直接燃烧噪声。在很多应用环境中，如在航空发动机中，燃烧引起的扰动不仅会激发出直接燃烧噪声，而且会受到固体边界的影响，此时熵等其他扰动与固体边界的相互作用通常会激发出更强烈的间接燃烧噪声[43,46,47]。

2.6 本章小结

本章介绍的声比拟理论用于描述无约束流体持续运动过程中伴随的声学现象。所介绍的声比拟理论中的等效声源有两种表达形式：一种是 Lighthill 波动方程；另一种是涡声波动方程。在本书中，两种类型的波动方程都是基于可压缩 Navier-Stokes 方程通过数学恒等变形得到的。这两种类型的波动方程虽然采用了不同的等效声源项，甚至声学变量，但是都是属于声比拟理论的范畴，即从流动控制方程出发通过数学变换构建非齐次波动方程，方程的右端比拟为等效源项，方程的左端比拟为带有声学变量的声传播项。

应用上述两种类型的波动方程分析高 Re 数、低 Ma 数喷流噪声时，可以发现喷流噪声的声功率与 Ma 数的 8 次方成正比，因此，降低喷流速度是控制喷流噪声的一种重要技术手段。进一步地，可以发现涡声理论在识别声源位置以及设计降噪方案时会具有更大的优势，因为其强调了涡在高 Re 数、低 Ma 数流动诱发声过程中的重要性，因此，有学者指出"涡是流动的声音"[48]。基于涡声理论得到控制喷流噪声的一个重要指导思想是"涡-速同向"。

应用声比拟理论分析自由空间下的直接燃烧噪声时，可以发现等效声源主要表现为单极子源项特征，其中包括气体的组分生成、组分扩散、热扩散和黏性耗散四种不可逆的热力学过程对声扰动的作用。其中，低 Ma 数流动中定压燃烧过程形成的噪声声压波动与单位体积内热量的释放速率成正比。

需要强调，上述两种类型的波动方程虽然都是 Navier-Stokes 方程的恒等变形，在理论上具备与 Navier-Stokes 方程一样的能力，但是在应用这些波动方程分析实际工程问题时，一般都需要做一些近似处理。这种近似处理往往导致了声比拟理论在实际应用中的局限性，例如，如果在应用声比拟理论时忽略声扰动对声源的反馈效应，则很难分析超音速流动中的啸音现象。

此外，本章所有的分析都没有考虑空间和时间约束对声产生和传播的影响。从下一章开始，逐步考虑各种约束条件对流动过程中声学扰动现象的影响。

3 不可渗透刚性边界约束的声比拟理论

3.1 引　　言

在涡喷发动机基础上发展出来的涡扇发动机出口气流速度大大降低,因此,相同推力下涡扇发动机的喷流噪声通常明显低于涡喷发动机的喷流噪声。此时,涡扇发动机中的风扇、压气机和涡轮噪声受到关注。在这些叶轮机械中,流体的运动都受到叶片和机匣等固体边界的约束,固体边界的存在不仅通过改变流动的状态影响声源的产生,而且固体边界形成的反射效应也会改变声波的传播特征。

实际上,大部分工程问题中,流体的运动都受到固体边界的约束,这些固体边界一般满足不可渗透条件。同时,在本章中假设固体为刚体,即固体在受力后不会发生变形,固体内部不存在波动现象。

在 Lighthill 波动方程的基础上,可以采用两种不同但等价的方法考虑任意不可渗透的刚性固体边界对流动声产生和传播的影响。第一种方法采用 Green 公式分析不可渗透的刚性固体边界对波散射的影响,这一方法最早应用于分析边界对电磁波传播效应的影响,在 1955 年被 Curle[8]借鉴并应用于分析运动流体与静止不可渗透刚性固体边界相互作用诱发的声学现象,后来在 1976 年被 Goldstein[9]进一步推广到不可渗透刚性固体边界处于任意运动的情形。第二种方法由 Ffowcs Williams 和 Hawkings[10]在 1969 年通过引入广义函数的方法建立,所推导得到的非齐次波动方程通常也称为 FW-H 方程。广义函数方法强调了边界条件,即边界上物理量的非连续性,对声产生和传播的影响。类似地,在涡声方程的基础上同样可以采用上述两种方法进一步考虑任意不可渗透的刚性固体边界对流动声产生和传播的影响。

特殊地,当流体中的不可渗透刚性固体处于静止状态且固体边界具有简单的几何形状(如无穷长的圆柱结构、半无穷大的平板等)时,可以得到解析的定制 Green 函数描述固体边界对声产生和传播的影响[49]。此时,可以直接将 Lighthill 波动方程(2-17)积分解和涡声方程(2-32)积分解中的自由空间 Green 函数替换为定制 Green 函数来预测固体边界约束下流动伴随的声学扰动现象。

为了便于后文中的定义,将可压缩流体和不可渗透刚性固体区域采用如图 3-1 所示的定义,其中,$f>0$ 和 $f<0$ 分别表示可压缩流体和不可渗透刚性固体区域,$f=0$ 表示流体和固体的边界界面,速度矢量 v^s 表示不可渗透刚性固体边界的运动速度。定义矢量 $\boldsymbol{n}$ 表示流固界面的法向矢量,其方向由固体指向流体区域,则 $\boldsymbol{n}(f)=\boldsymbol{\nabla} f/|\boldsymbol{\nabla} f|$,且有 $v_n^s=-\partial f/\partial t$ 表示固体边界运动速度的法向分量。

本章第 3.2 节首先依次采用上述两种方法分析不可渗透刚性边界对流动声产生和传播的影响,第 3.3 节对 FW-H 方程进行分析与讨论,第 3.4 节介绍了 FW-H 方程的时域和频域积

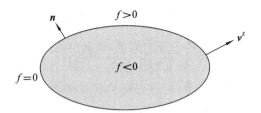

图 3-1　流体与固体区域的示意图

分解,第 3.5 节将第 2 章介绍的涡声方程推广到考虑不可渗透刚性边界约束的影响,第 3.6 节进行应用分析,第 3.7 节对本章内容进行小结。

3.2　FW-H 方程的推导

3.2.1　基于 Green 公式的推导方法

由 Lighthill 波动方程可知,运动流体区域中产生的等效声源可以表示为 $\partial^2 T_{ij}/\partial x_i \partial x_j$,等效声源对外辐射的声波在任意运动的刚性固体边界上发生散射现象。上述声散射对声波传播的影响可以采用广义 Green 公式描述,广义 Green 公式可以采用 Guass 散度定理推导得到,具体过程参见文献[9],也可以采用广义函数方法推导得到,具体过程见本章第 3.6 节。此处利用广义 Green 公式可以得到运动流体辐射声波受到固体边界散射后对应的密度扰动为

$$\rho(\boldsymbol{x},t) = \frac{1}{c_0^2} \int_{-\infty}^{\infty} \int_{f>0} g \frac{\partial^2 T_{ij}(\boldsymbol{y},\tau)}{\partial y_i \partial y_j} \mathrm{d}\boldsymbol{y}\mathrm{d}\tau$$

$$- \int_{-\infty}^{\infty} \int_{f=0} \left[g\left(\frac{\partial}{\partial \boldsymbol{n}(\boldsymbol{y})} + \frac{v_n^S}{c_0^2}\frac{\partial}{\partial \tau}\right)\rho - \rho\left(\frac{\partial}{\partial \boldsymbol{n}(\boldsymbol{y})} + \frac{v_n^S}{c_0^2}\frac{\partial}{\partial \tau}\right)g \right] \mathrm{d}S(\boldsymbol{y})\mathrm{d}\tau \tag{3-1}$$

其中:g 表示自由空间的时域 Green 函数。注意方程(3-1)右端第二项与 Goldstein 推导的广义 Green 函数[9]存在符号区别是因为本书中定义的法向矢量由固体指向流体,这与 Ffowcs Williams 和 Hawkings[10]的定义一致。方程(3-1)右端第一项表示由流体非定常运动诱发的入射声波,第二项表示任意运动固体边界对入射声波的散射,即

$$\rho_{\mathrm{I}}(\boldsymbol{x},t) = \frac{1}{c_0^2} \int_{-\infty}^{\infty} \int_{f>0} g \frac{\partial^2 T_{ij}}{\partial y_i \partial y_j} \mathrm{d}\boldsymbol{y}\mathrm{d}\tau \tag{3-2}$$

$$\rho_{\mathrm{S}}(\boldsymbol{x},t) = -\int_{-\infty}^{\infty} \int_{f=0} \left[g\left(\frac{\partial}{\partial \boldsymbol{n}(\boldsymbol{y})} + \frac{v_n^S}{c_0^2}\frac{\partial}{\partial \tau}\right)\rho - \rho\left(\frac{\partial}{\partial \boldsymbol{n}(\boldsymbol{y})} + \frac{v_n^S}{c_0^2}\frac{\partial}{\partial \tau}\right)g \right] \mathrm{d}S(\boldsymbol{y})\mathrm{d}\tau \tag{3-3}$$

其中:下角标 I 和 S 分别表示入射和散射。利用恒等式

$$\frac{\partial}{\partial y_i}\left(g\frac{\partial T_{ij}}{\partial y_j}\right) - \frac{\partial}{\partial y_i}\left(T_{ij}\frac{\partial g}{\partial y_j}\right) = g\frac{\partial^2 T_{ij}}{\partial y_i \partial y_j} - T_{ij}\frac{\partial^2 g}{\partial y_i \partial y_j} \tag{3-4}$$

和 Gauss 散度定理处理方程(3-1)右端第一项,则方程(3-2)转化为

$$\rho_{\mathrm{I}}(\boldsymbol{x},t) = \frac{1}{c_0^2} \int_{-\infty}^{\infty} \int_{\Omega(\tau)} \frac{\partial^2 g}{\partial y_i \partial y_j} T_{ij} \mathrm{d}\boldsymbol{y}\mathrm{d}\tau$$

$$+ \frac{1}{c_0^2} \int_{-\infty}^{\infty} \int_{f=0} \frac{\partial g}{\partial y_i} l_i \mathrm{d}S(\mathbf{y}) \mathrm{d}\tau + \frac{1}{c_0^2} \int_{-\infty}^{\infty} \int_{f=0} n_i h_i \mathrm{d}S(\mathbf{y}) \mathrm{d}\tau \tag{3-5}$$

其中：$l_{ij} = (p - p_0)\delta_{ij} - e_{ij}$ 表示流体的应力张量，则对应的壁面压力为

$$l_i = n_i(p - p_0) - n_j e_{ij} \tag{3-6}$$

注意，此处作用力的表达式与文献[9]存在符号的差别，但是均表示的是单位固体边界表面对流体施加的作用力，因为本书与文献[9]中关于边界法向矢量的定义刚好相反。

此外，方程(3-5)中右端第三项积分核中 h_i 的表达式为

$$h_i = g\left(\frac{\partial(\rho u_i)}{\partial \tau} - v_i^S \frac{\partial \rho}{\partial \tau}\right) + \rho u_i u_j \frac{\partial g}{\partial y_j} + \rho_0 v_i^S \frac{\partial g}{\partial \tau} \tag{3-7}$$

当固体边界满足无渗透边界条件时，固体边界上的速度满足

$$n_i u_i = n_i v_i^S \tag{3-8}$$

将方程(3-8)代入方程(3-7)中，有

$$n_i h_i = n_i \left(g\rho \frac{\partial u_i}{\partial \tau} + \rho u_i \frac{\partial g}{\partial \tau} + \rho u_i u_j \frac{\partial g}{\partial y_j}\right) - \rho_0 v_n^S \frac{\partial g}{\partial \tau} \tag{3-9}$$

将连续性方程(2-1)代入到方程(3-9)中得

$$n_i h_i = n_i \left(\frac{\partial(\rho u_i g)}{\partial \tau} + u_i \frac{\partial(\rho u_j g)}{\partial y_j}\right) - \rho_0 v_n^S \frac{\partial g}{\partial \tau} \tag{3-10}$$

对上述方程中 $\partial(\rho u_j g)/\partial y_j$ 项采用 Leibniz 法则和高斯散度定理，满足

$$\frac{\mathrm{d}}{\mathrm{d}\tau} \int_{f>0} \frac{\partial(\rho u_i g)}{\partial y_i} \mathrm{d}\mathbf{y} = \int_{f>0} \frac{\partial^2(\rho u_i g)}{\partial y_i \partial \tau} \mathrm{d}\mathbf{y} + \int_{f=0} n_i u_i \frac{\partial(\rho u_i g)}{\partial y_i} \mathrm{d}S(\mathbf{y})$$

$$= \int_{f=0} n_i \left(\frac{\partial(\rho u_i g)}{\partial \tau} + u_i \frac{\partial(\rho u_i g)}{\partial y_j}\right) \mathrm{d}S(\mathbf{y}) \tag{3-11}$$

因此可以忽略积分项 $\int_{f>0} \frac{\partial(\rho u_i g)}{\partial y_i} \mathrm{d}\mathbf{y} \Big|_{\tau=-\infty}^{\tau=\infty}$，则方程(3-10)中仅有右端最后一项 $-\rho_0 v_n^S \frac{\partial g}{\partial \tau}$ 的积分不为0，将其代入到方程(3-5)得

$$\rho(\mathbf{x},t) = \frac{1}{c_0^2} \int_{-\infty}^{\infty} \int_{f>0} \frac{\partial^2 g}{\partial y_i \partial y_j} T_{ij} \mathrm{d}\mathbf{y} \mathrm{d}\tau$$

$$+ \frac{1}{c_0^2} \int_{-\infty}^{\infty} \int_{f=0} \frac{\partial g}{\partial y_i} l_i \mathrm{d}S(\mathbf{y}) \mathrm{d}\tau - \frac{1}{c_0^2} \int_{-\infty}^{\infty} \int_{f=0} \frac{\partial g}{\partial \tau} \rho_0 v_n^S \mathrm{d}S(\mathbf{y}) \mathrm{d}\tau \tag{3-12}$$

利用 Green 函数对空间和时间变量偏导交换的性质，将方程(3-12)中关于源点坐标 $\mathbf{y}$ 和源点时间 τ 的偏导数转换为关于观察点坐标 $\mathbf{x}$ 和观察时间 t 的偏导数，从而可以将时间偏导数移到积分符号外，得到以下表达形式：

$$\rho(\mathbf{x},t) = \frac{1}{c_0^2} \frac{\partial^2}{\partial x_i \partial x_j} \int_{-\infty}^{\infty} \int_{f>0} g T_{ij} \mathrm{d}\mathbf{y} \mathrm{d}\tau$$

$$- \frac{1}{c_0^2} \frac{\partial}{\partial x_i} \int_{-\infty}^{\infty} \int_{f=0} g l_i \mathrm{d}S(\mathbf{y}) \mathrm{d}\tau + \frac{1}{c_0^2} \frac{\partial}{\partial t} \int_{-\infty}^{\infty} \int_{f=0} g \rho_0 v_n^S \mathrm{d}S(\mathbf{y}) \mathrm{d}\tau \tag{3-13}$$

方程(3-12)或方程(3-13)即为 FW-H 方程的积分形式，相对于 Lighthill 波动方程的积分形式(方程(2-17))，方程(3-13)右端新增的两个面积分项即表示流体中的固体边界对声产生和传播的影响。利用 Green 函数的性质，可以去掉方程(3-13)右端的时间积分项，从而得到以下积分方程的形式：

$$\rho(\boldsymbol{x},t)c_0^2 = \sum_{n=1}^{N} \frac{\partial^2}{\partial x_i \partial x_j} \int_\Omega \frac{T_{ij}(\boldsymbol{y},\tau_n)}{4\pi r(\tau_n)|1-M_r(\tau_n)|} \mathrm{d}\boldsymbol{y}$$
$$- \sum_{n=1}^{N} \frac{\partial}{\partial x_i} \int_S \frac{l_i(\boldsymbol{y},\tau_n)}{4\pi r(\tau_n)|1-M_r(\tau_n)|} \mathrm{d}S(\boldsymbol{y})$$
$$+ \sum_{n=1}^{N} \frac{\partial}{\partial t} \int_S \frac{\rho_0 v_n^S(\boldsymbol{y},\tau_n)}{4\pi r(\tau_n)|1-M_r(\tau_n)|} \mathrm{d}S(\boldsymbol{y}) \tag{3-14}$$

其中：$\tau_n = t - r/c_0$ 表示延迟时间方程的第 n 个根。

3.2.2 基于广义函数的推导方法

本节利用广义函数方法推导 FW-H 方程。流体和固体存在物性参数（如密度和音速）的不同，因此，在流固边界上存在这些物理参数的不连续。此外，假设固体满足刚性特性，即内部不存在波动现象，因此，密度等物理量不存在扰动。

基于上述特征，定义 Heaviside 函数为

$$H(f) = \begin{cases} 1, & f > 0 \\ 0, & f < 0 \end{cases} \tag{3-15}$$

Heaviside 函数即为阶跃函数，在 $f = 0$ 位置存在不连续。因此，可以引入 Heaviside 函数描述整个流体和固体域中的密度脉动特征为

$$H(f)\rho' = \begin{cases} \rho', & f > 0 \\ 0, & f < 0 \end{cases} \tag{3-16}$$

方程(3-16)对应的物理含义为：在流体域中存在密度扰动，而在刚性固体域中不存在密度扰动。

进一步地，Heaviside 的偏导数可以表示为

$$\delta(f) = \frac{\partial H(f)}{\partial f} = \begin{cases} \infty, & f = 0 \\ 0, & f \neq 0 \end{cases} \tag{3-17}$$

$\delta(f)$ 即为脉冲函数，其表示的物理含义是函数在 $f = 0$ 点存在一个幅值为无穷大的脉冲，而在 $f \neq 0$ 区域为 0，$\delta(f)$ 的另一种等价表达形式为

$$\int_{f_1}^{f_2} \delta(f) \mathrm{d}f = 1 \tag{3-18}$$

其中：f_1 和 f_2 分别为小于 0 和大于 0 的任意实数。关于广义函数的更多性质可以参见文献[50]。

下面利用上述广义函数及其性质采用两种方法推导 FW-H 方程。第一种方法在连续性方程和动量方程中引入广义函数，第二种方法从 Lighthill 波动方程出发引入广义函数，两种推导方法可以得到完全相同的结果。广义函数的优势在于能够直接描述流固界面上物理量的不连续，即边界条件对流动声产生和传播的影响。

1. 方法一：由 Navier-Stokes 方程出发推导

引入广义函数方法重新推导全空间的连续性方程和动量方程表达形式。首先连续性方程(2-1)可以改写为

$$\frac{\partial(\rho - \rho_0)}{\partial t} + \frac{\partial(\rho u_i)}{\partial x_i} = 0 \tag{3-19}$$

上述表达形式中 $\rho - \rho_0$ 表示流体区域的密度波动，而在固体区域的密度波动为 0，则可以引入 Heaviside 函数建立全空间内的连续性方程，即

$$\frac{\partial [H(f)(\rho - \rho_0)]}{\partial t} = H(f)\frac{\partial (\rho - \rho_0)}{\partial t} + (\rho - \rho_0)\delta(f)\frac{\partial f}{\partial t}$$

$$= H(f)\frac{\partial (\rho - \rho_0)}{\partial t} - (\rho - \rho_0)\delta(f)v_n^s \quad (3\text{-}20)$$

$$\frac{\partial [H(f)\rho u_i]}{\partial x_i} = H(f)\frac{\partial (\rho u_i)}{\partial x_i} + \rho u_i \delta(f)\frac{\partial f}{\partial x_i} = H(f)\frac{\partial (\rho u_i)}{\partial x_i} + \rho u_n \delta(f) \quad (3\text{-}21)$$

需要说明，虽然流固界面上的速度保持连续，但是由于密度不连续，因此对应的动量项 ρu_i 依然不连续，所以方程(3-21)中将 ρu_i 作为一个整体依然可以引入 Heaviside 函数描述其在流固界面上的不连续特征。上述两方程相加得

$$\frac{\partial [H(f)(\rho - \rho_0)]}{\partial t} + \frac{\partial [H(f)\rho u_i]}{\partial x_i} = \rho(u_n - v_n^s)\delta(f) + \rho_0 v_n^s \delta(f) \quad (3\text{-}22)$$

同时，动量方程(2-2)可以改写为

$$\frac{\partial (\rho u_i)}{\partial t} + \frac{\partial (\rho u_i u_j + l_{ij})}{\partial x_j} = 0 \quad (3\text{-}23)$$

类似地，在方程(3-23)的左端两项中引入广义函数分别得

$$\frac{\partial [H(f)\rho u_i]}{\partial t} = H(f)\frac{\partial (\rho u_i)}{\partial t} + \rho u_i \delta(f)\frac{\partial f}{\partial t} = H(f)\frac{\partial (\rho u_i)}{\partial t} - \rho u_i v_n^s \delta(f) \quad (3\text{-}24)$$

$$\frac{\partial [H(f)(\rho u_i u_j + l_{ij})]}{\partial x_j} = H(f)\frac{\partial (\rho u_i u_j + l_{ij})}{\partial x_j} + (\rho u_i u_j + l_{ij})\delta(f)\frac{\partial f}{\partial x_j}$$

$$= H(f)\frac{\partial (\rho u_i u_j + l_{ij})}{\partial x_j} + \rho u_i u_n \delta(f) + l_i \delta(f) \quad (3\text{-}25)$$

上述两方程相加得

$$\frac{\partial [H(f)\rho u_i]}{\partial t} + \frac{\partial [H(f)(\rho u_i u_j + l_{ij})]}{\partial x_j} = \rho u_i (u_n - v_n^s)\delta(f) + l_i \delta(f) \quad (3\text{-}26)$$

方程(3-22)和方程(3-26)即为广义的 Navier-Stokes 方程，其通过引入广义函数来考虑流固界面上物理量的非连续性对控制方程的影响，因此，方程的右端出现了新增的源项。特别地，当满足不可渗透边界条件时，方程(3-22)和方程(3-26)右端的第一项均会消失。

在上述广义 Navier-Stokes 方程的基础上，采用 Lighthill 波动方程的推导思路可得

$$\frac{\partial^2 [H(f)\rho']}{\partial t^2} - c_0^2 \nabla^2 [H(f)\rho'] = \frac{\partial^2 [H(f)T_{ij}]}{\partial x_i \partial x_j} - \frac{\partial [\delta(f)l_i]}{\partial x_i} + \frac{\partial [\delta(f)\rho_0 v_n^s]}{\partial t} \quad (3\text{-}27)$$

波动方程(3-27)右端的三项分别称为四极子源(应力源)项、偶极子源项和单极子源项，是 FW-H 方程的微分表达形式。

采用 Green 函数积分方法可以得到波动方程(3-27)对应的积分解为

$$H(f)\rho'(\mathbf{x},t) = \frac{1}{c_0^2}\frac{\partial^2}{\partial x_i \partial x_j}\int_{-\infty}^{\infty}\!\!\!\int g H(f) T_{ij}\,\mathrm{d}\mathbf{y}\mathrm{d}\tau$$

$$- \frac{1}{c_0^2}\frac{\partial}{\partial x_i}\int_{-\infty}^{\infty}\!\!\!\int g\delta(f)l_i\,\mathrm{d}S(\mathbf{y})\mathrm{d}\tau + \frac{1}{c_0^2}\frac{\partial}{\partial t}\int_{-\infty}^{\infty}\!\!\!\int g\delta(f)\rho_0 v_n^s\,\mathrm{d}S(\mathbf{y})\mathrm{d}\tau \quad (3\text{-}28)$$

注意利用 $H(f)$ 的性质将方程(3-28)右端的第一项积分限定在 $f > 0$ 的区域，利用 $\delta(f)$ 函数的积分性质将方程(3-28)右端的第二项和第三项体积分转换为面积分，则可得

$$H(f)\rho'(\bm{x},t) = \frac{1}{c_0^2}\frac{\partial^2}{\partial x_i \partial x_j}\int_{-\infty}^{\infty}\int_{f>0} gT_{ij}\,\mathrm{d}\bm{y}\mathrm{d}\tau$$
$$-\frac{1}{c_0^2}\frac{\partial}{\partial x_i}\int_{-\infty}^{\infty}\int_{f=0} gl_i\,\mathrm{d}S(\bm{y})\mathrm{d}\tau + \frac{1}{c_0^2}\frac{\partial}{\partial t}\int_{-\infty}^{\infty}\int_{f=0} g\rho_0 v_n^S\,\mathrm{d}S(\bm{y})\mathrm{d}\tau \tag{3-29}$$

方程(3-29)等价于 Goldstein 采用广义 Green 公式推导得到的积分方程(3-13)，不过方程(3-29)的左端 $H(f)$ 进一步强调了声场的求解是位于流体区域，而不是位于固体区域。

2. 方法二：由 Lighthill 波动方程出发推导

第二种推导方法由 Lighthill 波动方程(2-6)出发，但是通过引入广义函数到方程(2-6)左端密度项关于时间和空间的偏导数中，得

$$\frac{\partial^2[H(f)\rho(\bm{x},t)]}{\partial t^2} = \frac{\partial^2 \rho(\bm{x},t)}{\partial t^2}H(f) + \delta(f)v_n^S\frac{\partial \rho(\bm{x},t)}{\partial t} + \frac{\partial[\rho(\bm{x},t)\delta(f)v_n^S]}{\partial t} \tag{3-30}$$

$$\nabla^2[H(f)\rho(\bm{x},t)] = \nabla^2\rho(\bm{x},t)H(f) - \bm{n}(f)\cdot\nabla\rho(\bm{x},t)\delta(f) - \nabla\cdot[\rho(\bm{x},t)\delta(f)\bm{n}(f)] \tag{3-31}$$

方程(3-30)减去方程(3-31)，并在 $f>0$ 流体区域保留 Lighthill 波动方程右端的四极子源项得

$$\frac{1}{c_0^2}\frac{\partial^2[H(f)\rho]}{\partial t^2} - \nabla^2[H(f)\rho] = \frac{\partial^2[T_{ij}H(f)]}{\partial x_i \partial x_j} + \left[\frac{\partial \rho(\bm{x},t)}{\partial \bm{n}(f)} + \frac{v_n^S}{c_0^2}\frac{\partial \rho(\bm{x},t)}{\partial t}\right]\delta(f)$$
$$+ \frac{1}{c_0^2}\frac{\partial[\rho(\bm{x},t)\delta(f)v_n^S]}{\partial t} + \nabla\cdot[\rho(\bm{x},t)\delta(f)\bm{n}(f)] \tag{3-32}$$

方程(3-32)右端第一项表示流体运动辐射声的等效声源，其余各项表示任意运动的边界引起的等效声源项。采用 Green 函数积分方法可以得到波动方程(3-32)的积分解为

$$H(f)\rho(\bm{x},t) = \frac{1}{c_0^2}\frac{\partial^2}{\partial x_i \partial x_j}\int_{-\infty}^{\infty}\int_{f>0} gT_{ij}(\bm{y},\tau)\,\mathrm{d}\bm{y}\mathrm{d}\tau$$
$$+ \int_{-\infty}^{\infty}\int_{f=0}\left[g\left(\frac{\partial}{\partial \bm{n}(\bm{x})} + \frac{v_n^S}{c_0^2}\frac{\partial}{\partial t}\right)\rho + \rho\left(\frac{\partial}{\partial \bm{n}(\bm{x})} + \frac{v_n^S}{c_0^2}\frac{\partial}{\partial t}\right)g\right]\mathrm{d}S(\bm{y})\mathrm{d}\tau \tag{3-33}$$

进一步地，利用 Green 函数的性质将方程(3-33)对观察点的时间和空间偏导转换成对源点的时间和空间偏导，即可得到方程(3-1)。

3.3 针对 FW-H 方程的分析与讨论

3.3.1 FW-H 方程的物理意义

采用不同方法推导得到的 FW-H 方程均表明，其右端的等效声源由三部分组成。第一部分为流体区域 $f>0$ 的四极子源项，也就是流体运动自身形成的等效声源项；第二部分和第三部分为流固边界 $f=0$ 上的偶极子源和单极子源，它表示的是不可渗透刚性边界对声产生和传播的影响。特别地，当固体边界处于静止状态时，单极子源项消失，此时 FW-H 方程退化为 Curle 方程。

Farassat 在 20 世纪 70 年代将 FW-H 方程应用于开展螺旋桨噪声预测[51]时表明，单极子源项与叶片的厚度密切相关，而偶极子源主要源于叶片壁面压力（载荷）脉动的作用，因此，它又将单极子和偶极子源项辐射的噪声称为叶片厚度噪声和叶片载荷噪声。

FW-H 方程的积分解可以表示为

$$\rho'(\boldsymbol{x},t)c_0^2 = \frac{\partial^2}{\partial x_i \partial x_j}\int_{-\infty}^{\infty}\int_{f>0}\frac{\delta(t-\tau-r/c)T_{ij}}{4\pi r}\mathrm{d}\boldsymbol{y}\mathrm{d}\tau - \frac{\partial}{\partial x_i}\int_{-\infty}^{\infty}\int_{f=0}\frac{\delta(t-\tau-r/c)}{4\pi r}l_i\mathrm{d}S(\boldsymbol{y})\mathrm{d}\tau$$
$$+ \frac{\partial}{\partial t}\int_{-\infty}^{\infty}\int_{f=0}\frac{\delta(t-\tau-r/c)}{4\pi r}\rho_0 v_n^S \mathrm{d}S(\boldsymbol{y})\mathrm{d}\tau \tag{3-34}$$

采用 Green 函数中 δ 函数的性质消掉方程(3-34)中的时间积分项得到

$$4\pi\rho'(\boldsymbol{x},t)c_0^2 = \frac{\partial^2}{\partial x_i \partial x_j}\int_{f>0}\left[\frac{T_{ij}}{r|1-M_r|}\right]_{\mathrm{ret}}\mathrm{d}\boldsymbol{y} - \frac{\partial}{\partial x_i}\int_{f=0}\left[\frac{l_i}{r|1-M_r|}\right]_{\mathrm{ret}}\mathrm{d}S(\boldsymbol{y})$$
$$+ \frac{\partial}{\partial t}\int_{f=0}\left[\frac{\rho_0 v_n^S}{r|1-M_r|}\right]_{\mathrm{ret}}\mathrm{d}S(\boldsymbol{y}) \tag{3-35}$$

方程(3-35)表明随着声源运动 Ma 数的增加，Doppler 影响因子项 $|1-M_r|$ 逐渐减小并趋近于 0，且三种类型的声源辐射噪声通常随着运动 Ma 数的增加而急剧增强。

假设声源处于低 Ma 数运动状态，忽略 Doppler 影响因子项 $1-M_r$，利用式(2-20)将上述方程中的空间偏导数转换为时间偏导数，并采用远场假设忽略掉近场项得到

$$\rho'(\boldsymbol{x},t)c_0^2 = \frac{x_i x_j}{4\pi c_0^2 |\boldsymbol{x}|^3}\frac{\partial^2}{\partial t^2}\int_{f>0}T_{ij}(\boldsymbol{y},t-r/c)\mathrm{d}\boldsymbol{y} + \frac{x_i}{4\pi c_0 |\boldsymbol{x}|^2}\frac{\partial}{\partial t}\int_{f=0}l_i(\boldsymbol{y},t-r/c)\mathrm{d}S(\boldsymbol{y})$$
$$+ \frac{1}{4\pi|\boldsymbol{x}|}\frac{\partial}{\partial t}\int_{f=0}\rho_0 v_n^S(\boldsymbol{y},t-r/c)\mathrm{d}S(\boldsymbol{y}) \tag{3-36}$$

假设固体边界面积的量级为 l^2，且其满足声学紧凑条件，采用量纲分析可以得到方程(3-36)右端三项辐射声波诱发的密度脉动满足以下特征：

$$\rho'_Q \sim \frac{1}{c_0^4}\frac{1}{|\boldsymbol{x}|}\rho_0 U^2 (U/l)^2 l^3 = \frac{l}{|\boldsymbol{x}|}\rho_0 M^4 \tag{3-37}$$

$$\rho'_L \sim \frac{1}{c_0^3}\frac{1}{|\boldsymbol{x}|}\rho_0 U^2 (U/l) l^2 = \frac{l}{|\boldsymbol{x}|}\rho_0 M^3 \tag{3-38}$$

$$\rho'_T \sim \frac{1}{c_0^2}\frac{1}{|\boldsymbol{x}|}\rho_0 U(U/l) l^2 = \frac{l}{|\boldsymbol{x}|}\rho_0 M^2 \tag{3-39}$$

其中：角标 Q、L 和 T 分别表示四极子源、偶极子源和单极子源。方程(3-37)～方程(3-39)表明三种声学紧凑形式的声源向远场辐射声波引起的密度/声压扰动均与传播距离成反比。但是，流体运动的 Ma 数对三种声源的影响明显不同。在 $M\ll 1$ 的亚音速状态，流动自身形成的四极子源作用通常远小于固体边界上的等效偶极子源和单极子源作用，此时，四极子源辐射的噪声通常可以忽略，而需要特别关注固体边界的形状（与壁面压力脉动关联）和运动状态来控制亚音速流动下偶极子和单极子面源辐射的噪声。此时，固体边界的外形优化设计是控制噪声的关键，如风力机叶片流动噪声或水下航行器水动力噪声的控制。

当流体的运动 Ma 数逐渐增大时，四极子源相对于单极子和偶极子面源的重要性逐渐增强，因此，四极子源辐射的噪声不能再忽略。在 $M>1$ 的超音速状态，流动自身形成的四极子源作用大于固体边界形成的等效偶极子源和单极子源作用，因此，超音速流动噪声控制的关键通常在于降低四极子源的强度，也就是近场非线性区域具体的流动特征。

3.3.2 FW-H 方程在实际应用中的近似处理和局限性

Lighthill 方程是 Navier-Stokes 方程的恒等变形，FW-H 方程是考虑了边界条件效应的广义 Navier-Stokes 方程恒等变形，因此，FW-H 方程不仅能够描述流体运动本身诱发的声学扰动现象，还能够考虑不可渗透刚性固体边界对声产生和传播的影响。但是，与 Lighthill 方程一样，FW-H 方程在实际应用中通常也只能获取有限区域的声源信息，然后在此基础上求解向外辐射的声波扰动。Lighthill 方程和 FW-H 方程左端均采用了经典的波动算子描述声传播，即不考虑流体黏性和对流运动对声传播的影响。这两个方程在实际应用中只能求解声源周围介质处于静态下的声传播现象，如果应用于高 Ma 数背景流动情形（如高 Ma 数风洞环境）下的流动噪声预测，则会出现较大的计算误差。

3.3.1 节的分析已经表明，低 Ma 数流动中的四极子源对声辐射的作用相对较弱，通常可以忽略不计，此时可以只计算单极子和偶极子源辐射的声波。四极子源是体声源，而单极子源和偶极子源是面声源，且体声源数量通常比面声源数量多出至少一个量级，因此，上述忽略四极子源作用的近似处理通常能够极大地节省计算成本。需要强调，方程(3-37)~方程(3-39)得到的结论只能适用于固体边界，且满足紧凑声学条件 $kl \ll 1$ 或 $l \ll \lambda$ 的情形，也就是只能在满足该条件的中低频噪声预测时可以忽略四极子源的作用，而在不满足上述声学紧凑条件的高频噪声预测时依然需要考虑四极子源的作用。一个极端的示例是 Powell 反射定理[52]，其表明在运动流体中放置无限大的刚性平板时，平板对总声辐射的影响相当于增加镜像的四极子源，而并不会像方程(3-38)所示形成辐射能力更强的偶极子源。因此，在实际应用分析中，虽然计算四极子体源辐射声波的过程通常比较耗时，但是需要谨慎地考虑舍弃掉四极子作用的合理性。

此外，在 $M < 0.3$ 的低 Ma 数流动情形下，通常求解不可压缩 Navier-Stokes 方程模拟声源区域的流动获取声源信息，然后再求解 FW-H 方程预测向外辐射的声波扰动，也就是在声源区域中求解不可压缩 Navier-Stokes 方程时忽略了声扰动的影响。为了便于分析，假设压力和速度脉动满足以下分解形式：

$$p' = p - p_0 = p'_v + p'_a \tag{3-40}$$

$$\boldsymbol{u} = \boldsymbol{u}_v + \boldsymbol{u}_a \tag{3-41}$$

其中：下标 v 和 a 分别表示涡(vortical)扰动和声(acoustic)扰动，将上述分解代入 FW-H 方程的积分解中，可以近似得到

$$\rho'(\boldsymbol{x},t) = \frac{1}{c_0^2} \frac{\partial^2}{\partial x_i \partial x_j} \int_{-\infty}^{\infty}\!\!\int_{f>0} g T'_{ij} \mathrm{d}\boldsymbol{y}\mathrm{d}\tau - \frac{1}{c_0^2} \frac{\partial}{\partial x_i} \int_{-\infty}^{\infty}\!\!\int_{f=0} g l'_i \mathrm{d}S(\boldsymbol{y})\mathrm{d}\tau$$
$$+ \frac{1}{c_0^2} \frac{\partial}{\partial t} \int_{-\infty}^{\infty}\!\!\int_{f=0} g \rho_0 v_n^S \mathrm{d}S(\boldsymbol{y})\mathrm{d}\tau - \frac{1}{c_0^2} \frac{\partial}{\partial x_i} \int_{-\infty}^{\infty}\!\!\int_{f=0} g p'_a n_i \mathrm{d}S(\boldsymbol{y})\mathrm{d}\tau \tag{3-42}$$

其中

$$T'_{ij} = \rho u_{vi} u_{vj} + p'_v \delta_{ij} - e_{ij} \tag{3-43}$$

$$l'_i = n_j (p'_v \delta_{ij} - e_{ij}) \tag{3-44}$$

采用不可压缩流动假设模拟声源区域的非线性流动时，可以获取方程(3-42)右端源项中

的前三项信息,但是缺失了第四项中的声压脉动项。这种近似处理方法只适用于边界反射效应对声传播影响可以忽略的情形,也就是要求固体边界满足声学紧凑条件。当预测中高频噪声固体边界不再满足声学紧凑条件时,需要考虑方程(3-42)右端第四个源项的修正,具体修正方法的分析和讨论参见3.6.3节。

3.4 FW-H方程的积分解

3.4.1 时域积分公式的推导及分析讨论

虽然FW-H方程的积分表达形式早在20世纪70年代以前被Ffowcs Williams和Goldstein推导得到,但是在一段时间内它却没有被直接应用于流动噪声的数值预测,至少存在两个方面的原因:其一,当时的计算机硬件和计算流体动力学的发展水平有限,大规模数值计算的能力还没有形成,因此,难以详细求解得到流体非定常运动及其伴随的声源信息;其二,利用Green函数直接得到的FW-H方程(方程(3-12)~方程(3-14))积分解在实际应用于数值计算时均存在缺陷。方程(3-12)和方程(3-13)中含有Delta函数或其的空间偏导数,这是无法进行解析和数值求解的,也就是说根本无法将方程(3-12)和方程(3-13)直接应用于数值计算。方程(3-14)中虽然不含有Delta函数,但是包含了对观察点的空间和时间偏导数,也就是说采用该积分方程并不能直接求解空间中任意一点的声压,而必须同时求解全域(至少是多点)的声压,而且空间观察点的离散精度对计算结果的精度存在直接影响,因此,对于远场声压的求解会要求较高的计算资源。

真正将FW-H方程变换成适用于数值求解形式的工作由Farassat及其合作者完成,因此,相关的积分公式通常也以Farassat公式命名。需要说明,这种适用于数值求解形式的积分公式经历了变更和发展,以寻求得到适用于高精度、高效数值求解的表达形式。

表3-1给出了Farassat时域公式的汇总。按照Farassat的研究历程,最初的研究重点关

表3-1 Farassat时域公式的汇总

公式编号	单极子源	偶极子源	四极子源	备注
1	√	√		
1A	√	√		
Q1			√	
Q1A			√	
1B		√		假设机翼的厚度为0
2B	√	√		宽频噪声统计分析处理
Q2			√	观察点处于旋转面上或附近
G1	√	√		声压梯度计算
G1A	√	√		声压梯度计算

3 不可渗透刚性边界约束的声比拟理论

注单极子源和偶极子源辐射声的预测,所以针对运动边界的面积积分开展了相关的研究,最初提出了数值预测运动单极子源和偶极子源辐射声压的 Farassat 公式 1。Farassat 公式 1 避免了对观察点的空间求偏导数,因此,可以用来求解空间任意位置单个观察点辐射的声压,但是该公式中关于观察点时间的偏导项需要采用数值离散方法求解,从而不可避免地带来数值误差。为了改进上述缺陷,在 Farassat 公式 1 的基础上提出了它的改进形式,即 Farassat 公式 1A[53,54],这也是至今依然被众多科研人员广泛采用的运动声源辐射声的数值预测积分公式。进一步地,Farassat 针对四极子源的预测提出了适用于数值预测的时域积分公式 Q1 和 Q1A[55]。在这些公式的基础上,Farassat 及其同事进一步提出了一些适用于特殊应用场合的公式,例如,预测无限薄机翼的偶极子源辐射宽频噪声的积分公式 1B[56],用于宽频噪声统计分析的单极子源和偶极子积分公式 2B[57] 以及预测超音速旋转四极子源向旋转平面辐射声压的公式 Q2[58]。除此之外,在研究直升机、客机散射螺旋桨或发动机噪声时,求解观察点位置的声压空间偏导数是必不可少的步骤,Farassat 及其同事发展出了适用于求解单极子源和偶极子源辐射声压在观察点位置空间偏导的积分公式 G1 和 G1A,该部分内容将在第 6 章介绍。

下面主要对单、偶极子源辐射声压的时域积分公式 1 和 1A 以及四极子源辐射声压的时域积分公式 Q1 和 Q1A 进行介绍。说明:①FW-H 方程是采用密度扰动为波动算子的声学变量推导得到的,在实际大部分工程应用中,更习惯采用声压表征声扰动幅度,在线性声学领域满足关系式 $p' = \rho' c_0^2$,因此,在后续的分析中利用上述等式推导时域声压的积分方程形式;②由于超音速运动声源的延迟时间方程根 $\tau = t - r/c_0$ 的个数可能不唯一,如方程(3-14)所示,针对超音速运动声源的 Farassat 时域积分公式较为复杂,因此,为了便于后续的推导,本书中只考虑亚音速运动声源的情形;③在后文的推导中,我们利用 $\rho_0 V_n$ 和 L_i 分别代替 $\rho_0 v_n^S$ 和 l_i,其目的是便于全书统一描述,因为所推导的积分方程不仅适用于不可渗透刚性边界的情形,也适用于可渗透边界的情形,只是源项的具体表达形式略有差异。关于可渗透边界的声比拟理论将在第 4 章介绍。

任意运动的单极子源辐射声压的积分公式类似于方程(3-14),即

$$p'_T(\bm{x}, t) = -\frac{1}{4\pi} \frac{\partial}{\partial t} \int_{f=0} \frac{\rho_0 V_n(\bm{y}, \tau)}{r(1-M_r)} \mathrm{d}S(\bm{y}) \tag{3-45}$$

任意运动的偶极子源辐射声压的积分公式可以表示为

$$\begin{aligned}
p'_L(\bm{x}, t) &= -\frac{\partial}{\partial x_i} \int_{-\infty}^{\infty} \int_{f=0} \frac{\delta(t-\tau-r/c_0)}{4\pi r} L_i(\bm{y}, \tau) \mathrm{d}S(\bm{y}) \mathrm{d}\tau \\
&= -\frac{1}{4\pi} \int_{-\infty}^{\infty} \int_{f=0} \frac{\partial}{\partial x_i} \left[\frac{\delta(t-\tau-r/c_0)}{r} \right] L_i(\bm{y}, \tau) \mathrm{d}S(\bm{y}) \mathrm{d}\tau
\end{aligned} \tag{3-46}$$

将对观察点的空间偏导转换为对观察点的时间偏导有

$$\begin{aligned}
p'_L(\bm{x}, t) &= \frac{1}{4\pi} \int_{-\infty}^{\infty} \int_{f=0} \left[\frac{r_i}{c_0 r^2} \frac{\partial \delta(t-\tau-r/c_0)}{\partial t} + \delta(t-\tau-r/c_0) \frac{r_i}{r^3} \right] L_i(\bm{y}, \tau) \mathrm{d}S(\bm{y}) \mathrm{d}\tau \\
&= \frac{1}{4\pi} \left[\frac{\partial}{\partial t} \int_{f=0} \frac{r_i L_i(\bm{y}, \tau)}{c_0 r^2 (1-M_r)} \mathrm{d}S(\bm{y}) + \int_{f=0} \frac{r_i L_i(\bm{y}, \tau)}{r^3 (1-M_r)} \mathrm{d}S(\bm{y}) \right]
\end{aligned} \tag{3-47}$$

综合方程(3-45)和方程(3-47)得到 Farassat 公式 1 为

$$4\pi[p'_T(\bm{x},t) + p'_L(\bm{x},t)] = \frac{\partial}{\partial t} \int_{f=0} \left[\frac{r_i L_i(\bm{y}, \tau)}{c_0 r^2 (1-M_r)} - \frac{\rho_0 V_n(\bm{y}, \tau)}{r(1-M_r)} \right] \mathrm{d}S(\bm{y}) + \int_{f=0} \frac{r_i L_i(\bm{y}, \tau)}{r^3 (1-M_r)} \mathrm{d}S(\bm{y}) \tag{3-48}$$

由于 Farassat 在研究旋转叶片辐射噪声时，单极子源和偶极子源辐射的噪声又通常称为叶片厚度噪声和载荷噪声，因此，上述方程中分别用下标 T 和 L 表示单极子源和偶极子源。Farassat 公式 1 将偶极子源中的空间偏导转换为时间偏导，从而能够直接求解空间中任意位置观察点的声压。但是该公式的缺陷在于需要对观察点时间的偏导采用数值方法求解，这必然会带来数值误差。因此，基于上述缺陷，Farassat 等人进一步发展得到了公式 1A，主要推导过程如下。利用源点时间和观察点时间之间的偏导关系式将方程（3-48）右端的第一项变换为

$$\int_{f=0}\frac{\partial}{\partial t}\left[\frac{r_i L_i(\boldsymbol{y},\tau)}{c_0 r^2(1-M_r)}-\frac{\rho_0 V_n(\boldsymbol{y},\tau)}{r(1-M_r)}\right]\mathrm{d}S(\boldsymbol{y})$$

$$=\int_{f=0}\frac{1}{1-M_r}\frac{\partial}{\partial \tau}\left[\frac{r_i L_i(\boldsymbol{y},\tau)}{c_0 r^2(1-M_r)}-\frac{\rho_0 V_n(\boldsymbol{y},\tau)}{r(1-M_r)}\right]\mathrm{d}S(\boldsymbol{y}) \tag{3-49}$$

上述变换的过程将对观察点的时间偏导转换为对源点的时间偏导，从而可以求解得到单极子源和偶极子源辐射声压的积分形式为

$$4\pi p'_T(\boldsymbol{x},t)=\int_{f=0}\left[\frac{\rho_0(\dot{V}_n+V_{\dot n})}{r(1-M_r)^2}+\frac{\rho_0 V_n \dot{M}_r}{r(1-M_r)^3}\right]\mathrm{d}S(\boldsymbol{y})+\int_{f=0}\left[\frac{\rho_0 V_n c_0(M_r-M^2)}{r^2(1-M_r)^3}\right]\mathrm{d}S(\boldsymbol{y}) \tag{3-50}$$

$$4\pi p'_L(\boldsymbol{x},t)=\int_{f=0}\left[\frac{\dot{L}_r}{c_0 r(1-M_r)^2}+\frac{L_r \dot{M}_r}{c_0 r(1-M_r)^3}\right]\mathrm{d}S(\boldsymbol{y})$$

$$+\int_{f=0}\left[\frac{L_r-L_M}{r^2(1-M_r)^2}+\frac{L_r(M_r-M^2)}{r^2(1-M_r)^3}\right]\mathrm{d}S(\boldsymbol{y}) \tag{3-51}$$

其中：$\dot{V}_n=\frac{\partial V_i}{\partial \tau}n_i$；$V_{\dot n}=V_i\frac{\partial n_i}{\partial \tau}$；$\dot{M}_r=\frac{\partial M_i}{\partial \tau}\frac{r_i}{r}$；$\dot{L}_r=\frac{\partial L_i}{\partial \tau}\frac{r_i}{r}$。

方程（3-50）和方程（3-51）共同构成了 Farassat 公式 1A，两个方程右端的第一项均表示远场项，第二项均表示近场项。虽然上述两个方程的数学表达式较 Farassat 公式 1 更为复杂，但它们不需要对观察点时刻的偏导进行数值求解，而且所有的偏导数均转化成关于源点的时间偏导数，这在通过数值方法求解非定常流动时很容易获取相关物理量关于源点时间的偏导数，因此，更适宜于数值预测程序的开发。此外，方程（3-51）也可以等效表示为

$$4\pi p'_L(\boldsymbol{x},t)=\int_{f=0}\left[\frac{\dot{L}_r}{c_0 r(1-M_r)^2}+\frac{L_r \dot{M}_r}{c_0 r(1-M_r)^3}\right]\mathrm{d}S(\boldsymbol{y})$$

$$+\int_{f=0}\left[-\frac{L_M}{r^2(1-M_r)^2}+\frac{L_r(1-M^2)}{r^2(1-M_r)^3}\right]\mathrm{d}S(\boldsymbol{y}) \tag{3-52}$$

利用类似的方法推导四极子源辐射声压的积分公式 Q1 和 Q1A，主要步骤如下。利用 Green 函数可以得到四极子源辐射声压的积分公式，可以表示为

$$4\pi p'_Q(\boldsymbol{x},t)=\int_{-\infty}^{\infty}\int_{f>0}\frac{\partial^2}{\partial y_i \partial y_j}\left[\frac{\delta(t-\tau-r/c_0)}{r}\right]T_{ij}\mathrm{d}\boldsymbol{y}\mathrm{d}\tau$$

$$=\frac{\partial^2}{\partial x_i \partial x_j}\int_{-\infty}^{\infty}\int_{f>0}\frac{\delta(t-\tau-r/c_0)T_{ij}}{r}\mathrm{d}\boldsymbol{y}\mathrm{d}\tau$$

$$=\int_{-\infty}^{\infty}\int_{f>0}\frac{\partial^2}{\partial x_i \partial x_j}\left[\frac{\delta(t-\tau-r/c_0)}{r}\right]T_{ij}\mathrm{d}\boldsymbol{y}\mathrm{d}\tau \tag{3-53}$$

很显然上述三种表达方式与偶极子源（方程（3-46））一样都不能采用数值方法求解。采用

前面介绍的方法将针对观察点的空间偏导数转换为针对时间的偏导数,即

$$\frac{\partial^2}{\partial x_i \partial x_j}\left[\frac{\delta(t-\tau-r/c)}{r}\right] = \frac{1}{c_0^2}\frac{\partial^2}{\partial t^2}\left[\frac{r_i r_j \delta(t-\tau-r/c_0)}{r^3}\right]$$
$$+ \frac{1}{c_0}\frac{\partial}{\partial t}\left[\frac{(3r_i r_j/r^2 - \delta_{ij})\delta(t-\tau-r/c_0)}{r^2}\right]$$
$$+ \frac{(3r_i r_j/r^2 - \delta_{ij})\delta(t-\tau-r/c_0)}{r^3} \qquad (3\text{-}54)$$

基于上述两个方程最终可以得到

$$4\pi p'_Q(\boldsymbol{x},t) = \frac{\partial^2}{\partial t^2}\int_{-\infty}^{\infty}\int_{f>0}\frac{T_{rr}}{r}\mathrm{d}\boldsymbol{y}\mathrm{d}\tau + \frac{\partial}{\partial t}\int_{-\infty}^{\infty}\int_{f>0}\frac{3T_{rr}-T_{ii}}{r^3}\mathrm{d}\boldsymbol{y}\mathrm{d}\tau + c_0\int_{-\infty}^{\infty}\int_{f>0}\frac{3T_{rr}-T_{ii}}{r^3}\mathrm{d}\boldsymbol{y}\mathrm{d}\tau$$
$$(3\text{-}55)$$

其中:$T_{rr} = T_{ij}r_i r_j/r^2$。方程(3-55)已经避免了针对观察点的空间偏导数,可以采用数值方法求解,消除时间积分后得到

$$4\pi p'_Q(\boldsymbol{x},t) = \frac{\partial^2}{\partial t^2}\int_{f>0}\frac{T_{rr}}{r(1-M_r)}\mathrm{d}\boldsymbol{y} + \frac{\partial}{\partial t}\int_{f>0}\frac{3T_{rr}-T_{ii}}{r^3(1-M_r)}\mathrm{d}\boldsymbol{y} + c_0\int_{f>0}\frac{3T_{rr}-T_{ii}}{r^3(1-M_r)}\mathrm{d}\boldsymbol{y} \qquad (3\text{-}56)$$

方程(3-56)即为四极子源的时域声压积分公式 Q1,它与单、偶极源的时域声压积分公式 1 具有类似的特征。因此,可以进一步将对观察点的时间偏导数转换为对源点的时间偏导数,经过推导最终可以得到以下形式的积分公式 Q1A:

$$4\pi p'_Q(\boldsymbol{x},t) = \int_{f>0}\left[\frac{K_1}{c_0^2 r} + \frac{K_2}{c_0 r^2} + \frac{K_3}{r^3}\right]\mathrm{d}\boldsymbol{y} \qquad (3\text{-}57)$$

其中

$$\begin{cases} K_1 = \dfrac{\ddot{T}_{rr}}{(1-M_r)^3} + \dfrac{3\dot{M}_r \dot{T}_{rr} + \ddot{M}_r T_{rr}}{(1-M_r)^4} + \dfrac{3\dot{M}_r^2 T_{rr}}{(1-M_r)^5} \\[2mm] K_2 = \dfrac{-\dot{T}_{ii}}{(1-M_r)^2} - \dfrac{2T_{rM} + 4\dot{T}_{rM} + \dot{M}_r T_{ii}}{(1-M_r)^3} \\[2mm] \qquad + \dfrac{3((1-M^2)\dot{T}_{rr} - 2\dot{M}_r T_{rM} - M_i \dot{M}_i T_{rr})}{(1-M_r)^4} + \dfrac{6(1-M^2)\dot{M}_r T_{rr}}{(1-M_r)^5} \\[2mm] K_3 = \dfrac{2T_{MM} - (1-M^2)T_{ii}}{(1-M_r)^3} - \dfrac{6(1-M^2)T_{rM}}{(1-M_r)^4} + \dfrac{3(1-M^2)^2 T_{rr}}{(1-M_r)^5} \end{cases} \qquad (3\text{-}58)$$

对上述 Farassat 时域声压积分公式的分析与讨论如下。

(1) Farassat 时域声压积分公式和 FW-H 波动方程都是广义 Navier-Stokes 方程的恒等数学变形。FW-H 方程的重要价值和意义在于借助经典声学建立了流体与任意运动固体边界诱发声的分析方法,阐明了三种类型声源的物理含义。Farassat 时域声压积分公式是在此基础上建立适用于计算机程序开发的流动噪声预测方法,因此,Farassat 时域声压积分公式的建立为实际工程应用中开展流动噪声的定量预测奠定了基础。

(2) 虽然 Farassat 1A 和 Q1A 公式的数学表达形式比 Farassat 1 和 Q1 公式复杂,但是前者在开展流动噪声的数值预测时更具有优势,因为前者只需要知道声源随时间的变化信息就可以采用积分方法求解任意观察点位置的声压,但是后者通常需要在积分运算后对观察点时间求偏导。特殊地,应用 Farasaat 公式 1 和 Q1 公式求解匀速旋转声源辐射的噪声时也可以避免对观察点时间求偏导。主要步骤说明如下。首先采用数值积分方法求解得到各积分运算

的数值,然后采用傅里叶变换的定义及微分性质很容易得到频域下的声压值,当然也可以进一步逆变换得到时域声压值。

(3) Farassat 时域声压积分公式的分母中包含有 $1-M_r$ 项,其表示运动声源辐射声波的 Doppler 效应,因此,该项又称为 Doppler 因子项。当声源处于亚音速运动状态时,Doppler 因子项的取值范围是 $0\sim 1$,但是,当声源处于超音速运动状态时,该项可能会等于 0 或负值。当 Doppler 因子项为负值时,它的物理含义是后辐射的声波信号比先辐射的声波信号先到达观察点位置;当 Doppler 因子项刚好等于 0 时,对应的声压为无穷大,对应的物理含义是超音速运动声源形成的激波此时刚好传到观察点位置。由于上述特征,Farassat 时域声压积分公式在处理超音速或跨音速运动的声源时,需要特别小心地处理两类问题:一类是 Doppler 因子项为 0 对应的奇异性问题;另一类是超音速运动情形下延迟时间方程对应的多根问题。对于任意运动声源的具体求解方法可以参见文献[54],对于超音速旋转声源问题的处理可以参见文献[59]。

3.4.2 频域积分公式的推导及分析讨论

为了避免时域积分公式存在的上述不足,这里介绍编者课题组提出的频域积分公式[60],并对其优缺点进行分析和讨论。对于统计上的时间平移信号,由傅里叶变换可知频域声压频谱和时域声压的关系为

$$p'(\boldsymbol{x},t) = \frac{1}{2\pi}\int_{-\infty}^{+\infty} \tilde{p}'(\boldsymbol{x},\omega)\mathrm{e}^{\mathrm{i}\omega t}\mathrm{d}\omega \qquad (3\text{-}59)$$

其中:ω 为角频率。时域和频域 Green 函数之间有以下转换关系

$$g(\boldsymbol{x},\boldsymbol{y}(\tau),t-\tau) = \frac{1}{2\pi}\int_{-\infty}^{+\infty} G(\boldsymbol{x},\boldsymbol{y}(\tau),\omega)\mathrm{e}^{\mathrm{i}\omega(t-\tau)}\mathrm{d}\omega \qquad (3\text{-}60)$$

首先,推导单极子源辐射声压的频域公式。利用 Green 函数的性质,单极子源辐射的时域声压可以采用以下形式的积分公式:

$$p'_T(\boldsymbol{x},t) = \frac{\partial}{\partial t}\int_{-\infty}^{+\infty}\int_{f=0} Qg(\boldsymbol{x},\boldsymbol{y}(\tau),t-\tau)\mathrm{dS}\mathrm{d}\tau \qquad (3\text{-}61)$$

将式(3-59)和式(3-60)同时代入方程(3-61)可得

$$\tilde{p}'_T(\boldsymbol{x},\omega) = \mathrm{e}^{-\mathrm{i}\omega t}\frac{\partial}{\partial t}\int_{-\infty}^{+\infty}\int_{f=0} QG(\boldsymbol{x},\boldsymbol{y}(\tau),\omega)\mathrm{e}^{\mathrm{i}\omega(t-\tau)}\mathrm{dS}\mathrm{d}\tau \qquad (3\text{-}62)$$

方程(3-62)中积分变量与观察点时间无关,故导数运算可以放到积分号内。而积分核中只有 Green 函数是观察点时间的函数,故对积分核求导并化简得

$$\tilde{p}'_T(\boldsymbol{x},\omega) = \mathrm{i}\omega\int_{-\infty}^{+\infty}\int_{f=0} QG(\boldsymbol{x},\boldsymbol{y}(\tau),\omega)\mathrm{e}^{-\mathrm{i}\omega\tau}\mathrm{dS}\mathrm{d}\tau \qquad (3\text{-}63)$$

将上式代入三维自由空间 Green 函数的表达式即可得到单极子源辐射的频域声压积分公式为

$$\tilde{p}'_T(\boldsymbol{x},\omega) = \frac{\mathrm{i}\omega}{4\pi}\int_{-\infty}^{+\infty}\int_{f=0} \frac{Q}{r(\tau)}\mathrm{e}^{-\mathrm{i}\omega t(\tau)}\mathrm{dS}\mathrm{d}\tau \qquad (3\text{-}64)$$

其中:$t(\tau) = \tau + r(\tau)/c_0$。式(3-64)中含有基于 $f=0$ 的面积积分和基于源点时间的时间积分。对于任意运动的声源,$t(\tau)$ 均可以通过解析的方式直接求解,这相对于时域算法中求解延迟时间方程,可以节省较多的计算时间。方程(3-64)源点时间的积分区间为无穷大,因此,

在实际数值计算中可以人为增加一个窗函数 $w(\tau)$ 将无穷积分化为有限积分并抑制频谱泄漏:

$$\tilde{p}'_T(\boldsymbol{x},\omega) = \frac{\mathrm{i}\omega}{4\pi}\int_0^{T_{\mathrm{int}}}\int_{f=0}\frac{w(\tau)Q}{r(\tau)}\mathrm{e}^{-\mathrm{i}\omega t(\tau)}\mathrm{d}S\mathrm{d}\tau \tag{3-65}$$

针对旋转叶片一类的周期性运动声源,可以利用其周期性特征简化无穷积分并使用矩形窗函数。设声源旋转一周需要的时间为 T_R,而声源自身的脉动周期为 T_Q,则应用方程 (3-65) 的频域算法时,角频率 ω 和源点时间积分区间长度 T_{int} 应满足以下关系

$$\begin{cases} \omega = 2\pi\kappa/T_{\mathrm{int}} \\ T_{\mathrm{int}} = T_{QR} \end{cases} \tag{3-66}$$

其中: κ 为任意整数; T_{QR} 是 T_Q 和 T_R 的最小公倍数。

采用类似的方法可以从以下偶极子和四极子源的时域积分解出发,推导对应的频域积分公式:

$$p'_L(\boldsymbol{x},t) = \frac{\partial}{\partial x_i}\int_{-\infty}^{+\infty}\int_{f=0}L_i g(\boldsymbol{x},\boldsymbol{y}(\tau),t-\tau)\mathrm{d}S\mathrm{d}\tau \tag{3-67}$$

$$p'_Q(\boldsymbol{x},t) = \frac{\partial^2}{\partial x_i \partial x_j}\int_{-\infty}^{+\infty}\int_{f>0}T_{ij} g(\boldsymbol{x},\boldsymbol{y}(\tau),t-\tau)\mathrm{d}\boldsymbol{y}\mathrm{d}\tau \tag{3-68}$$

接着,代入频域声压和频域 Green 函数后化简,然后将关于观察点的空间偏导移到积分号内,变为对频域 Green 函数求导的问题。为节省篇幅,具体过程不再列出,下面仅给出频域 Green 函数的空间导数这一关键步骤:

$$\begin{cases} \dfrac{\partial G(\boldsymbol{x},\boldsymbol{y}(\tau),\omega)}{\partial x_i} = -\dfrac{\hat{r}_i \mathrm{e}^{-\mathrm{i}kr}}{4\pi r^2}(1+\mathrm{i}kr) \\ \dfrac{\partial^2 G(\boldsymbol{x},\boldsymbol{y}(\tau),\omega)}{\partial x_i \partial x_j} = \dfrac{\mathrm{e}^{-\mathrm{i}kr}}{4\pi r^3}(\hat{r}_i\hat{r}_j(3-(kr)^2+3\mathrm{i}kr)-\delta_{ij}(1+\mathrm{i}kr)) \end{cases} \tag{3-69}$$

其中: $\hat{r}_i = \dfrac{r_i}{r}$。最后,得到偶极子源和四极子源的频域积分公式:

$$\tilde{p}'_L(\boldsymbol{x},\omega) = \frac{1}{4\pi}\int_0^{T_{\mathrm{int}}}\int_{f=0}\frac{w(\tau)L_r}{r^2}\left(1+\frac{\mathrm{i}\omega r}{c_0}\right)\mathrm{e}^{-\mathrm{i}\omega t(\tau)}\mathrm{d}S\mathrm{d}\tau \tag{3-70}$$

$$\tilde{p}'_Q(\boldsymbol{x},\omega) = \frac{1}{4\pi}\int_0^{T_{\mathrm{int}}}\int_{f>0}\frac{w(\tau)}{r^3}\left(T_{rr}\left(3-\left(\frac{\omega r}{c_0}\right)^2+\frac{3\mathrm{i}\omega r}{c_0}\right)-T_{kk}\left(1+\frac{\mathrm{i}\omega r}{c_0}\right)\right)\mathrm{e}^{-\mathrm{i}\omega t(\tau)}\mathrm{d}\boldsymbol{y}\mathrm{d}\tau \tag{3-71}$$

上述频域数值公式积分核的分母中仅有参数 r,研究中一般不会将观察点置于声源曲面上,即 $r \neq 0$,故频域数值算法不存在奇异性问题,这是其相对于时域算法的明显优势之一。因此,无论声源是处于亚音速还是超音速运动状态,频域数值算法均可以使用相同的表达式进行计算。频域数值算法直接使用时域声源信息作为输入参数,然后直接输出频域声压信号,这是本章中提出的频域积分公式及其对应的数值算法与其他文献中频域算法的最大不同。时域算法的 1A 和 Q1A 公式还需要计算声源参数关于时间的导数,而频域数值算法可以免去这些操作,且节省计算资源。此外,时域算法中延迟时间方程的求解和数据插值运算在频域算法中可以完全避免。基于该频域积分公式的验证和分析可以参见文献[60]。

但是,频域积分公式在计算每个频率时都需要重复地执行积分运算,因此,当计算宽/多频噪声时,频域数值算法的计算时间会显著增加,此时频域数值算法的耗时会明显比时域算法的耗时更长,因此,有必要发展加速算法以降低频域数值算法预测多频噪声的耗时。

3.5 考虑不可渗透刚性边界约束的涡声方程推导及其分析

Powell 沿用 Curle 方程[8]的推导思路,推导了静止不可渗透刚性边界约束下的涡声方程,其具体表达形式见文献[11]的方程(29)。与 FW-H 方程类似,方程(29)右端包含了固体边界压力脉动的偶极子源项,也包含了固体边界运动效应的单极子源项。需要说明两点:一是方程(29)推导的出发点是低 Ma 数流动下的近似涡声源项;二是在推导过程中采用了与 Curle 方程相同的 Green 公式来考虑静止刚性固体边界的影响。因此,文献[11]的方程(29)不仅不是广义 Navier-Stokes 方程的恒等数学变形,而且存在理论上的不完善,即推导过程中采用的 Green 公式只能适用于静止固体边界,但是在最终得到的等效源项中又考虑了固体边界运动对声辐射的影响。

下面给出的不可渗透刚性边界约束涡声方程的推导过程避免了上述的不足。方程(2-30)给出的涡声方程是 Navier-Stokes 的恒等变形,为了便于后续推导,方程(2-30)表示为

$$\frac{\partial^2 \rho}{\partial t^2} - c_0^2 \nabla^2 \rho = \nabla \cdot \boldsymbol{\Gamma} \tag{3-72}$$

其中

$$\boldsymbol{\Gamma} = \rho(\boldsymbol{\omega} \times \boldsymbol{u}) + \frac{\rho}{2} \nabla (u^2) - \boldsymbol{u}\frac{\partial \rho}{\partial t} + \nabla (p - \rho c_0^2) - \nabla \cdot \boldsymbol{e} \tag{3-73}$$

引入广义函数方法描述边界条件的影响,类似于 3.2.2 节从 Lighthill 波动方程(2-6)推导到 FW-H 方程的过程,可以推导得到以下形式的非齐次波动方程

$$\frac{\partial^2 [H(f)\rho]}{\partial t^2} - c_0^2 \nabla^2 [H(f)\rho] = \frac{\partial [H(f)\Gamma_i]}{\partial x_i} - \frac{\partial [\delta(f)l_i]}{\partial x_i} + \frac{\partial [\delta(f)\rho_0 v_n^S]}{\partial t} \tag{3-74}$$

与 FW-H 方程一样,方程(3-74)同样是广义 Navier-Stokes 方程的恒等数学变形,但是需要注意此时方程(3-74)右端的第一项是偶极子源项,而不是四极子源项。

3.6 应用分析

3.6.1 基于广义函数方法推导广义 Green 公式

对比第 3.2 节中两种推导 FW-H 方程的方法可以发现,通过引入广义函数来描述边界上物理量的非连续性特征可以极大地简化数学推导过程。广义函数在流体力学、流动声学等研究领域中处理非连续问题时表现出强大的能力,相关的一些文献可以参见文献[50,61-63]。本节应用广义函数方法推导广义 Green 公式。如图 3-2 所示,声源向空间辐射的声扰动受到不可渗透刚性固体边界的散射影响,最终声传到观察者位置。

定义固体边界形成的封闭曲面为 $f=0$,固体内、外区域分别定义为 $f<0$ 和 $f>0$,因此,可以得到 $f>0$ 区域的波动方程满足

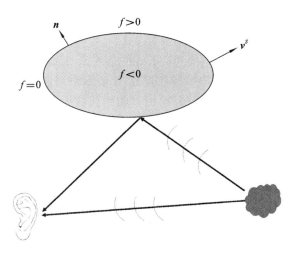

图 3-2 声源辐射和固体边界散射示意图

$$\frac{\partial^2 \Phi(\boldsymbol{x},t)}{\partial t^2} - c_0^2 \nabla^2 \Phi(\boldsymbol{x},t) = S(\boldsymbol{x},t), \boldsymbol{x} \in f>0 \tag{3-75}$$

其中：Φ 是任意的声学变量。受到不可渗透刚性固体边界的影响，在 $f>0$ 区域存在声学扰动，而在 $f<0$ 区域不存在声学扰动，则全域的声学变量 Φ 可以采用以下描述：

$$H(f)\Phi(\boldsymbol{x},t) = \begin{cases} \Phi(\boldsymbol{x},t), & f>0 \\ 0, & f<0 \end{cases} \tag{3-76}$$

利用方程(3-76)和广义函数的性质可以得到以下恒等式：

$$\frac{\partial^2 [H(f)\Phi(\boldsymbol{x},t)]}{\partial t^2} = \frac{\partial^2 \Phi(\boldsymbol{x},t)}{\partial t^2}H(f) + \delta(f)v_n^S \frac{\partial \Phi(\boldsymbol{x},t)}{\partial t} + \frac{\partial [\Phi(\boldsymbol{x},t)\delta(f)v_n^S]}{\partial t} \tag{3-77}$$

$$\nabla^2 [H(f)\Phi(\boldsymbol{x},t)] = \nabla^2 \Phi(\boldsymbol{x},t)H(f) - \boldsymbol{n}(f) \cdot \nabla \Phi(\boldsymbol{x},t)\delta(f) - \nabla \cdot [\Phi(\boldsymbol{x},t)\delta(f)\boldsymbol{n}(f)] \tag{3-78}$$

综合方程(3-75)、方程(3-77)和方程(3-78)得到

$$\begin{aligned}\frac{1}{c_0^2}\frac{\partial^2 [H(f)\Phi(\boldsymbol{x},t)]}{\partial t^2} - \nabla^2 [H(f)\Phi(\boldsymbol{x},t)] =\ & H(f)S(\boldsymbol{x},t) + \frac{\delta(f)v_n^S}{c_0^2}\frac{\partial \Phi(\boldsymbol{x},t)}{\partial t} \\ & + \frac{1}{c_0^2}\frac{\partial [\Phi(\boldsymbol{x},t)\delta(f)v_n^S]}{\partial t} \\ & + \boldsymbol{n}(f) \cdot \nabla \Phi(\boldsymbol{x},t)\delta(f) \\ & + \nabla \cdot [\Phi(\boldsymbol{x},t)\delta(f)\boldsymbol{n}(f)] \end{aligned} \tag{3-79}$$

进一步地，当声源 $S(\boldsymbol{x},t)$ 采用四极子源的表达形式，声学变量 Φ 采用密度表示，利用 Green 函数的性质可以得到非齐次波动方程(3-79)的积分解，即方程(3-1)。

3.6.2 圆柱绕流的涡脱落噪声

1. 圆柱流动的基本特征及其涡街模型

以圆柱绕流为代表的流体与固体边界相互作用诱发的噪声问题广泛存在。下面采用本章所介绍的声比拟理论方法分析圆柱绕流噪声的辐射特性与控制方法。目前针对圆柱绕流已经

开展了大量的研究,相关的研究综述可以参见文献[64]。已有研究表明在 Re 数处于 $65\sim 2\times 10^5$ 范围内,圆柱绕流满足以下特征[25]。

(1) 圆柱上、下表面形成交替的、周期性的涡脱落现象,描述涡脱落的无量纲参数 $St=f\cdot D/U$ 数通常位于 0.2 附近,其中 D 表示圆柱直径,U 表示来流速度,f 表示涡脱落频率。

(2) 圆柱绕流形成的时均升力系数为 0,时均阻力系数大于 0;但是,涡脱落诱发的升力系数脉动幅值通常大于阻力系数的脉动幅值。

(3) 圆柱上、下表面各发生一次涡脱落,形成一个完整的升力脉动过程,而圆柱上或下表面的每次涡脱落形成一个完整的阻力脉动过程,也就是说升力脉动周期是阻力脉动周期的 2 倍。

(4) 涡脱落频率下辐射的声波波长满足

$$\frac{\lambda}{D}=\frac{c_0}{f\cdot D}=\frac{1}{M}\frac{1}{St}\gg 1 \tag{3-80}$$

其中:$M=U/c_0$ 表示流动 Ma 数;λ 表示声波波长。方程(3-80)表明在亚音速流动下,涡脱落频率下诱发的声波波长远大于圆柱的直径,即在涡脱落频率对应的波长处,圆柱的直径满足声学紧凑条件。

2. 基于 FW-H 方程的辐射噪声分析

在高 Re 数亚音速流动下且圆柱处于静止状态时,FW-H 方程中的四、偶极子源辐射的声波分别满足方程(3-37)和方程(3-38),因此,可以忽略四极子和单极子源的作用,而只需要计算偶极子源向远场辐射的声波,即方程(3-34)可以简化为

$$\rho(\boldsymbol{x},t)=\frac{x_i}{4\pi c_0^3 |\boldsymbol{x}|^2}\frac{\partial}{\partial t}\int_{f=0} n_i p'(\boldsymbol{y},t-r/c)\mathrm{d}S(\boldsymbol{y}) \tag{3-81}$$

进一步地,对方程两端进行傅里叶变换得到

$$\tilde{\rho}(\boldsymbol{x},\omega)=\frac{\mathrm{i}\omega \tilde{L}_i x_i}{4\pi c_0^3 |\boldsymbol{x}|^2}=\frac{\mathrm{i}\omega \tilde{\boldsymbol{L}}\cdot \boldsymbol{x}}{4\pi c_0^3 |\boldsymbol{x}|^2}=\frac{\mathrm{i}\omega |\tilde{\boldsymbol{L}}|\cos\theta}{4\pi c_0^3 |\boldsymbol{x}|} \tag{3-82}$$

其中:$\tilde{L}_i$ 表示作用在圆柱表面的频域合力在 i 方向上的分量,其表达式为

$$\tilde{L}_i=\int_{f=0} n_i \tilde{p}'(\boldsymbol{y},\omega)\mathrm{d}S(\boldsymbol{y}) \tag{3-83}$$

θ 表示合力 $\tilde{\boldsymbol{L}}$ 和辐射矢量 $\boldsymbol{r}$ 之间的夹角。方程(3-82)表明,圆柱绕流辐射的声波通常呈现出"8"字形的指向性特征。在涡脱落频率下,合力 $\tilde{\boldsymbol{L}}$ 主要表现为升力脉动,圆柱辐射声波的最大方向为垂直于来流方向;在两倍涡脱落频率下,合力 $\tilde{\boldsymbol{L}}$ 主要表现为阻力,圆柱辐射声波的最大方向为平行于来流方向。

3. 基于涡声理论预测圆柱绕流噪声

基于涡声理论,圆柱绕流噪声的问题可以理解为涡扰动诱发声波受到圆柱散射的影响。此时,可以采用以下积分方程求解 Powell 波动方程(2-31):

$$\rho'(\boldsymbol{x},t)c_0^2=\int_{-\infty}^{\infty}\int_{f>0} g_C(\nabla\cdot \boldsymbol{\Gamma})\mathrm{d}\boldsymbol{y}\mathrm{d}\tau=-\int_{-\infty}^{\infty}\int_{f>0}\frac{\partial g_C}{\partial x_i}\Gamma_i\mathrm{d}\boldsymbol{y}\mathrm{d}\tau \tag{3-84}$$

其中:$\boldsymbol{\Gamma}$ 的表达式见方程(3-73);g_C 表示适用于不可渗透刚性圆柱的 Tailored Green 函数。

在高 Re 数、低 Ma 数流动中,$\boldsymbol{\Gamma}$ 主要源于 $\rho(\boldsymbol{\omega}\times \boldsymbol{u})$ 的作用。在圆柱绕流形成的 Karmon 涡街中,涡量 $\boldsymbol{\omega}$ 的方向沿轴向与当地流体速度 $\boldsymbol{u}$ 的方向垂直,因此有 $|\rho(\boldsymbol{\omega}\times \boldsymbol{u})|=\rho|\boldsymbol{\omega}||\boldsymbol{u}|$。

Tailored Green 函数满足边界条件

$$\frac{\partial g_C}{\partial \boldsymbol{n}(\boldsymbol{y})} = 0 \tag{3-85}$$

其中：$\boldsymbol{n}(\boldsymbol{y})$ 表示圆柱壁面的法线方向。

基于上述背景，Howe[12] 基于涡声理论研究了二维空间下点涡绕圆柱旋转诱发的声学现象，得到远场观察点的声压，可以近似计算为

$$p'(\boldsymbol{x},t) \approx \rho_0 c_0^2 M^{2.5} \sqrt{\frac{\pi r_y}{2|\boldsymbol{x}|}} \left[\frac{r_y}{a} - \left(\frac{a}{r_y}\right)^2\right]^2 \sin\left[\theta_x - \Omega\left(t - \frac{|\boldsymbol{x}|}{c_0}\right) - \frac{\pi}{4}\right] \tag{3-86}$$

其中：$M = U/c_0 = \Omega r_y/c_0$；$\Omega$ 表示点涡绕圆柱的旋转角频率，其表达式为

$$\Omega = \frac{-|\boldsymbol{\omega}|a^2}{2\pi r_y^2(r_y^2 - a^2)} \tag{3-87}$$

方程(3-86)表明在二维空间下远场声波的声压扰动正比于 $\sqrt{1/|\boldsymbol{x}|}$ 和 $M^{2.5}$，即满足紧凑偶极子源的特征。方程(3-86)还表明辐射声波的指向性与点涡旋转的角频率密切相关。

Dowling[44] 采用涡声理论研究了三维空间下无限长圆柱周围涡扰动诱发的声学现象，得到远场观察点的声压，可以近似计算为

$$p'(\boldsymbol{x},t) \approx \frac{\rho_0 |\boldsymbol{\omega}| \sin\theta_x}{4\pi |\boldsymbol{x}| c_0} \frac{\partial^2 \Phi(t - |\boldsymbol{x}|/c_0)}{\partial t^2} \tag{3-88}$$

其中

$$\Phi = \int_\Sigma \nabla \times [(r_y - a^2/r_y)\sin(\theta_y - \phi_x)\boldsymbol{e}_z] \cdot d\Sigma \tag{3-89}$$

其中：Σ 表示涡环组成的曲面。方程(3-88)表明三维空间下远场声波的声压扰动反比于 $|\boldsymbol{x}|$，辐射声波满足"8"字形的紧凑偶极子源特征，但是辐射声波的指向性仅与观察点的位置相关。

Howe[12] 的研究中假设单个点涡绕圆柱旋转，没有考虑实际圆柱绕流过程中涡的对流特征，Dowling[44] 的研究中采用涡十分靠近圆柱的假设。但是，上述两个简化模型都没有考虑多个点涡形成的涡街与圆柱干涉诱发的声扰动过程。因此，可以考虑采用涡声理论进一步发展出更接近实际周期性涡脱落情形的圆柱绕流噪声模型。

3.6.3 低 Ma 数流动中的翼型噪声

翼型绕流产生的噪声与圆柱绕流噪声存在众多相似之处。例如，在低 Ma 数流动下，壁面压力脉动均是两者噪声的主要来源，因此，通常只需要求解 FW-H 方程中偶极子源的作用。但是，两者也存在着明显的不同之处。圆柱绕流诱发噪声的能量主要集中在涡脱落频率及其邻近的谐波分量上，此时，圆柱通常可以作为声学紧凑声源处理。叶片绕流噪声频谱既有可能存在类似于圆柱绕流的离散峰值噪声，也有可能呈现出宽频噪声的特征。针对噪声频谱的低频分量，翼型满足声学紧凑条件，但是随着频率的增加，翼型逐渐不能再假设为满足声学紧凑条件。

下面以 NACA0012 翼型的辐射噪声为例，其中翼型弦长 $L=0.5\text{m}$，尾缘采用钝头处理，均匀来流攻角为 $2°$，来流速度 $U=34 \text{ m/s}$，对应的 Mach 数 $Ma=0.1$，Reynolds 数 $Re=1.14\times 10^6$。图 3-3 给出了四种不同频率下翼型周围声压场的分布特征。在 $kL=1.44$，$L/\lambda = 0.223$

时,可以认为叶片满足声学紧凑条件,此时翼型辐射的噪声呈现出典型的紧凑偶极子源"8"字形特征,最大声压主要位于叶片的尾缘区域,最大辐射方向为垂直于来流方向,即壁面脉动压力方向。但是,当 $kL>2$、$L/\lambda=0.45$ 时,叶片不再满足声学紧凑条件,此时叶片辐射噪声的最大方向随着频率的增加逐渐向叶片前缘方向移动,同时声瓣数量(声压极大值的数量)也逐渐增多,上述特征与 Howe 理论分析的结果[65]一致。

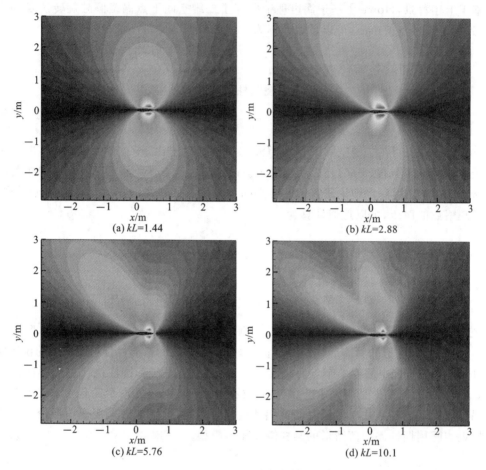

图 3-3 翼型绕流噪声

需要说明,为了能够准确捕捉声学非紧凑特征下的翼型噪声辐射特征,要求近场流场中必须包含声扰动分量,也就是说需要通过求解可压缩 Navier-Stokes 方程得到近场的声源信息。但是,在 $Ma<0.3$ 的低 Ma 数流动中,通常采用的是不可压缩流动假设求解近场的非定常流动和获取声源信息,此时,直接求解 FW-H 方程中偶极子源辐射的噪声会出现较大的偏差,其原因是缺失了方程(3-42)中的声学扰动项,也就是没有考虑非紧凑边界对声波散射的影响。为了能够在不可压缩流场信息的基础上预测非紧凑边界对声散射的影响,通常可以采用边界元或等效源方法来修正壁面的声学扰动,即先通过边界元方法求解方程(3-42)中壁面上的声压扰动,然后再求解向远场辐射的声波,相关的研究可以参见文献[66-70]。

上述修正过程求解方程(3-42)采用了方程(3-40)和方程(3-41)所示的假设,认为流场中的扰动可以完全分解为涡扰动和声扰动两种类型,但是在实际的复杂流动中,上述分解的合理性、唯一性以及具体分解方法有待商榷[71-73]。除此之外,基于方程(3-42)的求解过程中并没有考虑声扰动对近场涡扰动的反向影响。在求解声源向远场辐射声波的过程中忽略远场声扰动对近场涡扰动的反向影响通常是合理的,但是在某些场合下,如空腔流动的共振模态和边界层演化过程,忽略近场声扰动对涡扰动的反向影响可能会带来较大的计算误差。

由于低 Ma 数流动通常基于求解不可压缩 Navier-Stokes 方程进行模拟,因此如何在此基础上预测声学扰动分量依然是气动声学领域的重点研究方向之一,一些相关的研究还可以参见文献[74-76]。

3.6.4 旋转叶片的厚度噪声

已有大量的研究表明,在叶片处于低 Ma 数(Ma<0.3)旋转状态时,流动噪声主要来源于偶极子源或叶片载荷源,也就是叶片壁面压力脉动的作用,而四极子源和单极子源的作用可以忽略不计。由方程(3-37)~方程(3-39)容易得出四极子源对声压的作用远小于偶极子源的作用,而单极子源对声压的作用远大于偶极子源的作用,但是为什么在实际工程中往往要忽略单极子源(叶片厚度源)的作用呢?

现将叶片壁面 $f=0$ 分解为压力面 Σ_P、吸力面 Σ_S 和边缘 Σ_E 三部分,则单极子源辐射声波诱发的密度扰动可以表示为

$$\rho(\boldsymbol{x},t)c_0^2 = \frac{\partial}{\partial t}\int_{-\infty}^{\infty}\int_{\Sigma_P} g\rho_0 v_n^S \mathrm{d}S(\boldsymbol{y})\mathrm{d}\tau + \frac{\partial}{\partial t}\int_{-\infty}^{\infty}\int_{\Sigma_S} g\rho_0 v_n^S \mathrm{d}S(\boldsymbol{y})\mathrm{d}\tau + \frac{\partial}{\partial t}\int_{-\infty}^{\infty}\int_{\Sigma_E} g\rho_0 v_n^S \mathrm{d}S(\boldsymbol{y})\mathrm{d}\tau$$

(3-90)

对于应用在推进桨、压气机等领域的薄叶片,压力面和吸力面的法线方向几乎相反,因此可以得到 $v_n^S|_{\Sigma_P} = -v_n^S|_{\Sigma_S}$,也就是说叶片两侧的单极子源强度刚好为相反数。特别地,当叶片厚度非常接近于 0 时,叶片压力面和吸力面上的单极子源虽然都会辐射出声波,但由于源强度相反,因此,壁面两边的辐射声波几乎完全反相而相互抵消。这也是亚音速旋转的薄叶片上单极子源对外辐射声波的作用通常可以忽略不计的主要原因。

需要强调,上述结论只适用于低 Ma 数状态旋转的薄叶片,但当叶尖旋转 Ma 数或叶片厚度逐渐增加时,旋转叶片单极子源辐射的噪声作用不能再忽略。也就是说,旋转叶片单极子源辐射的噪声对叶片厚度十分敏感,因此,通常将其称为叶片厚度噪声。

以某离心压气机叶轮(见图 3-4)为例,分析叶尖旋转 Ma 数和叶片厚度对噪声的影响[77]。离心叶轮的叶片数 $Z=17$,出口直径 $D_2 = 0.45$ m,观察点位于距叶轮中心 50 m 的旋转平面内。图 3-5 表明,叶尖旋转 Ma 数和叶片厚度的增加均会导致叶片噪声的增加。当叶尖旋转 Ma 数小于 0.3 或 0.4 时,叶片厚度噪声通常可以忽略不计,但是当叶尖旋转 Ma 数大于 0.7 时,辐射噪声的声压级已经超过 100 dB。图 3-5(b)中进一步分析了在叶尖 Ma 数等于 0.85 时叶片厚度对噪声的影响,其中叶片厚度的计算采用以下公式:

$$\delta = 0.5 D_2 \cdot \Delta\theta/360°$$

(3-91)

结果表明,当叶片厚度从 0 逐渐增加时,厚度噪声的变化十分明显。但是,当叶片厚度超过 5 mm 之后,其厚度对噪声的影响逐渐减弱。由于叶片厚度噪声主要源于叶尖位置的作用,因此,控制叶尖厚度对降低高亚音速旋转叶片的厚度噪声具有重要的意义。

实际上,旋转叶片厚度噪声等效于叶片壁面均匀分布的定常载荷 $\rho_0 c_0^2$ 辐射的噪声,这一特

图 3-4 离心压气机叶轮

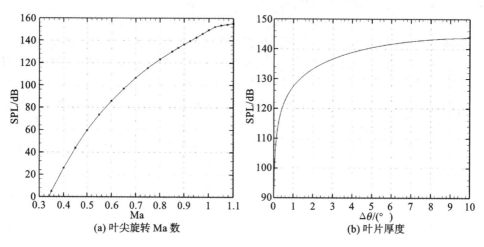

(a) 叶尖旋转 Ma 数　　　　(b) 叶片厚度

图 3-5 旋转叶片相关参数对厚度噪声的影响

征又称为 Isom 厚度噪声定理,关于该方面的研究可以参见文献[78-81]。下面给出 Isom 厚度噪声特征的推导过程。由广义函数 $H(f)$ 的时间导数可推出

$$\frac{\partial (H(f))}{\partial t} = \frac{\partial f}{\partial t}\delta(f) = -v_n^S \delta(f) \tag{3-92}$$

再对式(3-92)进行时间求导得

$$\frac{\partial^2 (H(f))}{\partial t^2} = -\frac{\partial}{\partial t}(v_n^S \delta(f)) \tag{3-93}$$

类似地,广义函数 $H(f)$ 的空间偏导满足

$$\nabla^2 (H(f)) = \frac{\partial}{\partial x_i}(n_i \delta(f)) \tag{3-94}$$

由此可以推出波动方程为

$$\frac{1}{c_0^2}\frac{\partial^2 (H(f)\rho_0 c_0^2)}{\partial t^2} - \nabla^2(H(f)\rho_0 c_0^2) = -\frac{\partial}{\partial t}(\rho_0 v_n^S \delta(f)) - \frac{\partial}{\partial x_i}(\rho_0 c_0^2 n_i \delta(f)) \tag{3-95}$$

方程(3-95)右端源项分别表示作用运动边界 $f=0$ 上的单极子源和偶极子源,左边波动算子的物理量 $\rho_0 c_0^2$ 为恒定值,表示无声学扰动,因此,方程(3-95)右端的源项必须满足

$$\frac{\partial}{\partial t}(\rho_0 v_n^S \delta(f)) = -\frac{\partial}{\partial x_i}(\rho_0 c_0^2 n_i \delta(f)) \tag{3-96}$$

当运动边界为旋转叶片时,方程(3-96)表明叶片表面辐射的厚度噪声等同于叶片表面均匀分布的定常载荷 $\rho_0 c_0^2$ 辐射的载荷噪声。

进一步地,我们分析旋转叶片厚度噪声的指向性特征和频谱特征。静止的单极子声源向外辐射的扰动在三维空间中以球面波形式进行传播,但是单极子的源强度一定要随时间不断变化,否则其不可能向外辐射声波。对于亚音速运动的单极子源,其辐射声波引起的声压扰动可以表示为[53,82]

$$4\pi p'_T(\boldsymbol{x},t) = \int_{f=0} \left[\frac{\rho_0 \dot{v}_n^S}{r(1-M_r)^2} + \frac{\rho_0 v_n^S \dot{M}_r}{r(1-M_r)^3} + \frac{\rho_0 v_n^S c_0(M_r - M^2)}{r^2(1-M_r)^3} \right]_{\text{ret}} \mathrm{d}S \quad (3\text{-}97)$$

其中:$\dot{v}_n^S = \partial v_n^S/\partial \tau$;$M_r = \dfrac{M_i r_i}{r}$ 表示辐射 Ma 数;$\dot{M}_r = \dfrac{\partial M_i}{\partial \tau}\dfrac{r_i}{r}$。

对于匀速旋转状态的叶片,单极子源项 $\rho_0 v_n^S$ 为一恒定参数,因此,方程(3-97)等号右端的第一项为 0。虽然叶片的旋转速度不变,但是其方向在不断变化,因此 M_r 通常随时间不断变化,且 $\dot{M}_r$ 通常不为 0。上述分析表明,匀速旋转叶片辐射的叶片厚度噪声主要是辐射 Ma 数的变化引起的。特别地,当观察点处于旋转轴上时,旋转 Ma 数矢量 $\boldsymbol{M}$ 与源点-观察点之间的位置矢量 $\boldsymbol{r}$ 相互垂直,且源点-观察点之间的距离 r 不随时间发生变化,则有 $M_r = \dot{M}_r = 0$,此时方程(3-97)等号右端第二项和第三项的积分为常数,表明位于旋转轴上的观察点不能感受到声波的扰动。图 3-6 给出了旋转叶片厚度噪声的辐射特征。结果表明:在叶片旋转平面上,观察点感受到的扰动最为强烈,但在旋转轴上观察点不能感受到任何扰动。因此,旋转单极子源与静止单极子源辐射的噪声在指向性上存在明显的差异,前者更接近于静止偶极子源的辐射特征。

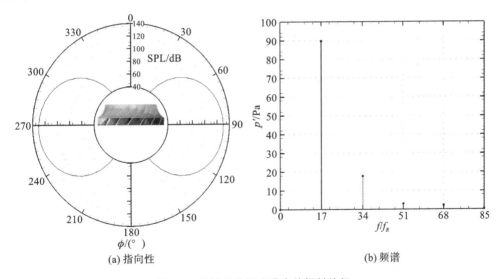

(a) 指向性 (b) 频谱

图 3-6 旋转叶片厚度噪声的辐射特征

对于匀速旋转状态的叶片,也可以采用以下积分公式计算单极子源辐射声波对应的频域声压[60]:

$$4\pi \widetilde{p}'_T(\boldsymbol{x},\omega) = \mathrm{i}\omega \int_{-\infty}^{+\infty} \int_{f=0} \rho_0 v_n^S \frac{\mathrm{e}^{\mathrm{i}kr}}{r} \mathrm{e}^{\mathrm{i}\omega\tau} \mathrm{d}S \mathrm{d}t \quad (3\text{-}98)$$

方程(3-98)表明只有当源点与观察点之间的距离 r 随时间发生变化时,观察点才能感受到压力扰动。因此,可以得到与方程(3-97)一样的结论,旋转轴上的观察点不能感受到任何声压扰动。当观察点不在旋转轴上时,源点与观察点之间的距离 r 是周期性函数,满足 $r(\tau) = r(\tau + N/f_R)$,其中 f_R 是旋转频率,N 表示任意整数。因此,可以得到旋转叶片厚度噪声的频率必然与叶片旋转的频率 f_R 相关。图 3-6(b)给出了图 3-4 所示的离心压气机旋转叶片厚度噪声的频谱特征,其只在叶片通过频率(BPF＝$17f_R$)及其倍频上出现离散的噪声峰值。关于旋转叶片厚度噪声辐射指向性和频谱特征更为严格的数学分析可以参见文献[83]。

3.7 本章小结

　　本章介绍的声比拟理论用于描述在不可渗透刚性边界条件约束下流体运动伴随产生的声扰动现象。采用了两种不同但等价的方法推导不可渗透刚性边界对流动声产生和传播的影响:第一种方法引入电磁波或经典声学领域的 Green 公式来考虑不可渗透刚性边界对声波散射的影响;第二种方法引入广义函数来构造广义 Naiver-Stokes 方程描述流体和刚体界面上物理量不连续的特征。上述两种不同的数学和物理方法都可以得到相同的数学表达形式和结论,即不可渗透刚性边界相当于形成等效偶极子和单极子声源。采用类似的方法也可以推导得到考虑不可渗透刚性边界条件约束的涡声方程。

　　基于上述介绍的声比拟理论可以应用于分析流体与刚性固体边界作用诱发的噪声问题。第 3.6 节首先分析了静止的圆柱绕流和翼型绕流噪声特征:在涡脱落频率及其倍频下圆柱表面相当于声学紧凑单元,其辐射的声波表现出典型的"8"字形指向性特征;对于静止翼型绕流诱发的噪声,翼型在低频时类似表现出紧凑偶极子源的特征,但随着频率的增高,声压极大值的方向逐渐向上游移动,且声瓣数量逐渐增多。进一步地,第 3.6 节还分析了旋转叶片厚度噪声的辐射特征,一方面展示其指向性特征类似于静止偶极子源,另一方面用示例的形式介绍了旋转速度和叶片厚度对辐射噪声的影响。

4 可渗透边界的声比拟理论

4.1 引　言

第3章介绍的不可渗透边界约束的声比拟理论在广义连续性方程和动量方程基础上采用无渗透边界条件推导非齐次波动方程,即交界面上流体的法向运动速度等于交界面的法向运动速度。上述处理所推导出来的四极子源、偶极子源和单极子源均具有明确的物理含义,且便于分析边界约束下辐射噪声的主要影响因素。但是,采用不可渗透边界约束的波动方程在预测实际工程的流动噪声问题时,至少存在以下两个方面的不足。

(1) 四极子体源辐射声的计算。前面的分析已经表明,当边界不满足声学紧凑条件时,四极子源对总噪声的作用往往不可忽略,也就是说,此时需要求解四极子体源辐射的声波扰动。但在大部分工程应用中,体网格单元的数量通常远大于边界上面网格单元的数量。因此,四极子体源辐射噪声的计算往往会导致计算成本明显地上升。

(2) 单极子和偶极子面源辐射声的计算。当不可渗透边界处于运动状态时,声源与观察点之间的距离随时间不断变化,即存在 Doppler 效应,甚至会带来奇异积分问题。因此,需要改进算法[54]来减小计算误差。

另一方面,在声波、电磁波和光波等波动现象的研究中,Kirchhoff 积分公式被广泛应用于求解源向空间中辐射的线性波动现象。以声学计算为例,通过构建一个任意封闭的曲面来包络所有的声源区域,当已知封闭曲面上的法向运动速度、声压及其时间和空间偏导数时,可以通过积分求解得到封闭曲面外任意位置观察点的声压[84]。相对于 FW-H 方程,Kirchhoff 积分公式具有以下特征。

(1) 只需要执行封闭曲面的积分就可以得到封闭曲面外任意观察点的声压,因此,可以避免 FW-H 方程中耗时的四极子体声源积分问题。

(2) 封闭曲面的特征是人为构造的、任意的、包络所有声源区域的,因此,即使声源是运动状态,也可以构造静止的封闭曲面,从而可以避免运动积分面存在的算法难度。

上述特征表明 Kirchhoff 积分公式能够避免 FW-H 方程在实际应用过程中存在的两大不足,但是,将 Kirchhoff 积分公式应用于开展流动噪声预测也存在以下不足。

(1) Kirchhoff 积分公式是在线性声学基础上推导得到的,因此,要求封闭的积分曲面必须位于线性流动区域,也就是要求积分曲面足够大,大到包络所有的非线性流动区域对应的声源。此时,会导致封闭曲面上的积分运算成本明显增大。

(2) Kirchhoff 积分公式的输入参数包括压力/密度及其时间和空间的偏导数,常用的 CFD 代码能够便捷输出封闭曲面上的压力和密度的瞬时信息,但是很少输出这些物理量的空间导数信息,因此,需要对流动数值模拟的结果进行后处理才能进一步利用 Kirchhoff 公式开展流动噪声的预测。

然而,FW-H 方程刚好能够避免 Kirchhoff 积分公式的上述两个不足。综合上述分析,建立一种新的控制方程及其解法能够同时发挥 FW-H 方程和 Kirchhoff 积分公式的长处而避免它们的不足在实际流动噪声预测过程中具有重要的工程应用价值。本章介绍的可渗透边界约束声比拟理论[85,86]具有上述的优势特征,它沿用了 FW-H 方程的推导过程,但是采用了 Kirchhoff 公式中的可渗透封闭曲面。

本章的主要内容包括以下几个方面。第 4.2 节介绍可渗透边界 FW-H 方程的推导,并将可渗透边界 FW-H 方程与第 3 章介绍的不可渗透边界约束的 FW-H 方程进行对比分析与讨论。虽然可渗透边界 FW-H 方程在计算便捷性和效率上具有很大的优势,并且在工程实践中得到了大量的应用,但是许多学者指出基于可渗透边界 FW-H 方程进行噪声预测存在"虚假声"的问题影响了计算精度,因此,第 4.3 节专门针对这一问题进行了理论分析和数值算例测试的研究。第 4.4 节对本章的研究工作进行了小结。

4.2 可渗透边界的声比拟理论推导与分析

可渗透边界约束的 FW-H 方程是在综合不可渗透边界约束的 FW-H 方程和 Kirchoff 方程的优势的基础上建立的,因此,在介绍可渗透边界约束的 FW-H 方程之前有必要先介绍 Kirchhoff 积分公式的推导。

4.2.1 广义 Kirchhoff 积分公式的推导

Kirchhoff 积分公式最早发表于 1882 年,用于描述电磁波的辐射传播,后来也被广泛应用于声波的传播分析[87]。经典的 Kirchhoff 积分公式要求积分面是封闭且静止的状态,但是 Morgans 在 1930 年将其推广到能够考虑任意运动的封闭曲面情形,从而建立广义 Kirchhoff 积分公式[88],类似地,Green 公式在 1971 年也被 Goldstein 推广到能够考虑任意运动边界的情形[9]。与 FW-H 方程一样,Kirchhoff 积分公式也被广泛应用于流动噪声的预测中,一些具有代表性的文献可以参见文献[86,89-92]。

声源辐射及可渗透积分面示意图如图 4-1 所示,图中深色部分的声源区域向周围自由空间辐射声波,$f=0$ 表示任意封闭的曲面,它包络住所有的声源。需要强调,此处定义的封闭曲面 $f=0$ 是人为定义的(或虚构的)、可渗透的,且可以任意运动的状态,但同时也要强调穿过曲面 $f=0$ 的物理量一般是连续分布的,因此,它并不是物理量在界面上非连续形成的边界。

已知声源强度后可以求解得到封闭曲面 $f=0$ 上的声波扰动(如声压或密度)及其空间和时间的偏导。Kirchhoff 积分公式的物理含义:位于 $f<0$ 区域的所有声源向位于 $f>0$ 区域的任意观察点辐射的声波扰动等价于封闭曲面 $f=0$ 上声波扰动及其空间和时间的偏导向同一观察点辐射形成的声波扰动。封闭曲面 $f=0$ 上声波扰动及其空间和时间的偏导也可以理解为 $f<0$ 区域的声源辐射声波过程中在封闭曲面 $f=0$ 上形成的等效单极子源和偶极子源,因此,Kirchhoff 积分公式也可以理解为 $f<0$ 区域的所有声源与封闭曲面 $f=0$ 上对应的等

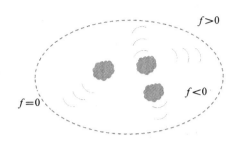

图 4-1　声源辐射及可渗透积分面示意图

效声源具有等价的辐射效应,即向 $f>0$ 区域的任意观察点辐射的声波扰动完全相同。

从另一个角度理解,Kirchhoff 积分公式本质上反映的是经典声学领域的能量守恒特征。类似地,Kirchhoff 电流定律表征的是电荷/能量守恒,即流入电路中任何节点的电流总和等于流出该节点的电流总和。

Kirchhoff 和 Morgans 推导经典和广义的 Kirchoff 方程的过程此处不进行介绍。为了便于理解可渗透边界 FW-H 方程的推导和后文的分析,此处给出采用广义函数方法推导 Kirchhoff 积分公式的过程。

按照 Kirchhoff 积分公式的物理含义,即 $f<0$ 区域的所有声源与封闭曲面 $f=0$ 上对应的等效声源具有等价的辐射效应,那么我们首先直接分析 $f<0$ 区域的所有声源直接向 $f>0$ 区域辐射的声波扰动,其满足以下波动方程:

$$\frac{1}{c_0^2}\frac{\partial^2[H(f)\Phi(\boldsymbol{x},t)]}{\partial t^2}-\nabla^2[H(f)\Phi(\boldsymbol{x},t)]=H(-f)S(\boldsymbol{x},t) \tag{4-1}$$

其中:Φ 是任意的声学变量;$H(-f)S(\boldsymbol{x},t)$ 表示处于 $f<0$ 区域的声源。

再分析封闭曲面 $f=0$ 上对应的等效声源仅向 $f>0$ 区域辐射等效的声波扰动。需要强调,封闭曲面 $f=0$ 上对应的等效声源不能向 $f<0$ 区域辐射声波扰动,否则不能满足能量守恒定律。也就是说,在 $f>0$ 区域存在声学扰动,而在 $f<0$ 区域不存在声学扰动,因此,全域空间的声学变量 Φ 可以采用以下描述:

$$H(f)\Phi(\boldsymbol{x},t)=\begin{cases}\Phi(\boldsymbol{x},t),&f>0\\0,&f<0\end{cases} \tag{4-2}$$

利用方程(4-2)和广义函数的性质可得

$$\frac{\partial^2[H(f)\Phi(\boldsymbol{x},t)]}{\partial t^2}=\frac{\partial^2\Phi(\boldsymbol{x},t)}{\partial t^2}H(f)+\delta(f)v_n^S\frac{\partial\Phi(\boldsymbol{x},t)}{\partial t}+\frac{\partial[\Phi(\boldsymbol{x},t)\delta(f)v_n^S]}{\partial t} \tag{4-3}$$

$$\nabla^2[H(f)\Phi(\boldsymbol{x},t)]=\nabla^2\Phi(\boldsymbol{x},t)H(f)-\boldsymbol{n}(f)\cdot\nabla\Phi(\boldsymbol{x},t)\delta(f)-\nabla\cdot[\Phi(\boldsymbol{x},t)\delta(f)\boldsymbol{n}(f)] \tag{4-4}$$

进一步得到以下波动方程:

$$\frac{1}{c_0^2}\frac{\partial^2[H(f)\Phi(\boldsymbol{x},t)]}{\partial t^2}-\nabla^2[H(f)\Phi(\boldsymbol{x},t)]=\frac{\delta(f)v_n^S}{c_0^2}\frac{\partial\Phi(\boldsymbol{x},t)}{\partial t}+\frac{1}{c_0^2}\frac{\partial[\Phi(\boldsymbol{x},t)\delta(f)v_n^S]}{\partial t}$$
$$+\boldsymbol{n}(f)\cdot\nabla\Phi(\boldsymbol{x},t)\delta(f)$$
$$+\nabla\cdot[\Phi(\boldsymbol{x},t)\delta(f)\boldsymbol{n}(f)] \tag{4-5}$$

方程(4-5)即为微分形式的 Kirchhoff 方程,等号右端的四项可以理解为等效单极子和等效偶极子面源项,在此基础上利用 Green 函数方法可以推导 Kirchhoff 积分公式。方程(4-5)和方程(4-1)具有等价的物理含义,即两个波动方程右端的源项会辐射出相同的扰动特征,也就是说 $f<0$ 区域的声源项可以等价转换为封闭曲面 $f=0$ 上的等效单极子和偶极子源项。

3.5 节的广义 Green 公式和本节的广义 Kirchhoff 公式的推导过程十分类似,但是两者之间有以下不同之处。

(1) 广义 Green 公式描述的是声源辐射声波在边界上的散射效应,封闭曲面 $f=0$ 表示实际存在的不可渗透边界,即边界上的物理量存在非连续特征,声源是位于 $f>0$ 的区域。

(2) 广义 Kirchhoff 公式描述的是声源辐射声波在边界上的等效辐射效应,封闭曲面 $f=0$ 表示虚构的可渗透边界,即边界上的物理量实际上是连续的,声源是位于 $f<0$ 的区域。

4.2.2 可渗透边界 FW-H 方程的推导

利用 Kirchhoff 方程的上述特征,我们设想可以将其应用于流动噪声的预测。如图 4-1 所示,构建虚拟的可渗透边界 $f=0$ 包络 $f<0$ 区域中的所有四极子体声源以及不可渗透边界上的面声源,此时,只需要知道可渗透边界上的等效声源信息即可以求解包络面区域内所有声源向 $f>0$ 区域辐射的声波扰动信息。利用上述设想,Francescantonio[85] 在 1997 年最早公开了可渗透边界 FW-H 方程的推导过程,Brentner 和 Farassat[86] 在此基础上进一步对比分析了可渗透边界的 FW-H 方程和 Kirchhoff 方程的联系与区别。

本书第 3 章介绍的广义连续性方程(3-22)和动量方程(3-26),它们可以等价表示为

$$\frac{\partial[H(f)(\rho-\rho_0)]}{\partial t} + \frac{\partial[H(f)\rho u_i]}{\partial x_i} = \rho_0 V_n \delta(f) \tag{4-6}$$

$$\frac{\partial[H(f)\rho u_i]}{\partial t} + \frac{\partial[H(f)(\rho u_i u_j + l_{ij})]}{\partial x_j} = L_i \delta(f) \tag{4-7}$$

其中,方程(4-6)和方程(4-7)等号右端的源项为

$$V_n = v_n^S + \frac{\rho(u_n - v_n^S)}{\rho_0} \tag{4-8}$$

$$L_i = l_i + \rho u_i(u_n - v_n^S) \tag{4-9}$$

注意此处采用可渗透边界条件,即边界 $f=0$ 上的流体可以穿透边界,此时方程(4-6)和方程(4-7)等号右端的第二项均不为 0。按照第 3 章介绍的推导过程,最终可以得到以下形式的非齐次波动方程:

$$\frac{\partial^2[H(f)\rho]}{\partial t^2} - c_0^2 \nabla^2[H(f)\rho] = \frac{\partial^2[H(f)T_{ij}]}{\partial x_i \partial x_j} - \frac{\partial[\delta(f)L_i]}{\partial x_i} + \frac{\partial[\delta(f)Q]}{\partial t} \tag{4-10}$$

其中

$$Q = \rho_0 V_n \tag{4-11}$$

方程(4-10)即为渗透边界的 FW-H 方程[85,86],它与 Ffowcs Williams 和 Hawkings 最初推导得到的 FW-H 方程(3-27)具有十分类似的结构形式。方程(4-10)也是广义 Naiver-Stokes 方程的恒等数学变形,它和 FW-H 方程(3-27)表达了完全相同的物理含义。但是,两个方程右端的等效声源项具有不同的物理含义,具体分析如下。

不可渗透和可渗透边界的示意图如图 4-2 所示,对于流体与任意固体边界相互作用的情

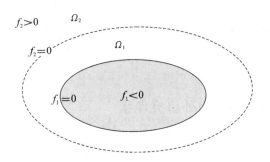

图 4-2 不可渗透和可渗透边界的示意图

形,$f_1(\boldsymbol{x},t)=0$ 表示实际的不可渗透固体边界,$f_2(\boldsymbol{x},t)=0$ 表示包含 $f_1(\boldsymbol{x},t)=0$ 在内的不可渗透虚拟边界,则 $f_2(\boldsymbol{x},t)=0$ 把流体域分成两部分区域,其中 $f_1(\boldsymbol{x},t)>0 \bigcap f_2(\boldsymbol{x},t)<0$ 的区域记为 Ω_1,$f_2(\boldsymbol{x},t)>0$ 的区域记为 Ω_2。

可渗透虚拟边界 $f_2(\boldsymbol{x},t)=0$ 上的单极子和偶极子源积分实际上是以 $f_2(\boldsymbol{x},t)=0$ 作为积分面的 Kirchhoff 公式,它等效于 Ω_1 区域内的四极子源和 $f_1(\boldsymbol{x},t)=0$ 表面上的单极子和偶极子源辐射声扰动的叠加效果。因此 $f_2(\boldsymbol{x},t)=0$ 面上的单极子和偶极子源加上 Ω_2 区域内的四极子源的作用等同于 $f_1(\boldsymbol{x},t)=0$ 面上的单极子和偶极子源加上 $\Omega_1+\Omega_2$ 区域的四极子源的作用。需要特别强调,不可渗透边界的 FW-H 方程中的四极子源位于 Ω_1 和 Ω_2 区域,而可渗透边界的 FW-H 方程中的四极子源仅位于 Ω_2 区域。在可渗透边界的 FW-H 方程中,$f_2(\boldsymbol{x},t)=0$ 面上的单极子和偶极子源已经包括了位于 Ω_1 区域四极子源的作用。上述分析表明:两种形式的 FW-H 方程都涵盖了所有声源的作用,只是等效源项具有不同的物理含义。

4.2.3 可渗透边界 FW-H 方程的讨论分析

相对于经典的 FW-H 方程,可渗透边界的 FW-H 方程在实际应用中开展流动噪声的预测具有以下几个方面的优势。

(1) 可渗透边界的 FW-H 方程和经典的 FW-H 方程(3-27)具有完全相同的结构形式,因此,便于程序代码的统一编写。

(2) 对于运动边界情形(如旋转叶片),可以构造一个或多个包括所有运动边界的静止虚拟封闭曲面,从而只需要采用静止声源的噪声预测方法即可预测实际运动声源辐射噪声的结果。

(3) 吸声边界条件下的噪声预测可以直接采用可渗透边界条件的 FW-H 方程求解,此时需要引入关联边界压力和速度的阻抗函数,即第三类边界条件。

(4) 虚拟积分面的选取需要包含所有的实际物理边界。因此,理论上可以采用灵活的积分面选取方法,从而适用于不同的应用场合并降低计算成本。当选取积分面为非线性流动与线性波动区域的分界面时,FW-H 方程转化为 Kirchhoff 方程,此时可以去掉四极子源项的体积分,而只用采用偶极子和单极子源项的面积分。

4.3 可渗透边界 FW-H 方程的伪声源问题

4.3.1 伪声源问题的国内外研究现状

前面推导的过程已经表明可渗透边界 $f=0$ 上的偶极子和单极子源实际上代表的是 $f<0$ 区域中所有声源的等效辐射效应，其对外辐射的声扰动与 Kirchhoff 方程具有完全相同的物理含义。基于上述理解，理论上要求方程(4-10)的右端在可渗透边界 $f=0$ 上偶极子和单极子面源的非定常输入项应为声扰动相关的物理量。在基于非定常流动数值模拟得到的结果中，提供给偶极子和单极子面源的非定常输入项不仅包括声扰动项，也包括涡扰动等伪声（非声学）扰动量，这使得可渗透边界的 FW-H 方程在实际应用过程中存在伪声源的问题。

关于可渗透边界上的伪声源问题，学术界已经开展了较长时间的研究，其中的代表性研究工作概述如下。在 Francescantonio[85]1997 年推导建立可渗透边界的 FW-H 方程之前，Wang 等[93]在 1996 年利用 Lighthill 方程预测四极子源噪声时就发现了计算域截断形成的可渗透边界上存在伪声源问题。近年来，Sinayoko 等[94]与 Zhong 等[95]均明确指出，涡流穿过可渗透面时会污染单极子和偶极子声源，即在可渗透面上形成了伪声源项。

学术界提出了不同的方法来消除可渗透面上的伪声源问题。第一种方法是最简单的处理方法，即非封闭曲面积分法。它在积分运算过程中舍弃涡穿透部分的曲面，从而避免伪声源带来的噪声污染问题，这方面的代表性工作可以参见文献[96]。但是这种方法同时也忽略了涡穿透曲面上本应有的声学作用。此外，FW-H 方程和 Kirchhoff 方程在推导过程中要求采用封闭的积分曲面，因此使用非封闭的积分曲面在数学上是不够严谨的。文献[97]对比分析了封闭和非封闭曲面积分对流动噪声预测结果的影响，一般认为非封闭曲面不是流动噪声预测过程中消除伪声源的最佳处理方法。

第二种方法是由 Wang 等[93]在均匀背景流和冻结湍流假设上提出的修正方法。他们引入了一个与 Lighthill 应力张量有关的附加面源，用它估计可渗透面外四极子源的声学作用。这一修正得到了后来很多学者的应用和推广，例如 Avital 等[98]使用这一方法来计算喷流噪声；另一些研究人员，如 Lockard 和 Casper[99]、Ikeda 等[100]以及 Rahier 等[101]，利用面积分代替四极子源体积分，提出了一种不使用体积分的可渗透边界的 FW-H 方程；Ikeda 等[102,103]随后将这一面积分形式的方程加以推广来分析非均匀流对噪声的影响，但他们在研究中假设非均匀流动区域内的速度梯度比较小，以此寻求问题的近似解。

第三种方法是由 Shur 和 Spalart 等[104-106]提出的多渗透面平均技术，基本原理是首先设置多个间距较大的可渗透积分面（渗透面的间距不小于波长 λ），然后在频域空间下对多个可渗透积分面上的声源信息进行平均处理，从而达到过滤涡扰动相关的伪声源的目的[104]。这一技术已被应用于预测起落架噪声和冷、热喷流噪声等多个领域[104-107]。

第四种方法是由 Obrist 和 Kleiser[108]提出的空间窗函数法/滤波函数法。伪声问题可以理解为计算域被零厚度的积分面突然截断而引起的频谱泄漏，因此，他们建议用有限厚度的空间窗函数抑制伪噪声。Wright 和 Morfey[109]应用上述思想，采用有限厚度的空间窗函数替换

Heaviside 函数从而建立改进的 FW-H 方程来抑制伪声问题,他们的研究指出当空间窗函数由多个 Heaviside 函数组合在一起时,该方法等同于第三种方法。同时,他们也指出最佳的空间窗函数形状应取决于涡流的结构特征,但是没有给出具体的空间窗函数表达式或建立方法。随后,Sinayoko 等[94]进一步研究指出,空间窗函数的厚度要比波长小,但要比涡流的特征长度大,才能实现良好的伪声抑制效果。类似地,应用空间窗函数抑制伪声的研究还可以参见文献[110]。

对比和总结上述四种方法可以发现,第三种和第四种方法中采用多个可渗透面或有限厚度的空间窗函数可能是目前抑制伪声源问题最有效的方法,但是研究人员对相邻可渗透面间的间距选取持有不同的看法。

截至目前,仍有不少研究者致力于解决伪噪声问题。例如,Cianferra 等[75]探索一种综合平衡的方法来降低伪声的影响,其基本原理是综合计算无涡流通过的开口积分面上单极子、偶极子源的声辐射,以及有涡流通过的开口积分面下游区域的四极子体源的声辐射。声比拟理论的核心思想就是采用等效声源来描述流动过程中伴随的声学现象,因此,Lopes 等[111]采用一种新的等效源方法来抑制涡流通过积分面上的伪声问题。Zhong 等[95]从 Euler 方程出发推导出了一个能够消除伪声的非齐次波动方程,进一步提出过滤涡扰动分量的方法来抑制伪声[112,113],但是上述这些方法均需要采用冻结湍流假设,并且也只能严格适用于均匀背景流的情形。

4.3.2 可渗透边界 FW-H 方程的伪声源分析

本节讨论运动流体中可渗透边界 FW-H 方程的伪声问题,在此我们采用以下对流波动算子的可渗透 FW-H 方程,有关对流波动算子 FW-H 方程的具体推导及相关的分析将在本书第 7 章详细介绍。

$$\left(\frac{D^2}{Dt^2} - c_0^2 \boldsymbol{\nabla}^2\right)[H(f)\rho'] = \frac{D}{Dt}[Q\delta(f)] - \boldsymbol{\nabla} \cdot [\boldsymbol{L}\delta(f)] + \boldsymbol{\nabla} \cdot \{\boldsymbol{\nabla} \cdot [H(f)\boldsymbol{T}]\} \quad (4\text{-}12)$$

方程(4-12)等号右边三项分别称为单极子、偶极子和四极子源,对应的表达式为

$$Q = \rho_0(v_n - U_{\infty n}) + \rho(u_n + U_{\infty n} - v_n) = \underbrace{(\rho - \rho_0)(\boldsymbol{U}_\infty - \boldsymbol{v}) \cdot \boldsymbol{n}}_{Q_1} + \underbrace{\rho \boldsymbol{u} \cdot \boldsymbol{n}}_{Q_2} \quad (4\text{-}13)$$

$$\boldsymbol{L} = ((p - p_0)\boldsymbol{I} - \boldsymbol{e}) \cdot \boldsymbol{n} + \rho \boldsymbol{u}(u_n + U_{\infty n} - v_n) \quad (4\text{-}14)$$

$$\boldsymbol{T} = [(p - p_0) - c_0^2(\rho - \rho_0)]\boldsymbol{I} - \boldsymbol{e} + \rho \boldsymbol{u}\boldsymbol{u} \quad (4\text{-}15)$$

其中:$f=0$ 可以是固体表面,也可以是包络所有固体表面的可渗透面;$\boldsymbol{U}_\infty$ 为均匀流速度;$\boldsymbol{u}$ 表示减去背景流速的当地流速;$\boldsymbol{v}$ 表示面 $f=0$ 的运动速度;$\boldsymbol{n}$ 是面 $f=0$ 上的单位法向矢量;$\boldsymbol{I}$ 表示单位对角矩阵;$\boldsymbol{e}$ 是黏性应力张量,在高雷诺数流中通常可以忽略,则偶极子和四极子项可以近似表示为

$$\boldsymbol{L} = \underbrace{(p - p_0)\boldsymbol{I} \cdot \boldsymbol{n}}_{L_1} + \underbrace{\rho \boldsymbol{u}(u_n + U_{\infty n} - v_n)}_{L_2} \quad (4\text{-}16)$$

$$\boldsymbol{T} = \underbrace{[(p - p_0) - c_0^2(\rho - \rho_0)]\boldsymbol{I}}_{T_1} + \underbrace{\rho \boldsymbol{u}\boldsymbol{u}}_{T_2} \quad (4\text{-}17)$$

在无热交换的流体中,速度的扰动可以分解为无旋和无散分量,很多研究[7,114]表明,速度扰动的无旋和无散分量分别对应声学分量和涡流分量,即

$$u = u_a + u_v \tag{4-18}$$

其中:下标 a 和 v 分别表示声学和涡流分量。通过上述的速度分解方法,单极子源中的 Q_2 项可以等效表示为

$$Q_2 = \underbrace{\rho_0 \boldsymbol{u}_a \cdot \boldsymbol{n}}_{Q_{2,a}} + \underbrace{\rho_0 \boldsymbol{u}_v \cdot \boldsymbol{n}}_{Q_{2,v}} + \underbrace{\rho' \boldsymbol{u}_a \cdot \boldsymbol{n}}_{Q_{2,aa}} + \underbrace{\rho' \boldsymbol{u}_v \cdot \boldsymbol{n}}_{Q_{2,va}} \tag{4-19}$$

前两项 $Q_{2,a}$ 和 $Q_{2,v}$ 分别表示一阶声和涡扰动;后两项 $Q_{2,aa}$ 和 $Q_{2,va}$ 分别表示声声干涉和涡声干涉,它们属于二阶扰动。研究[7,114]表明,均匀流中的一阶涡扰动无法激发声扰动,因此 $Q_{2,v}$ 是一个不会辐射声的伪声源。此外,由涡扰动满足对流性质 $D\boldsymbol{u}_v/Dt=0$ 也可以得到 $Q_{2,v}$ 项是无声辐射的,也就是说,可渗透 FW-H 方程能够自动过滤可渗透面上涡的一阶小扰动对应的伪单极子声源。

偶极子源中的 L_2 项可以表示成

$$\begin{aligned}
L_2 &= \rho(\boldsymbol{u}_a+\boldsymbol{u}_v)(u_{an}+u_{vn}+U_{\infty n}-v_n) \\
&= \underbrace{\rho_0\boldsymbol{u}_a(U_{\infty n}-v_n)}_{L_{2,aU}} + \underbrace{\rho_0\boldsymbol{u}_v(U_{\infty n}-v_n)}_{L_{2,vU}} + \underbrace{\rho_0\boldsymbol{u}_a u_{an}}_{L_{2,aa}} + \underbrace{\rho_0\boldsymbol{u}_v u_{an}}_{L_{2,va}} + \underbrace{\rho_0\boldsymbol{u}_a u_{vn}}_{L_{2,av}} + \underbrace{\rho_0\boldsymbol{u}_v u_{vn}}_{L_{2,vv}} \\
&\quad + \underbrace{\rho'\boldsymbol{u}_a(U_{\infty n}-v_n)}_{L_{2,aaU}} + \underbrace{\rho'\boldsymbol{u}_v(U_{\infty n}-v_n)}_{L_{2,avU}} + \underbrace{\rho'\boldsymbol{u}_a u_{an}}_{L_{2,aaa}} + \underbrace{\rho'\boldsymbol{u}_v u_{an}}_{L_{2,ava}} + \underbrace{\rho'\boldsymbol{u}_a u_{vn}}_{L_{2,aav}} + \underbrace{\rho'\boldsymbol{u}_v u_{vn}}_{L_{2,avv}}
\end{aligned} \tag{4-20}$$

等式右边前两项分别表示声和涡扰动与均匀流间的干涉,属于一阶扰动。等式右边三至六项表示声声、涡声和涡涡干涉,因此属于二阶扰动。类似地,等式右边七、八两项属于二阶扰动,而剩下四项属于涡声干涉的三阶扰动。通常可以合理地假设速度扰动幅值远小于可渗透面上的时均流速,那么偶极子源主要由与一阶扰动相关的前两项决定。前面已经提到,均匀流中的一阶涡流扰动是不会激发声场扰动的,这意味着 $L_{2,vU}$ 项不会引起声辐射。

对 $L_{2,vU}$ 项求散度可以得到以下方程:

$$\nabla \cdot [\rho_0 \boldsymbol{u}_v(U_{\infty n}-v_n)] = \rho_0(U_{\infty n}-v_n)\nabla\cdot\boldsymbol{u}_v + \rho_0\boldsymbol{u}_v\cdot\nabla(U_{\infty n}-v_n) \tag{4-21}$$

由于涡流速度场的散度为零,方程等号右边第一项也就为零,当可渗透面在均匀流中静止时,方程等号右边第二项也为零。因此,在可渗透 FW-H 方程中,通过散度算子可以自动过滤掉由一阶涡流扰动产生的伪偶极子源。

在四极子体源中,与速度脉动有关的 T_2 项可以表示为

$$T_2 = \rho\boldsymbol{u}\boldsymbol{u} = \underbrace{\rho_0 \boldsymbol{u}_a\boldsymbol{u}_a}_{T_{2,aa}} + \underbrace{\rho_0 \boldsymbol{u}_v\boldsymbol{u}_v}_{T_{2,vv}} + \underbrace{2\rho_0\boldsymbol{u}_v\boldsymbol{u}_a}_{T_{2,va}} + \underbrace{\rho'\boldsymbol{u}_a\boldsymbol{u}_a}_{T_{2,aaa}} + \underbrace{\rho'\boldsymbol{u}_v\boldsymbol{u}_v}_{T_{2,avv}} + \underbrace{2\rho'\boldsymbol{u}_v\boldsymbol{u}_a}_{T_{2,ava}} \tag{4-22}$$

该式中没有一阶涡流扰动项,这表明即使计算域被可渗透积分面截断,也不会产生伪四极子源。所有与涡流速度有关的项都是高阶扰动项,它们都是物理意义上的真实声源,这是因为它们表示的是涡声及涡涡干涉的非线性过程,详细的总结可以见参考文献[114]中的表1。

因此,从以上的理论分析可以得到以下结论:忽略可渗透积分面外的四极子源就意味着忽略了它们对远场噪声的实际作用,但这并不是形成伪噪声的真正原因。虽然涡流穿过可渗透面会产生伪单极子和偶极子源,即与涡流速度相关的一阶扰动项,但是可渗透 FW-H 方程会自动过滤它们对远场噪声的影响。

必须要强调的是,与涡流速度有关的高阶扰动项,如单极子源中的 $Q_{2,va}$、偶极子源中的 $L_{2,va}$ 以及四极子源中的 $T_{2,va}$,它们都是物理意义上的声源,这些高阶项不能被过滤掉。由涡涡和涡声干涉产生的高阶扰动项形成的声辐射分析见文献[114]。由此可见,现有的方法如果

过滤掉可渗透面上所有的涡流速度分量,因此也会忽略 $Q_{2,va}$、$L_{2,av}$、$L_{2,vv}$ 和 $L_{2,va}$ 这些高阶扰动项的声学作用。因此,用这种方法也会低估单极子和偶极子源辐射的声。但在实际数值计算过程中,如果可渗透面与固面相距较远,那么高阶项会很快衰减,所以这些方法的计算结果还是比较理想的。

Farassat 时域声压积分公式 1 和 1A[53] 适用于计算静止介质中单极子和偶极子源辐射的噪声。为了进一步考虑均匀流对声辐射的影响,有学者基于对流 FW-H 方程推导出了改进的声压积分公式[115,116]。为了行文简洁,针对均匀流中单极子和偶极子源辐射的声压积分公式仍然称为 Farassat 公式。

从对流 FW-H 方程(4-12)出发,运用 Green 函数可以推得两种单极子和偶极子源辐射声压的积分公式:

$$4\pi p'_T(\bm{x},t) = \int_{-\infty}^{t}\int_{f=0} \frac{1}{R^*} \frac{DQ(\bm{y},\tau)}{D\tau}\delta(t-\tau-R/c_0)\mathrm{d}S\mathrm{d}\tau \tag{4-23}$$

$$4\pi p'_L(\bm{x},t) = -\int_{-\infty}^{t}\int_{f=0} \frac{1}{R^*} \frac{\partial L_i(\bm{y},\tau)}{\partial y_i}\delta(t-\tau-R/c_0)\mathrm{d}S\mathrm{d}\tau \tag{4-24}$$

其中:下标 T 和 L 分别表示厚度噪声和载荷噪声;R 表示流体中声源到观测点的声学距离,其表达式为

$$R = \gamma^2(R^* - rM_{\infty r}) \tag{4-25}$$

其中:$\gamma = \sqrt{1/(1-M_\infty^2)}$;$M_{\infty r} = M_{\infty i}\hat{r}_i$,$M_{\infty i} = U_{\infty i}/c_0$;

$$R^* = \frac{\sqrt{r^2 + \gamma^2(M_\infty \cdot \bm{r})^2}}{\gamma} = \frac{r\sqrt{1+\gamma^2 M_{\infty r}^2}}{\gamma} \tag{4-26}$$

式中 $\bm{r} = \bm{x} - \bm{y}$ 是从声源到观测点的位置矢量,$r = |\bm{r}|$ 是声源到观测点的几何距离。

因为上面两个公式保留了物质导数和散度算子,因此它们仍然可以自动过滤伪声源的影响,但必须要对空间导数进行数值处理。为了避免这一问题,声压计算公式也可以写成

$$4\pi p'_T(\bm{x},t) = \frac{D}{Dt}\int_{-\infty}^{t}\int_{f=0} \frac{Q(\bm{y},\tau)}{R^*}\delta(t-\tau-R/c_0)\mathrm{d}S\mathrm{d}\tau \tag{4-27}$$

$$4\pi p'_L(\bm{x},t) = -\frac{\partial}{\partial x_i}\int_{-\infty}^{t}\int_{f=0} \frac{L_i(\bm{y},\tau)}{R^*}\delta(t-\tau-R/c_0)\mathrm{d}S\mathrm{d}\tau \tag{4-28}$$

方程(4-23)、方程(4-24)和方程(4-27)、方程(4-28)在数学上是等价的,但是物质导数和散度算子在方程(4-23)、方程(4-24)中对应的是相对于声源的时间和空间,而在方程(4-27)、方程(4-28)中对应的是相对于观测点的时间和空间。另外,可以将方程(4-28)中的空间导数转换为时间导数,如果声源强度随时间的变化情况已知,这一改进将十分有利于声压的数值计算。最后可以得到以下的适用于均匀流的声压计算公式:

$$4\pi p'_T(\bm{x},t) = \frac{\partial}{\partial t}\int_{f=0}\left[\frac{(1-M_{\infty R})Q(\bm{y},\tau)}{(1-M_R)R^*}\right]_{\mathrm{ret}}\mathrm{d}S - \int_{f=0}\left[\frac{c_0 M_{\infty R^*} Q(\bm{y},\tau)}{(1-M_R)R^{*2}}\right]_{\mathrm{ret}}\mathrm{d}S \tag{4-29}$$

$$4\pi p'_L(\bm{x},t) = \frac{1}{c_0}\frac{\partial}{\partial t}\int_{f=0}\left[\frac{L_R(\bm{y},\tau)}{(1-M_R)R^*}\right]_{\mathrm{ret}}\mathrm{d}S + \int_{f=0}\left[\frac{L_{R^*}(\bm{y},\tau)}{(1-M_R)R^{*2}}\right]_{\mathrm{ret}}\mathrm{d}S \tag{4-30}$$

其中:$[\ ]_{\mathrm{ret}}$ 表示方括号内的项在源辐射时刻 $\tau = t - R/c_0$ 进行计算;$L_R = L_j R_j$;$L_{R^*} = L_j R_j^*$;$M_R = M_j R_j$;$M_{R^*} = M_j R_j^*$。虽然方程(4-29)、方程(4-30)和方程(4-23)、方程(4-24)在数学上完全等价,但是利用方程(4-29)和方程(4-30)预测噪声的计算效率更高,因为它不需要

对空间导数进行数值处理。

特别地,当声源静止时,可以由方程(4-29)和方程(4-30)推得以下频域下的声压公式:

$$4\pi \tilde{p}'_T(\boldsymbol{x},\omega) = -\int_{f=0} \frac{ikc_0 \tilde{Q}(1-M_{\infty R})}{R^*} e^{ikR} dS - \int_{f=0} \frac{c_0 \tilde{Q} M_{\infty R^*}}{R^{*2}} e^{ikR} dS \quad (4\text{-}31)$$

$$4\pi \tilde{p}'_L(\boldsymbol{x},\omega) = -\int_{f=0} \frac{ik \tilde{L}_R}{R^*} e^{ikR} dS + \int_{f=0} \frac{\tilde{L}_{R^*}}{R^{*2}} e^{ikR} dS \quad (4\text{-}32)$$

需要强调,方程(4-27)~方程(4-32)不能过滤伪声源的声学作用,具体分析如下。将单极子和偶极子源分解为以下两项:

$$Q(\boldsymbol{y},\tau) = Q_e(\boldsymbol{y},\tau) + Q_s(\boldsymbol{y},\tau) \quad (4\text{-}33)$$

$$\boldsymbol{L}(\boldsymbol{y},\tau) = \boldsymbol{L}_e(\boldsymbol{y},\tau) + \boldsymbol{L}_s(\boldsymbol{y},\tau) \quad (4\text{-}34)$$

这里下标 e 和 s 分别表示等效声源和伪声源,伪声源表示为

$$Q_s = \rho_0 \boldsymbol{u}_v \cdot \boldsymbol{n} \quad (4\text{-}35)$$

$$\boldsymbol{L}_s = \rho_0 \boldsymbol{u}_v (U_{\infty n} - v_n) \quad (4\text{-}36)$$

则声压积分式(4-27)和式(4-28)可以表示为

$$4\pi p'_T(\boldsymbol{x},t) = \frac{D}{Dt} \int_{-\infty}^{t} \int_{f=0} \frac{Q_e(\boldsymbol{y},\tau)}{R^*} \delta(t-\tau-R/c_0) dS d\tau$$

$$+ \frac{D}{Dt} \int_{-\infty}^{t} \int_{f=0} \frac{Q_s(\boldsymbol{y},\tau)}{R^*} \delta(t-\tau-R/c_0) dS d\tau \quad (4\text{-}37)$$

$$4\pi p'_L(\boldsymbol{x},t) = -\frac{\partial}{\partial x_i} \int_{-\infty}^{t} \int_{f=0} \frac{L_{e,i}(\boldsymbol{y},\tau)}{R^*} \delta(t-\tau-R/c_0) dS d\tau$$

$$- \frac{\partial}{\partial x_i} \int_{-\infty}^{t} \int_{f=0} \frac{L_{s,i}(\boldsymbol{y},\tau)}{R^*} \delta(t-\tau-R/c_0) dS d\tau \quad (4\text{-}38)$$

上面两等式等号右边的第二项即为伪声源的作用。按照方程(4-29)和方程(4-30)的推导思路,可以得到以下的伪声压公式:

$$4\pi p'_{s,T}(\boldsymbol{x},t) = \frac{\partial}{\partial t} \int_{f=0} \left[\frac{(1-M_{\infty R}) Q_s(\boldsymbol{y},\tau)}{(1-M_R) R^*} \right]_{\text{ret}} dS - \int_{f=0} \left[\frac{c_0 M_{\infty R^*} Q_s(\boldsymbol{y},\tau)}{(1-M_R) R^{*2}} \right]_{\text{ret}} dS \quad (4\text{-}39)$$

$$4\pi p'_{s,L}(\boldsymbol{x},t) = \frac{1}{c_0} \frac{\partial}{\partial t} \int_{f=0} \left[\frac{L_{s,R}(\boldsymbol{y},\tau)}{(1-M_R) R^*} \right]_{\text{ret}} dS + \int_{f=0} \left[\frac{L_{s,R^*}(\boldsymbol{y},\tau)}{(1-M_R) R^{*2}} \right]_{\text{ret}} dS \quad (4\text{-}40)$$

由于上面两式中没有物质导数和散度项,所以无法过滤这些伪声源,这会导致声压计算结果受到伪声源的影响。

Kirchhoff 方法可以用于预测线性流动区域内的声传播问题。Ffowcs Williams 和 Hawkings 在他们著名的论文[10]第 326 页首次论述了 FW-H 方程和 Kirchhoff 公式之间的关系,他们推断,"可以建立这两个方程之间的等价关系,……这些问题之间唯一的区别就是流动噪声中附加的体声源分布"。随后,Farassat 和 Myers[84]利用文献[10]中介绍的广义函数方法推导出了适用于动表面的 Kirchhoff 积分公式的数学表达式。Lyrintzis 等人在文献[90,117-121]中介绍了 Kirchhoff 积分公式在气动声学预测中的应用。Brentner 和 Farassat[86]以及 Farassat[92]对 FW-H 方程和 Kirchhoff 公式进行了理论对比。一般认为 FW-H 方程比 Kirchhoff 公式在以下两个方面更具优势。

(1) FW-H 方程由非线性 Navier-Stokes 方程推导得到,而 Kirchhoff 公式由线性波动方

程推导得到。因此 FW-H 方程可以通过在非线性流动区域设置可渗透积分面求解,但 Kirchhoff 公式只能在线性流动区域内设置包络所有由非线性流动产生的声源的积分面求解。

(2) FW-H 方程的输入变量是当地的压力、密度和速度,这些可以通过非定常流动模拟直接得到,但 Kirchhoff 公式的输入变量包括了密度或压力,以及它们的空间导数,而处理空间导数项并非易事。

另一方面,在前述分析中已经提到,FW-H 方程的输入速度是造成 Farassat 公式存在伪噪声的关键来源。但可以看到,Kirchhoff 公式没有将涡流速度作为输入变量,因此,它可以自动过滤伪噪声。此外,先前介绍的有关 Kirchhoff 公式的研究[84,90,92,117-121]都只考虑了静态介质的情形。为了进一步考虑均匀背景流对声传播的影响,学者们研究推导了对流形式的 Kirchhoff 公式。例如,Gloerfelt 等[122]和 Serré 等[123]分别推导出了频域下 Kirchhoff 公式的二维对流形式。之后 Ghorbaniasl 等[124]给出了时域下 Kirchhoff 公式的三维对流形式,本书在此基础上进一步给出频域形式的三维对流波动方程。通过引入广义函数来描述均匀流中可任意移动的积分面,可以得到以下非齐次对流波动方程[124]:

$$\frac{D^2[H(f)p'(\boldsymbol{x},t)]}{Dt^2} - \nabla^2[H(f)p'(\boldsymbol{x},t)] = -\left[\frac{\partial p'}{\partial \boldsymbol{n}} + \frac{M_n - M_{\infty n}}{c_0}\frac{Dp'}{Dt}\right]\delta(f)$$
$$-\frac{1}{c_0}\frac{D}{Dt}[p'(M_n - M_{\infty n})\delta(f)] - \frac{\partial}{\partial x_j}[p'\hat{n}_j\delta(f)] \quad (4\text{-}41)$$

当积分面静止时,上面的方程可以简化为

$$\frac{D^2[H(f)p'(\boldsymbol{x},t)]}{Dt^2} - \nabla^2[H(f)p'(\boldsymbol{x},t)] = -\frac{\partial p'}{\partial \boldsymbol{n}}\delta(f) - \frac{\partial}{\partial x_j}[p'\hat{n}_j\delta(f)]$$
$$+ \frac{M_{\infty n}}{c_0}\left[\frac{Dp'}{Dt}\delta(f) + \frac{D[p'\delta(f)]}{Dt}\right] \quad (4\text{-}42)$$

于是可以得到波动方程的积分解

$$4\pi p'(\boldsymbol{x},t) = -\int_{-\infty}^{t}\int_{f=0}\frac{1}{R^*}\frac{\partial p'}{\partial \boldsymbol{n}}\delta(t-\tau-R/c_0)\mathrm{d}S\mathrm{d}\tau - \frac{\partial}{\partial x_j}\int_{-\infty}^{t}\int_{f=0}\frac{p'\hat{n}_j}{R^*}\delta(t-\tau-R/c_0)\mathrm{d}S\mathrm{d}\tau$$
$$+ \frac{M_{\infty n}}{c_0}\int_{-\infty}^{t}\int_{f=0}\frac{1}{R^*}\frac{Dp'}{Dt}\delta(t-\tau-R/c_0)\mathrm{d}S\mathrm{d}\tau$$
$$+ \frac{M_{\infty n}}{c_0}\frac{D}{Dt}\int_{-\infty}^{t}\int_{f=0}\frac{1}{R^*}p'\delta(t-\tau-R/c_0)\mathrm{d}S\mathrm{d}\tau \quad (4\text{-}43)$$

对上式进行傅里叶变换可以得到其频域下的表达式

$$4\pi\tilde{p}'(\boldsymbol{x},\omega) = -\int_{f=0}\frac{\partial \tilde{p}'}{\partial \boldsymbol{n}}\frac{\mathrm{e}^{\mathrm{i}kR}}{R^*}\mathrm{d}S - \frac{\partial}{\partial x_j}\int_{f=0}\tilde{p}'\hat{n}_j\frac{\mathrm{e}^{\mathrm{i}kR}}{R^*}\mathrm{d}S$$
$$+ M_{\infty n}\int_{f=0}\left(-\mathrm{i}k\tilde{p}' + M_{\infty j}\frac{\partial \tilde{p}'}{\partial x_j}\right)\frac{\mathrm{e}^{\mathrm{i}kR}}{R^*}\mathrm{d}S + M_{\infty n}\left(-\mathrm{i}k + M_{\infty j}\frac{\partial}{\partial x_j}\right)\int_{f=0}\tilde{p}'\frac{\mathrm{e}^{\mathrm{i}kR}}{R^*}\mathrm{d}S \quad (4\text{-}44)$$

经过若干的数学变化,方程(4-44)可以写为

$$4\pi\tilde{p}'(\boldsymbol{x},\omega) = -\int_{f=0}\left(\frac{\partial \tilde{p}'}{\partial \boldsymbol{n}} + \mathrm{i}k\tilde{p}'R_n\right)\frac{\mathrm{e}^{\mathrm{i}kR}}{R^*}\mathrm{d}S + \int_{f=0}\tilde{p}'R_n^*\frac{\mathrm{e}^{\mathrm{i}kR}}{R^{*2}}\mathrm{d}S$$
$$+ M_{\infty n}\left[\int_{f=0}(-2\mathrm{i}k\tilde{p}' + \mathrm{i}kM_{\infty R}\tilde{p}' + \boldsymbol{M}_\infty\cdot\nabla\tilde{p}')\frac{\mathrm{e}^{\mathrm{i}kR}}{R^*}\mathrm{d}S - \int_{f=0}\tilde{p}'M_{\infty R^*}\frac{\mathrm{e}^{\mathrm{i}kR}}{R^{*2}}\mathrm{d}S\right]$$
$$(4\text{-}45)$$

其中：$R_n = \hat{R}_j \hat{n}_j$；$R_n^* = \hat{R}_j^* \hat{n}_j$。方程(4-45)就是频域下 Kirchhoff 公式的三维对流形式。这里需要强调的是，该式的输入变量不包括任何的涡流分量，因此，它不存在伪声源问题。第 4.3.3 节将会给出详细的分析和算例验证。

4.3.3 数值测试

本节将给出具体的案例测试来验证第 4.3.2 节理论分析得到的结论。在第一个例子中，我们用 Farassat 公式 1A 和给出的频域下 Kirchhoff 积分公式来计算均匀流中静止单极子点源的声辐射，目的是验证在没有伪声源影响时这两种方法预测的效果。第二个例子是在均匀流中附加一个单频率涡波，如果忽略二阶扰动项的影响，此时的辐射声压应该是零。由这一特点可以利用 Farassat 公式 1A 和 Kirchhoff 公式的计算结果比较两者过滤伪噪声的能力。第三个例子用两个公式分别计算受涡扰动影响时单极子点源的声辐射，并深入分析影响声预测结果的重要参数。

1. 均匀流中的单极子点源

本小节用三种方法来计算均匀流中静止单极子点源的声辐射。单极子源、可渗透积分面和观察点位置示意图如图 4-3 所示，点源放置在坐标原点，点源强度定义为

$$\int_{f=0} Q \mathrm{d}S = Q_0 \cos(2\pi f \tau) \tag{4-46}$$

其中：Q_0 是声源强度的幅值，f 是声源脉动频率。用两个立方体包络单极子源，且每个立方体的六个面都可以看作是 Farassat 公式 1A 和 Kirchhoff 公式中的可渗透积分面。两个立方体的中心与点源重合，边长分别为 D 和 $D+\Delta D$。在 xy 平面、半径为 r 的圆周上布置 36 个等间距的观测点，圆周的圆心与点源重合。本算例所用参数如表 4-1 所示，其中 M_∞ 为均匀流的马赫数。

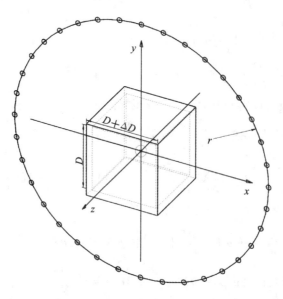

图 4-3 单极子源、可渗透积分面和观察点位置示意图

表 4-1 主要几何和工作参数

参数	Q_0	f	D	ΔD	r	M_∞
量值	0.01 kg/s	100 Hz	1 m	0.01 m	10 m	(0.8,0,0)

在上述定义的基础上计算单极子点源的声辐射。首先用方程(4-31)直接计算远场观测点的声压,下文将以此结果作为基准,然后用方程(4-31)和方程(4-47)分别计算边长为 D 的立方体六个面上的压力和速度。

$$4\pi\rho_0\ \widetilde{u}'_{Ti}(\bm{x},\omega)=-\int_{f=0}\frac{\mathrm{i}k\widetilde{Q}\hat{R}_i}{R^*}\mathrm{e}^{\mathrm{i}kR}\mathrm{d}S+\int_{f=0}\frac{\widetilde{Q}\hat{R}_i^*}{R^{*2}}\mathrm{e}^{\mathrm{i}kR}\mathrm{d}S \qquad (4\text{-}47)$$

方程(4-47)的推导将在本书第 6 章介绍。一旦知道了可渗透面上的压力和速度,如果忽略黏性应力就可以计算出方程(4-13)和方程(4-14)定义的单极子和偶极子源强度,然后就可以利用方程(4-31)和方程(4-32)分别计算六个面上单极子和偶极子源的辐射声压。最后利用改进的频域 Kirchhoff 积分公式来预测可渗透面上声源的辐射。由于方程(4-45)需要计算空间上的压力导数,方程(4-31)中两个立方体所有可渗透面上的压力都要用方程(4-31)进行计算。

图 4-4 给出了用三种方法计算所得声压的方向性特征并进行了比较。因为本案例中不存在伪声源,三个计算结果一致,这说明了使用 Farassat 公式 1A 和 Kirchhoff 积分公式计算具有很好的精度。

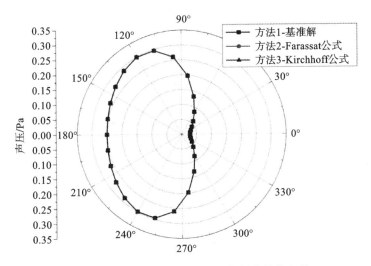

图 4-4 均匀背景流中单极子源辐射声的指向性

2. 均匀流中的涡扰动

本算例与 4.3.3.1 节比较类似,可渗透面以及观测点的设置均与上述案例相同,只是将均匀流中的声扰动换成了涡扰动。涡扰动的速度需同时满足下面的对流和无散度条件:

$$\frac{\partial \bm{u}'_v}{\partial t}+U_{\infty j}\frac{\partial \bm{u}'_v}{\partial x_j}=0 \qquad (4\text{-}48)$$

$$\nabla\cdot\bm{u}'_v=0 \qquad (4\text{-}49)$$

因此，涡速度分量可以定义为

$$u'_v = (-k_2, k_1, 0) \frac{\tilde{u}'_v}{\sqrt{k_1^2 + k_2^2}} e^{[ik_1(x_1 - U_\infty t) + ik_2 x_2]} \quad (4-50)$$

其中：$\tilde{u}'_v$ 是涡速度的幅值。在本例中，令 $\tilde{u}'_v = 0.01 \text{ m/s}$, $\boldsymbol{k} = (2,3,0)$，每个立方体可渗透面上的瞬时速度可以由方程(4-50)得到。这些涡扰动幅值很小，虽然满足线性扰动假设，但不足以激发压力扰动，因此不会产生声场。

本例用 Farassat 公式 1A 的对流形式和 Kirchhoff 积分公式计算涡扰动产生的噪声，但图 4-5 只给出 Farassat 公式的计算结果，这也是由涡流穿过可渗透积分面产生的伪噪声。此外，由于可渗透面上压力脉动的输入变量始终为零，因此由 Kirchhoff 公式计算的声压也始终为零。本案例验证结果表明：当可渗透面上的单极子和偶极子源受到涡扰动的影响时，用 Farassat 公式 1A 预测的结果并不准确，而用 Kirchhoff 积分公式不会受到涡扰动的影响。

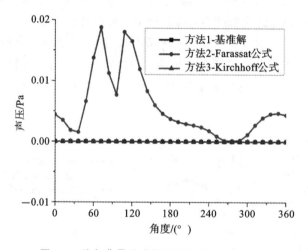

图 4-5 均匀背景流中涡扰动辐射声的指向性

3. 均匀流中的声-涡扰动

本例通过数值方法研究受声-涡扰动影响时声源的声辐射情况，目的是要探究两个无量纲参数对数值计算的影响，第一个是声-涡扰动的相对强度，由下式定义：

$$I = \frac{Q_0}{\rho_0 \tilde{u}'_v} \quad (4-51)$$

第二个是均匀流的马赫数。表 4-2 给出了四种工况对应的参数值，其他的声源、可渗透面和观测点参数均与前述算例相同。

表 4-2 四种工况对应的参数值

工况	1	2	3	4
I	1.0	1.0	10.0	10.0
M_∞	0.1	0.8	0.1	0.8

为了量化 M_∞ 和 I 对计算精度的影响，定义计算误差 ε 为

$$\varepsilon = \text{Max} \left| \frac{\tilde{p}'_N(\boldsymbol{x}) - \tilde{p}'_B(\boldsymbol{x})}{\tilde{p}'_B(\boldsymbol{x})} \right| \times 100\% \tag{4-52}$$

其中：$\tilde{p}'_B$ 是用第一种方法计算的基准结果；$\tilde{p}'_N$ 是用 Farassat 公式 1A 或 Kirchhoff 积分公式计算的声压。

图 4-6 给出了四种工况下辐射声的指向性特征，表 4-3 列出了 Farassat 公式 1A 和 Kirchhoff 公式的计算误差。可以看到，Kirchhoff 公式的计算结果和基准始终比较吻合，其误差不会超过 1.0%，可见该公式在预测可渗透面上辐射声压时，即使受到涡扰动影响，仍具有很强的鲁棒性。

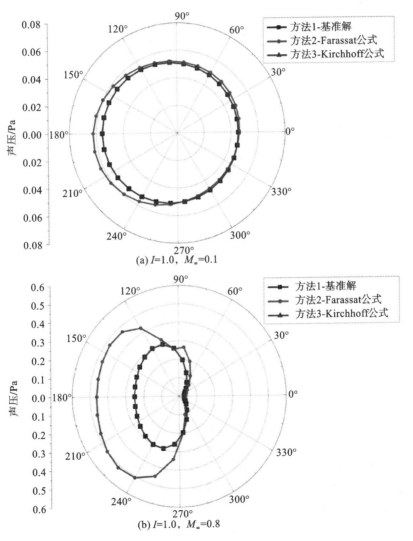

图 4-6　四种工况下辐射声的指向性特征

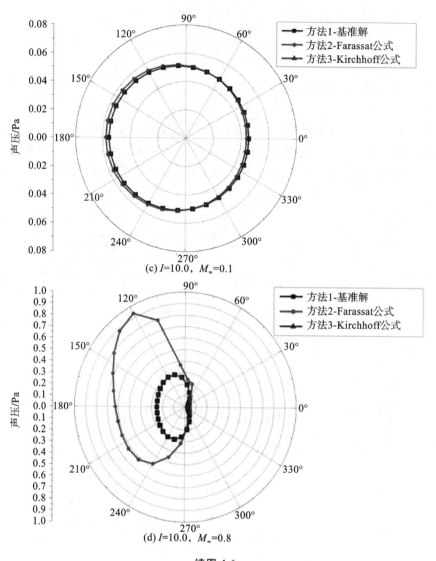

续图 4-6

表 4-3 两个公式的计算误差

公式	$I=1.0$ $M_\infty=0.1$	$I=1.0$ $M_\infty=0.8$	$I=10.0$ $M_\infty=0.1$	$I=10.0$ $M_\infty=0.8$
Farassat 公式 1A	13.0%	85.8%	4.2%	212.4%
Kirchhoff 公式	0.1%	1.0%	0.1%	1.0%

另一方面，Farassat 公式 1A 的结果误差始终要比 Kirchhoff 公式的更大，且其计算误差也与均匀流马赫数 M_∞ 和相对强度 I 有关。通过进一步比较可以发现，计算误差对马赫数很敏感。当 $M_\infty=0.1$ 和 $I=10.0$ 时，Farassat 公式 1A 的计算误差为 4.2%，此时涡扰动是声扰动的一阶小量；当 $M_\infty=0.8$ 和 $I=10.0$ 时，Farassat 公式的计算误差达到 212.4%。上述结果说明，Kirchhoff 公式消除伪噪声的能力要明显优于 Farassat 公式 1A，尤其在高马赫数时更加突出。

4.3.4 讨论

1. 消除伪噪声的方法

近年来,可渗透面的伪噪声辐射问题已经引起了气动声学研究人员的高度关注。一般认为计算域截断以及涡流穿过积分面是产生伪噪声的主要原因。因此,研究人员以此为出发点提出了许多方法来消除伪噪声,第4.1节已经给出了比较详细的综述。这些方法通常都是通过一些假设(如湍流冻结[95,112,113])来消除涡流分量的影响,如等效声源法[93,111]和空间平均技术[104-106,109]。

本书通过理论分析理清了两个方面的问题。一方面,伪噪声的确是涡流穿过可渗透积分面引起的,但是我们不能简单地过滤所有穿过积分面的涡流分量。第4.2节已经提到,与涡流速度有关的一阶扰动并不能引起声辐射,但是与涡流扰动有关的高阶项可以,因此,前面提到的一些方法过滤掉了穿过可渗透积分面的所有涡流扰动,这实际上也会过滤掉一些声源对声辐射的真实作用。另一方面,即使FW-H方程单极子和偶极子项因分别存在物质导数和梯度算子而采用可渗透积分面进行计算,它依然可以自动过滤伪噪声。需要强调的是,由于Farassat公式将空间导数换成了时间导数,所以它没有办法消除伪噪声。

此外,还需要强调的是,目前Kirchhoff积分公式不能完全代替Farassat公式,两者各有优劣。例如,要计算图4-7所示的翼型噪声,因为可渗透面S_1、S_2和S_3基本不受伪声源影响,所以可以用不含空间导数、计算效率更高的Farassat公式1A来预测流动噪声。但在S_4面上,为了避免受到伪噪声的影响,可以采用Kirchhoff积分公式计算声辐射。总体来说,目前的Kirchhoff积分公式在实际应用中还存在不足,因为在流动模拟的过程中通常不会采用压力空间导数,这不仅容易产生计算误差,还会增加计算成本。所以,在实际的工程应用中为了平衡计算精度和成本,需要综合Farassat和Kirchhoff的方法进行计算,这还需要进一步研究。

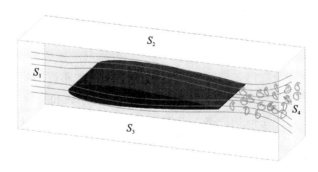

图4-7 流体与翼型干涉诱发声的示意图

2. 可渗透积分面的位置和分布

不管是声比拟理论,还是Kirchhoff方法,都借助可渗透积分面计算和预测流动噪声。业界一般认为,由于FW-H方程和Farassat公式的可渗透积分面可以设置在非线性流动区域,而Kirchhoff公式的可渗透积分面必须设置在线性区域,因此综合使用FW-H方程和Farassat 公式比使用 Kirchhoff 公式更好。

但即使使用声比拟理论，也需要慎重考虑可渗透积分面的位置。在高速度梯度的剪切流动中，涡、声扰动分量之间存在剧烈的能量交换[125,126]。因此，在设置积分面时建议不能有剪切流穿过，因为剪切流会严重影响声的产生和传播。一般建议将积分面设置在低速度梯度的流动区域内，如远离翼型尾缘和喷管出口的低速度梯度区[102]。实际上，从对流 FW-H 方程和对流 Kirchhoff 方程可以看出，应该将可渗透积分面设置在近均匀流区域，即线性流动区域。

从理论上来说，FW-H 方程求解只需要一个封闭可渗透积分面上的当地压力、速度和密度，但在解决伪噪声问题时通常需要多个积分面[104-106,109,127]。此外，不同方法所需的相邻积分面间距也是不同的。在假设湍流冻结的方法（如文献[93,127]）中，为了满足湍流冻结的假设，相邻积分面的间距要求比较小，而在使用空间/相平均技术的方法中，Shur 等[104]建议为了消除伪噪声，间距应当设置得较大一些，Sinayoko 等[94]建议间距要大于涡流的特征长度，但同时最大间距要满足声学紧凑条件。对于本书提出的改进 Kirchhoff 对流公式，计算远场声压需要提前知道积分面上的压力梯度。为了在计算压力梯度时尽量减少数值误差，相邻积分面的距离最好设置得小一些。

总的来说，经过上述讨论我们得到了选定可渗透积分面的结论。第一，对于对流 FW-H 方程和对流 Kirchhoff 方程，为了尽量减少计算误差，积分面需要设置在近似线性流动区域。第二，在处理伪噪声问题时通常需要设置多个积分面，而相邻积分面的间距选择取决于消除伪噪声方法的原则。对于本书给出的对流 Kirchhoff 公式，在计算压力梯度时建议选取较小的间距。

4.4 本章小结

本章首先介绍了可渗透边界 FW-H 方程和 Kirchoff 方程的推导过程，在此基础上分析了可渗透边界 FW-H 方程源项的物理含义及其优势和不足，进一步地，重点从理论和数值计算的角度分析了由涡流穿过可渗透积分面产生伪声源的问题，主要结论如下。

（1）相对于第 3 章介绍的不可渗透边界 FW-H 方程，可渗透边界 FW-H 方程和 Kirchoff 方程的优势在于减少或避免耗时的四极子源积分运算，从而减小流动噪声预测的计算成本。

（2）因为 FW-H 方程中的单极子和偶极子项存在物质导数和梯度算子，所以该方程能够自动过滤涡流穿过积分面产生的伪声源。但由于 Farassat 公式 1A 将 FW-H 方程中的空间导数替换成了时间导数，所以 Farassat 公式 1A 不具备自动过滤伪声源的能力。为了避免涡流穿过可渗透积分面时产生的伪声源，一些方法忽略了可渗透积分面上所有的涡扰动，但这也同时忽略掉一些真实物理声源的声学作用。

（3）用本章给出的频域对流 Kirchhoff 积分公式解决可渗透积分面上的伪声源问题，并通过数值研究验证了对流 Kirchhoff 积分公式的有效性。算例分析也表明伪声源的影响程度与来流马赫数密切相关。当马赫数较低时，声扰动和涡扰动幅值的阶数相同，Farassat 公式 1A 的计算结果和基准吻合较好。但当马赫数较大时，即使涡扰动幅值远小于声扰动，Farassat 公式的结果也远偏离基准结果。

（4）包括本书在内的所有方法都需要采用多个积分面来消除伪噪声。不管用哪种方法，为了减少涡、声能量交换，建议将积分面设置在速度梯度变化较小的区域。此外相邻积分面间距的选择取决于消除伪噪声的方法，对基于空间平均技术的方法，建议采取大间距；对基于湍流冻结以及本书所给的方法，建议采取小间距。

5 不可渗透弹性边界约束的声比拟理论

5.1 引　　言

第 3 章在介绍声比拟理论时使用 Heaviside 函数 $H(f)$ 来描述流固界面上物理量的不连续性,在此基础上推导出适用于整个流固区域的广义 Navier-Stokes 方程。但是 Heaviside 函数表明在 $f<0$ 的区域内物理量为常值,所以在此基础上推导得到的 FW-H 方程只能预测流体与不可渗透刚性介质干涉作用诱发的声波扰动,即在 $f<0$ 的刚性区域中没有声波传播。

气液两相流动的介质界面上仍然满足不可渗透条件,但是在界面两侧的弹性介质中声波都可以产生和传播。这样的声学现象广泛存在于自然界和工程应用领域,如雨水滴在水面形成的声波在水和空气中传播、含有气泡的水流中噪声的产生和传播等。工程中需要关注的是燃烧噪声问题。不同气体组分形成的非均质特征,如密度在界面上的不连续,也会影响噪声的产生和传播。

为了便于后文描述,将上述多相或多组分流体统称为非均质流体,即流体中存在密度不连续分布的特征。针对非均质流体辐射噪声的现象,学者们开展了相关的前期理论研究。Crighton 和 Ffowcs Williams(C-FW)对 Lighthill 声比拟理论加以推广,使用体积平均方法描述两相流的宏观特性来分析两相流产生的声波[13]。在所建立的 C-FW 方程中,分散相(如气泡)对连续相(如水)中声波的影响也可以用单极子源和偶极子源表示。但需要强调,与 FW-H 方程不同的是,C-FW 方程中的单极子源和偶极子源都是体源,而非面源。Howe[14] 提出了另一种理论公式,将比滞止焓(单位质量物质的滞止焓)作为声学变量,并将声源与涡量及熵的梯度相关联,他利用该式分析特定的多组分流(运动流体中热斑/熵斑)产生的声波,其中热斑边界上的压力连续,而密度不连续。结果表明,热斑可以等效为一个偶极子面源,且其强度与热斑界面两侧的密度差有关。但是,Howe 方程使用理想气体状态方程描述焓、压力和密度之间的关系,所以其连续相和分散相的介质均要求满足理想气体。Campos[128] 将 Howe 的方法进一步推广,研究了电离非均质性产生的声波。

FW-H 方程同样也能用于预测非均质流体产生的声波,此时不可渗透 FW-H 方程中单极子源和偶极子源的强度分别与相界面或组分界面上的质量流量和作用力有关。但是不可渗透 FW-H 方程仅适用于分析湍流与刚体表面干涉产生的声波,也就是说浸入流体中的离散相必须是刚性固体。另外,当所有的离散相都被可渗透边界完全包围时,可以使用可渗透边界的 FW-H 方程来预测非均质流体产生的声波,此时就不再需要考虑离散相是固体还是流体。

与不可渗透边界的 FW-H 方程相比,C-FW 方程和可渗透边界的 FW-H 方程对离散相的状态没有限制,因此,可以用它们来预测液固或气液两相流动产生的声波。但是,C-FW 方程所使用的体积平均方法只给出了宏观变量的信息,无法描述相界面或组分界面上的流动细节,可渗透边界的 FW-H 方程也无法解释流体中的离散相对声源的影响。因此，这两个方程不适宜用于分析相或组分界面上有关参数（如形状和速度等）对声辐射的影响。

由于像密度这样的物理量在相界面或组分界面两侧并不连续，因此，在流体力学中通常利用边界条件对相或组分界面进行建模。在 FW-H 方程中，使用 Heaviside 函数 $H(f)$ 来描述相界面或组分界面两侧的不连续性，其中 $f=0$ 表示界面（又称数据交换面）[53,54]。利用 Heaviside 函数可以推导出在整个流固区域都成立的连续方程和动量方程。但不管是可渗透还是不可渗透的 FW-H 方程，因为要使用 Heaviside 函数就必须使得数据交换面内的物理量为常值，所以它们都只能处理弹性介质及其与刚性介质作用产生的声波，也就是说使用 FW-H 方程的前提就是假设 $f<0$ 面内没有声扰动。对于气液两相流动而言，相界面两侧的介质都是弹性的，且声波在两介质中同时产生和传播。很显然，我们需要采用新的广义函数代替 FW-H 中的 Heaviside 函数来描述相/组分界面上的不连续特征，在此基础上分析界面两侧的声场变化。

本章研究的目的是给出不可渗透弹性边界约束的声比拟理论，分析弹性边界两侧声产生和传播的特征。本章针对 FW-H 方程进行了拓展改进，从而可以用于预测具有弹性边界约束的流体运动产生的声波。与 C-FW 方程相比，改进的波动方程给出了一个计算效率更高的数学方法来预测声传播，同时也给出了一种更清晰的方法来解释多相/多组分流中声产生和传播的物理机制。

本章后续的主要内容如下。第 5.2 节介绍了 C-FW 方程的推导并开展了相关的分析。第 5.3 节中借鉴 FW-H 方程的推导思路，但是不采用相/组分界面一侧介质为刚体的假设，推导出了适用于弹性边界约束的广义连续性方程、动量方程及其对应的波动方程。第 5.4 节在弹性边界约束波动方程的基础上，进一步分析了固体表面和均匀流动及多相/多组分流动对声产生和传播的影响。第 5.5 节利用所建立的方程计算了水中气泡扰动产生的声波，同时分析了影响声功率的参数。第 5.6 节对本章内容进行简要总结。

5.2 预测多相/多组分流动噪声的 C-FW 和 Howe 方程

5.2.1 C-FW 方程的推导与分析

Ffowcs Williams 和 Hawkings 在 1969 年 5 月建立了 FW-H 方程[10]，在此之前的 1968 年 11 月，Crighton 和 Ffowcs Williams[13] 在 Lighthill 声比拟理论的基础上，使用体积平均方法描述多相/多组分流动的宏观特性及其伴随产生的声扰动特征。时至今日，体积平均方法依然被广泛应用于多相/多组分流动和多孔介质流动的研究分析中。

为了便于后文的描述，假设流体为两相流动，用 $\breve{\rho}$ 和 $\hat{\rho}$ 分别表示连续相和离散相密度，两相流体的等效密度可表示为

$$\rho = \beta\breve{\rho} + (1-\beta)\hat{\rho} \tag{5-1}$$

其中：β 和 $1-\beta$ 分别是离散相和连续相的体积浓度系数。在此定义的基础上，连续相的连续方程可以表示为

$$\frac{\partial[(1-\beta)\hat{\rho}]}{\partial t} + \frac{\partial[(1-\beta)\hat{\rho}\hat{u}_i]}{\partial x_i} = 0 \tag{5-2}$$

需要说明,β 是时间和空间的函数。因此,连续方程(5-2)可以表示为

$$(1-\beta)\left[\frac{\partial \hat{\rho}}{\partial t} + \frac{\partial(\hat{\rho}\hat{u}_i)}{\partial x_i}\right] + \hat{\rho}\left[\frac{\partial(1-\beta)}{\partial t} + \hat{u}_i\frac{\partial(1-\beta)}{\partial x_i}\right] = 0 \tag{5-3}$$

进一步可以得到

$$\frac{\partial \hat{\rho}}{\partial t} + \frac{\partial(\hat{\rho}\hat{u}_i)}{\partial x_i} = Q \tag{5-4}$$

其中

$$Q = -\hat{\rho}\left(\frac{\partial}{\partial t} + \hat{u}_j\frac{\partial}{\partial x_j}\right)\ln(1-\beta) \tag{5-5}$$

类似地,连续相的动量方程可以写为

$$\frac{\partial(\hat{\rho}\hat{u}_i)}{\partial t} + \frac{\partial[(1-\beta)\hat{\rho}\hat{u}_i\hat{u}_j + \hat{p}\delta_{ij} - \hat{e}_{ij}]}{\partial x_j} = L_i \tag{5-6}$$

其中

$$L_i = F_i + \frac{\partial(\beta\hat{\rho}\hat{u}_i)}{\partial t} \tag{5-7}$$

此处 F_i 表示相界面间的作用力在第 i 个方向的分量。在方程(5-4)和方程(5-6)的基础上,沿用 Lighthill 波动方程的推导方法,即可得到以下形式的 C-FW 方程:

$$\frac{\partial^2 \hat{\rho}}{\partial t^2} - \hat{c}_0^2 \nabla^2 \hat{\rho} = \frac{\partial Q}{\partial t} - \frac{\partial L_i}{\partial x_i} + \frac{\partial^2 T_{ij}}{\partial x_i \partial x_j} \tag{5-8}$$

其中

$$T_{ij} = (1-\beta)\hat{\rho}\hat{u}_i\hat{u}_j + (\hat{p} - \hat{\rho}\hat{c}_0^2)\delta_{ij} - \hat{e}_{ij} \tag{5-9}$$

对 C-FW 方程分析,可以得到以下结论。

(1) 方程(5-9)给出了方程(5-8)中的四极子源 T_{ij} 的具体表达式,它与 Lighthill 波动方程中的四极子源项(方程(2-7))十分相似,但又有细微的区别。方程(5-9)表示的是连续相对辐射声波的作用,并没有直接体现离散相对辐射声波的作用。

(2) 方程(5-5)的单极子源 Q 和方程(5-7)的偶极子源 L_i 都表示流体中存在的离散相形成的等效声源对声辐射的影响。其中,采用体积浓度 β 表征离散相对声产生和传播的影响。第 3 章中已经证明,在低马赫数流动中,紧凑单极子源和偶极子源的声辐射效率远高于紧凑四极子源,因此,C-FW 方程的重要价值在于揭示了均质流体中掺入了其他相/组分的介质时会形成高辐射效率的等效单极子源和偶极子源,从而使得辐射的噪声声功率增强。相关的分析也可以参见 Morfey 在文献[129]中的分析。

(3) 波动方程(5-8)中的单极子和偶极子源都属于体积源,而 FW-H 方程中的单极子和偶极子源属于面源。流体域中的体积源数量通常远大于面源数量,因此,C-FW 方程的计算求解通常需要消耗更多的计算成本。

(4) 在 C-FW 方程的推导过程中并没有对离散相的特征进行约束,因此,离散相可以是固态、气态、液态任何一种形式。特别地,当离散相为固态时,如流体中含有固体颗粒时,C-FW 方程应该与 FW-H 方程等价,但关于这方面的研究目前还没有证实。

(5) C-FW 方程采用体积浓度 β 构建等效流体模型来表征多相/多组分流体,但是这样的

等效流体模型无法描述每个相/组分中的真实流动,因此也就无法分析相/组分界面几何形状的变化对声辐射的影响。此外,C-FW 方程的偶极子源项(方程(5-7))中包括相/组分界面间的作用力项,但采用体积平均方法描述多相/多组分流实际上很难计算相界面间的作用力。

5.2.2 Howe 方程推导与分析

从 Crocco 方程和连续性方程出发,Howe[14]推导出以下形式的波动方程来描述运动流体中存在涡量和熵梯度时产生的声波:

$$\left\{\frac{d}{dt}\left(\frac{1}{c^2}\frac{d}{dt}\right)+\frac{1}{c^2}\frac{d\boldsymbol{u}}{dt}\cdot\boldsymbol{\nabla}-\boldsymbol{\nabla}^2\right\}B = \boldsymbol{\nabla}\cdot(\boldsymbol{\omega}\times\boldsymbol{u}-T\boldsymbol{\nabla}S)-\frac{1}{c^2}\frac{d\boldsymbol{u}}{dt}\cdot(\boldsymbol{\omega}\times\boldsymbol{u}-T\boldsymbol{\nabla}S) \quad (5\text{-}10)$$

其中:B 为比滞止焓;$\boldsymbol{\omega}$ 为涡量;T 为温度;c 为当地声速;S 为熵值。方程(5-10)左端采用对流波动算子来考虑运动背景流对声传播的影响,关于对流波动算子的介绍见第 7 章。对于低马赫数的均匀无旋背景流动,方程(5-10)可以简化为

$$\left(\frac{1}{c^2}\frac{d^2}{dt^2}-\boldsymbol{\nabla}^2\right)B = \boldsymbol{\nabla}\cdot(\boldsymbol{\omega}\times\boldsymbol{u}-T\boldsymbol{\nabla}S) \quad (5\text{-}11)$$

假设热斑两侧均为理想气体,且热斑两侧密度不连续而压力是连续的,可以得到以下形式的波动方程:

$$\left(\frac{1}{c_0^2}\frac{d^2}{dt^2}-\boldsymbol{\nabla}^2\right)B = \boldsymbol{\nabla}\cdot(\boldsymbol{\omega}\times\boldsymbol{u})-\boldsymbol{\nabla}\cdot\left[\frac{\Delta\rho}{\hat{\rho}\check{\rho}}\frac{\gamma p}{\gamma-1}\boldsymbol{n}\delta(f)\right] \quad (5\text{-}12)$$

其中:$\Delta\rho=\hat{\rho}-\check{\rho}$,为面 $f(\boldsymbol{x},t)=0$ 两侧的密度差;γ 为比热比。方程(5-12)等号右边的两项均为偶极子源,其中第一项是体源,第二项是面源。在低马赫数流中,体偶极子源对声场的作用与 Lighthill 波动方程中的四极子源相当,而面偶极子源的强度与面 $f(\boldsymbol{x},t)=0$ 两侧的密度差有关。与 FW-H 方程相比,Howe 方程不含单极子源,因此忽略了热斑运动速度对声源强度的影响。还需要注意的是,方程(5-12)只适用于理想气体的情形。

5.3 不可渗透弹性边界约束波动方程的推导与分析

5.3.1 波动方程的推导

FW-H 方程用 Heaviside 函数表示 $f=0$ 界面上密度及其扰动的不连续性,在 $f<0$ 区域中的介质为刚体,且没有密度等物理量的扰动,声扰动仅存在于 $f>0$ 的区域。为了考虑界面上物理量的不连续性以及界面两侧所有物理量的扰动,这里给出一个新的广义函数 $M(\cdot)$ 来描述任意物理量 ϕ 在整个弹性介质区域的分布:

$$M(f)\phi = \begin{cases} \hat{\phi}, & f>0 \\ \check{\phi}, & f<0 \end{cases} \quad (5\text{-}13)$$

其中:上标^和˘分别表示 $f>0$ 和 $f<0$ 区域的物理量。式(5-13)还可以等效表示为

$$M(f)\phi = \check{\phi}+H(f)(\hat{\phi}-\check{\phi}) \quad (5\text{-}14)$$

特别地,如果 $f<0$ 区域的介质为刚体,即 $\check{\phi}=0$,则函数 $M(\cdot)$ 退化为 Heaviside 函数。实际上,Ffowcs Williams 在研究喷流噪声时采用了类似的数学方法处理高速喷流与环境流体界面上的不连续特征[130,131]。基于上述定义,物理量 ϕ 的空间和时间导数就可以写为

$$\frac{\partial [M(f)\phi]}{\partial x_i} = \frac{\partial \check{\phi}}{\partial x_i} + H(f)\frac{\partial (\Delta \phi)}{\partial x_i} + \Delta \phi n_i \delta(f) \tag{5-15}$$

$$\frac{\partial [M(f)\phi]}{\partial t} = \frac{\partial \check{\phi}}{\partial t} + H(f)\frac{\partial (\Delta \phi)}{\partial t} - \Delta \phi v_n \delta(f) \tag{5-16}$$

其中:$\Delta \phi = \hat{\phi} - \check{\phi}$ 表示参数 ϕ 在两种介质中的差值;v_n 表示界面 $f=0$ 运动速度的法向分量。

基于上述定义的广义函数 $M(f)$ 可以得到以下表示形式:

$$\frac{\partial [M(f)(\rho-\rho_0)]}{\partial t} = \frac{\partial (\check{\rho}-\check{\rho}_0)}{\partial t} + H(f)\frac{\partial (\Delta \rho')}{\partial t} - \Delta \rho' v_n \delta(f) \tag{5-17}$$

$$\frac{\partial [M(f)\rho u_j]}{\partial x_j} = \frac{\partial (\check{\rho}\check{u}_j)}{\partial x_j} + H(f)\frac{\partial (\hat{\rho}\hat{u}_j - \check{\rho}\check{u}_j)}{\partial x_j} + (\hat{\rho}\hat{u}_n - \check{\rho}\check{u}_n)\delta(f) \tag{5-18}$$

其中:$\Delta \rho' = \hat{\rho}' - \check{\rho}'$;$\hat{\rho}' = \hat{\rho} - \hat{\rho}_0$;$\check{\rho}' = \check{\rho} - \check{\rho}_0$。$\hat{\rho}_0$ 和 $\check{\rho}_0$ 分别是 $f>0$ 和 $f<0$ 区域中未受扰动的流体密度。式(5-17)和式(5-18)相加即可得到广义连续性方程

$$\frac{\partial [M(f)(\rho-\rho_0)]}{\partial t} + \frac{\partial [M(f)\rho u_j]}{\partial x_j} = \Delta Q \delta(f) \tag{5-19}$$

其中

$$\Delta Q = \underbrace{\hat{\rho}\hat{u}_n - \hat{\rho}' v_n}_{\hat{Q}} - \underbrace{(\check{\rho}\check{u}_n - \check{\rho}' v_n)}_{\check{Q}} \tag{5-20}$$

类似地,利用下列表达式

$$\frac{\partial [M(f)\rho u_i]}{\partial t} = \frac{\partial (\check{\rho}\check{u}_i)}{\partial t} + H(f)\frac{\partial (\hat{\rho}\hat{u}_i - \check{\rho}\check{u}_i)}{\partial t} - (\hat{\rho}\hat{u}_i - \check{\rho}\check{u}_i) v_n \delta(f) \tag{5-21}$$

$$\frac{\partial [M(f)(\rho u_i u_j + p\delta_{ij} - \sigma_{ij})]}{\partial x_j} = \frac{\partial (\check{\rho}\check{u}_i\check{u}_j + \check{p}\delta_{ij} - \check{\sigma}_{ij})}{\partial x_j}$$
$$+ H(f)\frac{\partial (\hat{\rho}\hat{u}_i\hat{u}_j + \hat{p}\delta_{ij} - \hat{\sigma}_{ij} - \check{\rho}\check{u}_i\check{u}_j - \check{p}\delta_{ij} + \check{\sigma}_{ij})}{\partial x_j}$$
$$+ (\hat{\rho}\hat{u}_i\hat{u}_j + \hat{p}\delta_{ij} - \hat{\sigma}_{ij} - \check{\rho}\check{u}_i\check{u}_j - \check{p}\delta_{ij} + \check{\sigma}_{ij})n_j\delta(f) \tag{5-22}$$

可以得到广义动量方程

$$\frac{\partial [M(f)\rho u_i]}{\partial t} + \frac{\partial [M(f)(\rho u_i u_j + p\delta_{ij} - \sigma_{ij})]}{\partial x_j} = \Delta L_i \delta(f) \tag{5-23}$$

其中

$$\Delta L_i = \underbrace{(\hat{p}\delta_{ij} - \hat{\sigma}_{ij})n_j + \hat{\rho}\hat{u}_i(\hat{u}_n - v_n)}_{\hat{L}_i} - \underbrace{((\check{p}\delta_{ij} - \check{\sigma}_{ij})n_j + \check{\rho}\check{u}_i(\check{u}_n - v_n))}_{\check{L}_i} \tag{5-24}$$

不同流体介质界面上的速度满足不可渗透边界条件,因此,有以下关系式:

$$\hat{u}_n = \check{u}_n = v_n \tag{5-25}$$

此时,方程(5-20)和方程(5-24)可以简化为

$$\Delta Q = (\hat{\rho}_0 - \check{\rho}_0) v_n = \Delta \rho_0 v_n \tag{5-26}$$

$$\Delta L_i = (\hat{p}\delta_{ij} - \hat{\sigma}_{ij})n_j - (\check{p}\delta_{ij} - \check{\sigma}_{ij})n_j \tag{5-27}$$

由 Young-Laplace 方程可知,不同流体介质界面两侧的静压差与界面张力成正比,因而偶极子源主要来源于界面张力的扰动。

借鉴 FW-H 方程的推导思路,分别对方程(5-19)和方程(5-23)进行时间和空间求导,可以得到以下方程

$$\frac{\partial^2 [M(f)\rho']}{\partial t^2} + \frac{\partial^2 [M(f)\rho u_j]}{\partial t \partial x_j} = \frac{\partial [\Delta Q \delta(f)]}{\partial t} \tag{5-28}$$

$$\frac{\partial^2 [M(f)\rho u_i]}{\partial t \partial x_i} + \frac{\partial^2 [M(f)(\rho u_i u_j + p\delta_{ij} - \sigma_{ij})]}{\partial x_i \partial x_j} = \frac{\partial [\Delta L_i \delta(f)]}{\partial x_i} \tag{5-29}$$

两式相减得到

$$\frac{\partial^2 [M(f)\rho']}{\partial t^2} = \frac{\partial [\Delta Q \delta(f)]}{\partial t} - \frac{\partial [\Delta L_i \delta(f)]}{\partial x_i} + \frac{\partial^2 [M(f)(\rho u_i u_j + p\delta_{ij} - \sigma_{ij})]}{\partial x_i \partial x_j} \tag{5-30}$$

方程(5-30)左右两端同时减去恒等式

$$\nabla^2 [M(f)\rho' c_0^2] = \frac{\partial^2 [M(f)\rho' c_0^2]}{\partial x_i \partial x_j} \delta_{ij} \tag{5-31}$$

不同介质中的音速往往不同,因此,方程(5-31)实际上等价于

$$M(f)\rho' c_0^2 = \begin{cases} \hat{\rho}' \hat{c}_0^2, & f > 0 \\ \check{\rho}' \check{c}_0^2, & f < 0 \end{cases} \tag{5-32}$$

最终得到以下形式的非齐次波动方程:

$$\frac{\partial^2 [M(f)\rho']}{\partial t^2} - \nabla^2 [M(f)\rho' c_0^2] = \frac{\partial^2 [M(f)T_{ij}]}{\partial x_i \partial x_j} - \frac{\partial [\Delta L_i \delta(f)]}{\partial x_i} + \frac{\partial [\Delta Q \delta(f)]}{\partial t} \tag{5-33}$$

其中

$$T_{ij} = \rho u_i u_j + (p - \rho' c_0^2)\delta_{ij} - \sigma_{ij} \tag{5-34}$$

与 FW-H 方程类似,波动方程(5-33)也是由广义连续性方程和动量方程进行数学变换后得到的,方程右端的三项分别是四极子、偶极子和单极子源,且单极子和偶极子源仅存在于 $f=0$ 的界面上。不同的是,广义函数 $M(f)$ 表明四极子源同时存在于界面两侧的流体区域中,即界面两侧的流体扰动都能够产生声波。类似地,方程左端的波动算子中也包含广义函数 $M(f)$,其表明声波在界面的两侧都可以传播。此外,相对于5.2节推导得到的 C-FW 方程,波动方程(5-33)可以考虑具体的界面形状对两侧流体中声产生和传播的影响,其中的单极子和偶极子源不再仅仅描述界面对声波的反射现象,也包括界面上发生的声波透射现象。

利用广义函数 $M(f)$ 的性质,波动方程(5-33)可以写为

$$\begin{cases} \dfrac{\partial^2 [H(f)\hat{\rho}']}{\partial t^2} - \hat{c}_0^2 \nabla^2 [H(f)\hat{\rho}'] = \dfrac{\partial [\Delta Q \delta(f)]}{\partial t} - \dfrac{\partial [\Delta L_i \delta(f)]}{\partial x_i} + \dfrac{\partial^2 [H(f)T_{ij}]}{\partial x_i \partial x_j}, x \in f > 0 \\ \dfrac{\partial^2 [H(-f)\check{\rho}']}{\partial t^2} - \check{c}_0^2 \nabla^2 [H(-f)\check{\rho}'] = \dfrac{\partial [\Delta Q \delta(f)]}{\partial t} - \dfrac{\partial [\Delta L_i \delta(f)]}{\partial x_i} + \dfrac{\partial^2 [H(-f)T_{ij}]}{\partial x_i \partial x_j}, x \in f < 0 \end{cases} \tag{5-35}$$

无论是 $f>0$ 还是 $f<0$ 的区域,界面 $f=0$ 上的单极子和偶极子源都能同时向两个区域辐射声波,但只有同一区域的四极子源会直接向本区域辐射声波。上述特征与 FW-H 方程很类似,所以方程(5-35)也可以采用经典声学中的 Green 函数积分方法进行求解。

由于不同介质中的音速往往不同,因此利用广义函数 $M(f)$ 可以将三维自由空间下的时域 Green 函数表示为

$$g(\boldsymbol{x},\boldsymbol{y},t-\tau) = \begin{cases} \dfrac{\delta(t-\tau-|\boldsymbol{x}-\boldsymbol{y}|/\hat{c}_0)}{4\pi|\boldsymbol{x}-\boldsymbol{y}|}, \boldsymbol{x} \in f>0 \\ \dfrac{\delta(t-\tau-|\boldsymbol{x}-\boldsymbol{y}|/\check{c}_0)}{4\pi|\boldsymbol{x}-\boldsymbol{y}|}, \boldsymbol{x} \in f<0 \end{cases} = \dfrac{\delta[t-\tau-|\boldsymbol{x}-\boldsymbol{y}|/(M(f)c_0)]}{4\pi|\boldsymbol{x}-\boldsymbol{y}|}$$

(5-36)

因此，波动方程(5-35)的积分解为

$$M(f)[\rho'(\boldsymbol{x},t)c_0^2] = \frac{\partial}{\partial t}\iint_{f=0}\int_{-\infty}^{+\infty}\Delta Q g\,\mathrm{d}S\mathrm{d}\tau - \frac{\partial}{\partial x_i}\iint_{f=0}\int_{-\infty}^{+\infty}\Delta L_i g\,\mathrm{d}S\mathrm{d}\tau + \frac{\partial^2}{\partial x_i \partial x_j}\iint_{f\neq 0}\int_{-\infty}^{+\infty}M(f)T_{ij}g\,\mathrm{d}\boldsymbol{y}\mathrm{d}\tau$$

(5-37)

5.3.2 不同波动方程的对比分析与讨论

本节开展以下三个方面的分析与讨论。

(1) 波动方程(5-33)与 Lighthill 方程和 FW-H 波动方程的对比分析。

当 $f<0$ 区域的介质为刚体时，参数 $\check{\phi}$ 值为 0，且函数 $M(f)$ 退化为函数 $H(f)$，此时方程 (5-33)就退化为 FW-H 方程(3-27)。特别地，当界面 $f=0$ 两侧的物理量连续，即 $\phi=\hat{\phi}=\check{\phi}$ 时，单极子和偶极子源就不再存在，而波动方程(5-33)也就退化成了 Lighthill 方程。因此，Lighthill 方程和 FW-H 方程都是波动方程(5-33)的特殊形式。

(2) 波动方程(5-33)与 C-FW 和 FW-H 方程的源项对比分析。

上述三个方程均包含四极子、偶极子和单极子源三种等效声源，其中四极子源表示流体运动形成的等效声源，偶极子和单极子源表示流体非均质特征，即弹性边界条件约束，形成等效声源。但是，上述方程中的三种类型声源均具有不同的具体特征。

FW-H 方程的四极子源项只存在于 $f>0$ 的区域，C-FW 方程中的四极子源项也只存在于连续相的流体中，但是波动方程(5-33)的四极子源项同时存在于 $f>0$ 和 $f<0$ 的区域。C-FW 方程中的偶极子和单极子源均是位于连续相(实际上也是 $f>0$ 区域)中的体积源，它不能描述界面的具体特征，如形状和运动速度对声产生和传播的影响。FW-H 方程和波动方程 (5-33)中的偶极子和单极子源均是位于界面 $f=0$ 上的等效声源，其中，FW-H 方程的单极子和偶极子源表示不可渗透刚性边界运动和全反射对声辐射的影响，方程(5-33)中的单极子和偶极子源表示不可渗透弹性边界运动以及界面上的声透射、反射对声辐射的影响。波动方程的源项对比分析如表 5-1 所示。

表 5-1 波动方程的源项对比分析

波动方程	四极子源	单极子和偶极子源
C-FW 方程	$f>0$ 区域体声源	$f>0$ 区域体声源，表示不同组分体积浓度和相互作用力对声辐射的影响
FW-H 方程	$f>0$ 区域体声源	$f=0$ 区域面声源，表示声波在界面上发生全反射
波动方程(5-33)	$f>0$ 和 $f<0$ 区域体声源	$f=0$ 区域面声源，表示声波在界面上发生反射和透射

不可渗透边界的 FW-H 方程分析的是流体与不可渗透刚性边界作用诱发的声扰动现象，因此，将不可渗透边界的 FW-H 方程应用于开展多相流噪声预测时要求离散相为刚性固体。波动方程(5-33)分析流体与不可渗透弹性边界作用诱发的声扰动现象，因此，将波动方程(5-33)应用于开展多相流噪声预测时要求离散相为可压缩的气体或液体。C-FW 方程和可渗透边界 FW-H 方程对离散相没有明确的要求，因此，可以适用于任意类型的多相流噪声预测。

此外，虽然 C-FW 方程和可渗透边界的 FW-H 方程可以适用于任意类型的多相流噪声预测，但是 C-FW 方程的四极子、偶极子和单极子源都是体声源，因此，它所需要的计算成本都大于其他类型的波动方程。可渗透边界的 FW-H 方程可以通过合理地选取虚拟可渗透边界的位置，从而有效降低四极子体声源的计算量，因此，它所需要的计算成本通常都小于其他类型的波动方程。

（3）波动方程(5-33)与 FW-H 方程流动和扰动区域的讨论。

前面提到的所有方程都能够用于分析 $f>0$ 区域的声波传播，因此，此处只比较 FW-H 方程和波动方程(5-33)对界面内侧和界面穿透性的特征描述。很显然，对所有的波动方程而言，不可渗透边界意味着流体不能穿透这些界面。不同的是，对于 FW-H 方程，$f<0$ 区域是没有流体流动的，且不会有声波通过界面 $f=0$；而对于波动方程(5-33)，$f<0$ 区域是存在流动和声辐射的，且声波会通过界面 $f=0$。因此，上述的对比分析如表 5-2 所示。

表 5-2 FW-H 方程与波动方程(5-33)在 $f<0$ 区域和 $f=0$ 界面的流动和声扰动特征

对比项	FW-H 方程	波动方程(5-33)
$f<0$ 区域流动	无	有
穿透 $f=0$ 界面的流动	无	无
$f<0$ 区域声扰动	无	有
穿透 $f=0$ 界面的声扰动	无	有

5.4 气、液、固三相介质作用的声比拟理论

FW-H 方程描述的是流体与固体作用形成的声产生和传播，而波动方程(5-33)描述的是不同流体相互作用形成的声产生和传播。实际的工程问题中往往存在气、液、固三相相互耦合作用的特征。因此，本节基于上述背景，建立气、液、固三相介质作用的声比拟理论，在推导过程中仍采用固体满足刚体假设。

此处定义不同流体间的界面为 $f=0$，流体与固体的界面为 $f^s=0$，因此满足下列关系式：

$$\partial f^s/\partial x_i = n_i^s, \partial f/\partial x_i = n_i \tag{5-38}$$

$$\partial f^s/\partial t = -v_n^s, \partial f/\partial t = -v_n \tag{5-39}$$

其中：$\boldsymbol{n}^s$ 和 $\boldsymbol{n}$ 分别是流固界面 $f^s=0$ 和不同流体界面 $f=0$ 上的单位法向矢量；v_n^s 和 v_n 分别是流固界面和不同流体界面上的法向速度。用 Heaviside 函数和方程(5-13)定义的 M 函数分别描述界面 $f^s=0$ 和 $f=0$ 上的密度不连续性。

利用上述广义函数的特征，可以得到以下两个方程：

$$\frac{\partial [M(f)H(f^s)(\rho-\rho_0)]}{\partial t} = H(f^s)\left[\frac{\partial \breve{\rho}'}{\partial t} + H(f)\frac{\partial (\hat{\rho}'-\breve{\rho}')}{\partial t} - (\hat{\rho}'-\breve{\rho}')\delta(f)v_n\right]$$
$$- M(f)\delta(f^s)(\rho-\rho_0)v_n^s \tag{5-40}$$

$$\frac{\partial [M(f)H(f^s)\rho u_j]}{\partial x_j} = H(f^s)\left[\frac{\partial (\breve{\rho}\breve{u}_j)}{\partial x_j} + H(f)\frac{\partial (\hat{\rho}\hat{u}_j - \breve{\rho}\breve{u}_j)}{\partial x_j} + (\hat{\rho}\hat{u}_j - \breve{\rho}\breve{u}_j)\delta(f)\right]$$
$$+ M(f)\delta(f^s)\rho u_n \tag{5-41}$$

将上面两式相加就可以得到广义的连续性方程

$$\frac{\partial [M(f)H(f^s)(\rho-\rho_0)]}{\partial t} + \frac{\partial [M(f)H(f^s)\rho u_j]}{\partial x_j} = H(f^s)\delta(f)\Delta Q + M(f)\delta(f^s)Q^s \tag{5-42}$$

其中：ΔQ 的表达式如方程(5-20)所示，Q^s 的表达式为

$$Q^s = \rho_0 v_n^s + \rho(u_n - v_n^s) \tag{5-43}$$

此外，还可以得到以下表达式

$$\frac{\partial [M(f)H(f^s)\rho u_i]}{\partial t} = H(f^s)\left[\frac{\partial (\breve{\rho}\breve{u}_i)}{\partial t} + H(f)\frac{\partial (\hat{\rho}\hat{u}_i - \breve{\rho}\breve{u}_i)}{\partial t} - (\hat{\rho}\hat{u}_i - \breve{\rho}\breve{u}_i)v_n\delta(f)\right]$$
$$- M(f)\delta(f^s)v_n^s\rho u_i \tag{5-44}$$

$$\frac{\partial [M(f)H(f^s)(\rho u_i u_j + p\delta_{ij} - \sigma_{ij})]}{\partial x_j} = H(f^s)\frac{\partial (\breve{\rho}\breve{u}_i\breve{u}_j + \breve{p}\delta_{ij} - \breve{\sigma}_{ij})}{\partial x_j}$$
$$+ H(f^s)H(f)\frac{\partial (\hat{\rho}\hat{u}_i\hat{u}_j + \hat{p}\delta_{ij} - \hat{\sigma}_{ij} - \breve{\rho}\breve{u}_i\breve{u}_j - \breve{p}\delta_{ij} + \breve{\sigma}_{ij})}{\partial x_j}$$
$$+ H(f^s)[(\hat{\rho}\hat{u}_i\hat{u}_j + \hat{p}\delta_{ij} - \hat{\sigma}_{ij} - \breve{\rho}\breve{u}_i\breve{u}_j - \breve{p}\delta_{ij} + \breve{\sigma}_{ij})n_j\delta(f)]$$
$$+ M(f)\delta(f^s)(\rho u_i u_j + p\delta_{ij} - \sigma_{ij})n_j^s \tag{5-45}$$

于是，可以得到广义的动量方程为

$$\frac{\partial [M(f)H(f^s)(\rho u_i)]}{\partial t} + \frac{\partial [M(f)H(f^s)(\rho u_i u_j + p\delta_{ij} - \sigma_{ij})]}{\partial x_j}$$
$$= \delta(f)H(f^s)\Delta L_i + M(f)\delta(f^s)L_i^s \tag{5-46}$$

其中：ΔL_i 的表达式如方程(5-24)所示；L_i^s 的表达式为

$$L_i^s = (p\delta_{ij} - \sigma_{ij})n_j^s + \rho u_i(u_n - v_n^s) \tag{5-47}$$

流固界面上采用不可渗透边界条件 $u_n = v_n^s$，因此可以消去方程(5-43)和方程(5-47)右端的第二项。

由广义连续性方程(5-42)和动量方程(5-45)可以推导得到以下波动方程：

$$\frac{\partial^2 [M(f)H(f^s)\rho']}{\partial t^2} - \nabla^2 [M(f)H(f^s)\rho'c_0^2] = \frac{\partial^2 [M(f)H(f^s)T_{ij}]}{\partial x_i \partial x_j} + \frac{\partial [\delta(f)H(f^s)\Delta Q]}{\partial t}$$
$$- \frac{\partial [\delta(f)H(f^s)\Delta L_i]}{\partial x_i} + \frac{\partial [M(f)\delta(f^s)Q^s]}{\partial t}$$
$$- \frac{\partial [M(f)\delta(f^s)L_i^s]}{\partial x_i} \tag{5-48}$$

波动方程(5-48)等号右端考虑了气、液、固三相介质相互作用形成的等效声源。其中右端第一项的四极子源 $M(f)H(f^s)T_{ij}$ 说明四极子源位于面 $f=0$ 两侧，且 $f^s>0$ 的流体区域；等号右端第二项和第三项的单极子和偶极子源都是等效声源，表示不同流体界面 $f=0$ 上介质不连续形成的声散射和透射；等号右端第四项和第五项的单极子和偶极子源也是等效声源，表示流固界面 $f^s=0$ 上介质不连续形成的声波全反射。

上述推导的波动方程左端采用经典的波动算子表示假设声学介质静止。为了考虑均匀背景流对声传播的影响，可以用对流波动算子替代经典的波动算子，具体的分析见第7章。下面仅给出简要的推导过程与分析。

假设均匀背景流的速度为 U，当地流体相对背景流的速度为 u，则当地流体的运动速度为 $U+u$。基于上述定义，采用对流 FW-H 方程的推导思路，可以得到以下形式的对流波动方程：

$$\frac{D^2[M(f)H(f^S)\rho']}{Dt^2} - \nabla^2[M(f)H(f^S)\rho'c_0^2] = \frac{\partial^2[M(f)H(f^S)T_{ij}]}{\partial x_i \partial x_j} + \frac{D[\Delta Q \delta(f)H(f^S)]}{Dt}$$

$$- \frac{\partial[\Delta L_i \delta(f)H(f^S)]}{\partial x_i} + \frac{D[Q^S M(f)\delta(f^S)]}{Dt}$$

$$- \frac{\partial[L_i^S M(f)\delta(f^S)]}{\partial x_i} \quad (5-49)$$

其中：$\frac{D}{Dt} = \frac{\partial}{\partial t} + U_i \frac{\partial}{\partial x_i}$；源项 T_{ij} 和 ΔL_i 分别由方程(5-34)和方程(5-27)给出，其他的源项定义为

$$\Delta Q = \Delta \rho_0 (v_n - U_n) \quad (5-50)$$

$$Q^S = \rho_0 (v_n^S - U_n) + \rho(u_n - (v_n^S - U_n)) \quad (5-51)$$

$$L_i^S = ((p - p_0)\delta_{ij} - \sigma_{ij})n_j + \rho u_i (u_n - (v_n^S - U_n)) \quad (5-52)$$

从对流波动方程(5-49)可以看出均匀流对声传播的影响。注意，由于均匀流的影响，方程(5-49)的源项和方程(5-48)略有不同。其中，方程(5-49)中的四极子项 T_{ij} 与方程(5-48)的表达式相同，但参数 u 在方程(5-49)中只表示流体速度的扰动分量，而在方程(5-48)中表示流体速度，方程(5-49)中单极子项的偏微分由物质导数代替。另外，两式中的偶极子项 ΔL_i 相同，表示的都是不可渗透弹性界面两侧的压力差，方程(5-49)中偶极子项 L_i^S 的物理意义和方程(5-48)也是一样的。特别地，如果面 $f^S=0$ 与固体表面重合，那么方程(5-52)等号右端的第二项就为0，且 L_i^S 表示的就是固体表面上的静压。

5.5 水中气泡脉动产生的声波

5.5.1 基本定义和假设

Crighton 和 Ffowcs Williams[13] 已经研究过水中气泡的发声问题，现在用方程(5-33)重新研究这一问题。考虑有限湍流区域中的气泡，用以下四个参数描述湍流特征：区域的特征长度 L，流速 U，湍流涡的特征长度 l_0，均方根湍流速度 u_0。因此湍流强度或 Crighton 和 Ffowcs Williams 定义的相对湍流级为 $\sigma = u_0/U$，湍流脉动的角频率 ω 为 u_0/l_0。

进一步假设这一有限湍流区满足声学紧凑条件，即满足 $L \ll c_0 l_0/u_0$，区域中气泡数量为 N，且每个气泡在未受扰动时的平均半径为 a，于是气泡的体积浓度为

$$\beta = \frac{4\pi N a^3}{3L^3} \quad (5-53)$$

沿着 Crighton 和 Ffowcs Williams[13] 的分析思路，只考虑小幅对称振荡模态，那么可以合理地认为气泡始终保持球形。单个气泡的表面瞬时速度为 $v_n = V_0 e^{i\omega t}$，这里 V_0 是气泡脉动的幅度，其与 u_0 同一量级。

5.5.2 单个气泡产生的声波

基于上述定义和假设，并忽略湍流噪声，水中单个气泡辐射的频域声压为

$$\widetilde{p}'_B(\bm{x},\omega) = -i\omega \int_{f=0} \frac{\Delta Q e^{ikr}}{4\pi r} dS + \frac{\partial}{\partial x_i} \int_{f=0} \frac{\Delta L_i e^{ikr}}{4\pi r} dS \qquad (5\text{-}54)$$

其中：$k = \omega/\hat{c}_0$，下标 B 表示单个气泡。气泡表面偶极子声源强度随气泡振荡发生变化。但要强调的是，由于气泡表面总的作用力始终为零，所以对于声学紧凑的气泡而言，偶极子的总声压作用也为零。Crighton 和 Ffowcs Williams 基于 C-FW 方程的定性分析也指出偶极子作用与单极子相比可以忽略不计。Howe[132] 指出，如果气泡半径远小于声波波长，且气泡脉动由界面上均匀分布的非定常力所激发，那么声扰动主要源于单极子源，偶极子源的作用可以忽略不计。因此，脉动气泡的辐射声压可以由下式进行计算：

$$\widetilde{p}'_B(\bm{x},\omega) = -i\omega \int_{f=0} \frac{\Delta Q e^{ikr}}{4\pi r} dS = \frac{-i\omega \Delta \rho_0 V_0 a^2 e^{ikr}}{r} \qquad (5\text{-}55)$$

此式和文献[132]中的式(2.4.1)很相似，区别在于文献[132]中的公式是由 Lighthill 方程推导而来的，因此单极子源的强度仅和气泡周围的流体密度有关，而方程(5-55)表明单极子源强度与界面两侧的密度差相关联。

假设声传播没有损失，那么单个气泡输出的声功率为

$$W_B = \lim_{r \to \infty}\left[4\pi r^2 \frac{|\widetilde{p}'^2|}{\hat{\rho}_0 \hat{c}_0}\right] = \frac{4\pi \omega^2 \Delta \rho_0^2 V_0^2 a^4}{\hat{\rho}_0 \hat{c}_0} \sim \frac{\Delta \rho_0^2}{\hat{\rho}_0} \frac{a^4}{l_0^2} \frac{U^4}{\hat{c}_0} \qquad (5\text{-}56)$$

上式表明单个气泡输出的声功率与马赫数的四次方成正比，这是声学紧凑单极子源的基本特征。下面利用这一基本模型分析有限区域内气泡团产生的声波。

5.5.3 气泡团产生的声波

假设有限湍流区域的特征长度为 L，其中含有 N 个气泡，半径均为 a。从方程(5-53)和方程(5-55)出发，并假设所分析的区域特征长度 L 满足声学紧凑条件，当气泡在水中同相共振时可以经过简单的求和来计算气泡团辐射的总声压

$$\widetilde{p}'_C(\bm{x},\omega) = N \frac{-i\omega \Delta \rho_0 V_0 a^2 e^{ikr}}{r} = -\frac{3\beta L^3}{4\pi a} \frac{i\omega \Delta \rho_0 V_0 e^{ikr}}{r} \qquad (5\text{-}57)$$

其中：下标 C 表示气泡团。进一步可以得到输出总声功率为

$$W_C = \lim_{r \to \infty}\left[4\pi r^2 \frac{|\widetilde{p}'^2_C|}{\hat{\rho}_0 \hat{c}_0}\right] \sim \beta^2 \frac{\Delta \rho_0^2}{\hat{\rho}_0} \frac{L^6}{a^2 l_0^2} \frac{U^4}{\hat{c}_0} \sim N^2 \frac{\Delta \rho_0^2}{\hat{\rho}_0} \frac{a^4}{l_0^2} \frac{U^4}{\hat{c}_0} \qquad (5\text{-}58)$$

上式表明声功率与体积浓度 β 或气泡数量 N 的平方成正比，这一结论与 Crighton 和 Ffowcs Williams 的结论[13]一致。但需要强调的是，仅当所有气泡在水中同相振动时方程(5-57)和方程(5-58)才成立，否则由于声源振动的相位差而不能通过简单的声压求和来计算总声功率。

对于振动相位随机的气泡团,能量叠加是计算总声功率更加合理的方法。由方程(5-56)得声功率如下:

$$W_C = N \lim_{r \to \infty}[4\pi r^2 \frac{|\widetilde{p}_B'^2|}{\hat{\rho}_0 \hat{c}_0}] = \frac{3\beta L^3}{4\pi a^3} \frac{4\pi\omega^2 \Delta\rho_0^2 V_0^2 a^4}{\hat{\rho}_0 \hat{c}_0} \sim \beta \frac{\Delta\rho_0^2}{\hat{\rho}_0} \frac{aL^3}{l_0^2} \frac{U^4}{\hat{c}_0} \sim N \frac{\Delta\rho_0^2}{\hat{\rho}_0} \frac{a^4}{l_0^2} \frac{U^4}{\hat{c}_0} \quad (5\text{-}59)$$

上式表明,对于随机振荡的气泡团而言,输出声功率仍与马赫数的四次方成正比,但只与体积浓度 β 或气泡数量 N 的一次方成正比,这与从方程(5-58)和 C-FW 方程得到的结果是不同的。另外,方程(5-58)和方程(5-59)都表明输出声功率与密度差 $\Delta\rho_0$ 和气泡半径 a 有关,因此减小密度差和气泡的直径均有利于降低噪声水平。

5.6 本章小结

以多相/多组分形成的非均质流体运动诱发噪声为研究背景,本章在声比拟理论思想的基础上介绍了几种不同的处理方法。本章第 5.2 节介绍了两种预测多相/多组分流动诱发噪声的预测方法:第一种方法采用体积平均思想建立等效流体模型推导得到 C-FW 方程;第二种方法采用理想气体假设推导得到 Howe 方程。本章第 5.3 节在 Heaviside 广义函数的基础上,定义了 $M(\cdot)$ 函数来表征弹性边界上的不连续性和边界两侧流体均具有的扰动特征。基于上述定义,推导了适用于不可渗透弹性边界的广义连续性方程、动量方程,以及在此基础上得到的非齐次波动方程。所得到的波动方程和 FW-H 方程一样均具有三个声源,即单极子、偶极子面声源,以及四极子体声源。但是,与 FW-H 方程不同的是,四极子体源存在于弹性边界的两侧,单极子、偶极子面声源的强度依赖于界面两侧的参数差值,而不是其中一侧的参数值。特别地,FW-H 方程和 Lighthill 波动方程是所建立波动方程的特例。

与第 5.2 节中介绍的 C-FW 方程相比,第 5.3 节所建立的波动方程能清楚地解释界面对声产生和传播的影响,强调了界面的运动速度、压力和密度差是影响声辐射产生的关键因素。因此,第 5.3 节所建立的波动方程对多相/多组分流动的发声机制给出了更为清晰的物理解释。

第 5.4 节通过对第 5.3 节得到的弹性边界约束波动方程进一步拓展来分析固体表面和均匀流对声产生和传播的影响。在这种情况下,共有五种声源可以辐射声波:单相或单组分中的四极子源,流体弹性界面上的单极子和偶极子,以及流固界面上的单极子和偶极子源。注意所有的单极子和偶极子源都是等效声源,它们表示的是可渗透面内侧的声辐射,或是不可渗透面上的声散射和透射。

本章第 5.5 节用所建立的波动方程对水中气泡的发声问题进行了分析。气泡输出的声功率与马赫数的四次方成正比,这与从 C-FW 方程得到的结论是一致的。此外,所建立波动方程得到的结果表明降低弹性界面两侧的密度差有利于降低声功率级,气泡团的振荡相位对声功率的影响也十分显著。如果所有的气泡同相共振,那么声功率与体积浓度的平方成正比,这与从 C-FW 方程得到的结论一致。但若气泡团振动相位随机,那么利用能量叠加法得到的结果表明输出总声功率只与体积浓度的一次方成正比。

6 基于声学矢量的声比拟理论

6.1 引 言

第 2~5 章的声比拟理论建立了声学标量密度和声压与声源之间的响应关系。在流体力学研究中,我们不仅采用标量(如温度和密度)描述当地流体的状态,而且采用矢量(如速度和动量)描述当地流体质量、动量和能量的传输路径。类似地,与声学标量相比,声学矢量中的声振速和声强具有能直观显示声源[133]和散射表面[134]周围声能传播路径的优点。基于声学矢量绘制的流线不仅可以详细显示声能量的具体传播途径从而为优化设计吸、隔声结构的位置和外形提供指导,而且可以逆向溯源来确定声源的位置。

在流动声学的研究领域,声学矢量的研究最初是针对声压梯度开展的。Lee 等人[135]最早提出了时域声压梯度的解析公式 G1A,并将该公式与等效声源法结合用来预测表面散射声[136,137],这种算法被应用在美国宾夕法尼亚大学开发的转子噪声预测程序 PSU-WOPWOP 中,并成为美国 NASA 的飞机噪声预测程序(aircraft noise prediction program,ANOPP)的一个子模块。进一步地,Ghorbaniasl 教授课题组[138]发展了声压梯度的频域预测公式,并考虑了均匀运动介质对声音传播的影响。上述公式均是在 Farassat 时域积分公式的基础上推导得到,因此,所得到的声压梯度公式都具有复杂的数学表示形式。公开文献中只给出了单极子和偶极子源的声压梯度表达式,四极子声源的声压梯度公式由于过于复杂而未见公开发表。

第 4 章介绍的可渗透 FW-H 方程表明可渗透积分面内的四极子源项可以采用积分面上的单极子和偶极子源替代。但是,在一些应用领域还是必不可少地需要计算四极子源辐射的声波。例如,在低马赫数流动中,通常通过求解不可压缩的 N-S 方程来获得近场中的声源扰动信息,这种求解方法只能获得不可压缩分量的波动而丢失了声学分量的波动。进一步地,上述方法求解得到的声源结合单极子、偶极子源辐射声压的积分公式只能较为准确地预测满足声学紧凑条件的低频声波辐射和传播,但是当流体中的固体结构不满足声学紧凑条件时,上述计算方法通常会导致不准确的远场声解[139,140],其原因包括两个方面:一是四极子源的声学作用不可忽略;二是声学非紧凑固体边界的散射效应不可忽略。因此,一些学者利用有限元法[141]和边界元法[66,68,142-144]发展了低 Ma 数流动与非紧凑边界干涉噪声的预测方法。在这些方法中,需要计算不同类型声源入射声的声压梯度/声振速,从而满足无反射边界条件的约束[144],因此,建立声源的解析声压梯度/声振速公式具有重要意义。

本章开展基于声学矢量的声比拟理论研究,后续章节的内容如下。第 6.2 节介绍声压梯度的积分公式 G1 和 G1A,第 6.3 节介绍基于速度矢量的流动声学波动方程,第 6.4 节介绍矢量波动方程三种源项对应的时域和频域积分分解,第 6.5 节开展相关的应用分析,第 6.6 节对本章内容进行小结。

6.2 声压梯度的积分公式

Farassat 公式 G1 和 G1A[135] 是在 Farassat 公式 1 和 1A 的基础上发展得到的单极子和偶极子源针对观察点空间偏导的积分公式。这类公式主要应用于考虑边界散射情形的噪声预测过程，如预测直升机机身对螺旋桨噪声散射、机壳对旋转叶片噪声散射的应用场合。

运动单极子源辐射声波的声压在观察点位置的梯度可以表示为

$$4\pi \boldsymbol{\nabla}_x p'_T(\boldsymbol{x},t) = -\boldsymbol{\nabla}_x \left[\frac{\partial}{\partial t} \int_{-\infty}^{+\infty} \int_{f=0} \frac{\rho_0 V_n(\boldsymbol{y},\tau)\delta(\tau-t+r/c_0)}{r} \mathrm{d}S(\boldsymbol{y})\mathrm{d}\tau \right]$$

$$= -\frac{\partial}{\partial t} \int_{-\infty}^{+\infty} \int_{f=0} \rho_0 V_n(\boldsymbol{y},\tau) \boldsymbol{\nabla}_x \left[\frac{\delta(\tau-t+r/c_0)}{r} \right] \mathrm{d}S(\boldsymbol{y}) \mathrm{d}\tau \quad (6\text{-}1)$$

对源点与观察点距离 r 求偏导后可以得

$$4\pi \boldsymbol{\nabla}_x p'_T(\boldsymbol{x},t) = \frac{\partial}{\partial t} \int_{f=0} \left[\frac{\boldsymbol{r} E_T}{c_0 r} + \frac{(\boldsymbol{r}-\boldsymbol{M})\rho_0 V_n(\boldsymbol{y},\tau)}{r^2 (1-M_r)^2} \right] \mathrm{d}S(\boldsymbol{y}) \quad (6\text{-}2)$$

方程(6-2)即 Farassat 公式 G1 的单极子源辐射声压在观察点位置的空间梯度，其中

$$E_T = \left[\frac{\rho_0(\dot{V}_n + V_n)}{r(1-M_r)^2} + \frac{\rho_0 V_n \dot{M}_r}{r(1-M_r)^3} \right] + \left[\frac{\rho_0 V_n c_0 (M_r - M^2)}{r^2 (1-M_r)^3} \right] \quad (6\text{-}3)$$

即是 Farassat 1A 公式中单极子源辐射声压的积分方程(3-50)中的积分核部分。采用类似的步骤同样可以得到偶极子源辐射声压在观察点位置的梯度公式为

$$4\pi \boldsymbol{\nabla}_x p'_L(\boldsymbol{x},t) = \frac{1}{c_0} \frac{\partial}{\partial t} \left\{ \int_{f=0} \left[-\frac{\boldsymbol{r} E_L}{r} + \frac{\boldsymbol{L} - L_r \boldsymbol{r}/r}{r^2 (1-M_r)} - \frac{L_r \boldsymbol{r}/r - L_r \boldsymbol{M}}{r^2 (1-M_r)^2} \right] \mathrm{d}S(\boldsymbol{y}) \right\}$$

$$+ \int_{f=0} \left[\frac{\boldsymbol{L} - 3L_r \boldsymbol{r}/r}{r^3 (1-M_r)} \right] \mathrm{d}S(\boldsymbol{y}) \quad (6\text{-}4)$$

方程(6-4)即 Farassat 公式 G1 的偶极子源辐射声压在观察点位置的空间梯度，其中

$$E_L = \left[\frac{\dot{L}_r}{c_0 r (1-M_r)^2} + \frac{L_r \dot{M}_r}{c_0 r (1-M_r)^3} \right] + \left[\frac{L_r - L_M}{r^2 (1-M_r)^2} + \frac{L_r (M_r - M^2)}{r^2 (1-M_r)^3} \right] \quad (6\text{-}5)$$

即是 Farassat 公式 1A 中偶极子源辐射声压的积分方程(3-51)中的积分核部分。方程(6-2)和方程(6-4)构成了 Farassat 公式 G1，类似于 Farassat 公式 1 和 Q1，它们均含有针对观察点时间的偏导项，需要采用数值方法求解。进一步地，可以将针对观察点的时间偏导转换为针对源点的时间偏导，从而得到 Farassat 公式 G1A，其中单极子和偶极子源的空间梯度积分公式分别为

$$4\pi \boldsymbol{\nabla}_x p'_T(\boldsymbol{x},t) = I_1 + I_2 \quad (6\text{-}6)$$

$$4\pi \boldsymbol{\nabla}_x p'_L(\boldsymbol{x},t) = I_3 + I_4 + I_5 + I_6 \quad (6\text{-}7)$$

其中

$$I_1 = \frac{1}{c_0} \int_{f=0} \left[\frac{\boldsymbol{r}}{r} \{\ddot{Q}U(1,3) + (3\dot{Q}W + Q\dot{W})U(2,4) + 3QW^2 U(3,5)\} \right.$$
$$\left. - c_0 \boldsymbol{M} \{\dot{Q}U(2,3) + QWU(3,4)\} \right] \mathrm{d}S(\boldsymbol{y}) \quad (6\text{-}8)$$

$$I_2 = -\int_{f=0} \left[(\boldsymbol{M} - \frac{\boldsymbol{r}}{r})\dot{Q}U(2,3) + (-\frac{c_0 M_r}{r}\boldsymbol{r} + c_0 \boldsymbol{M} + r\dot{\boldsymbol{M}}Q)U(2,3) + 2(\boldsymbol{M} - \frac{\boldsymbol{r}}{r})QWU(3,4) \right] \mathrm{d}S(\boldsymbol{y})$$

$$(6\text{-}9)$$

$$I_3 = -\frac{1}{c_0^2} \int_{f=0} \left[\frac{\boldsymbol{r}}{r}(\ddot{L}_r + \dot{L}_r)U(1,3) + c_0 \left\{ -\boldsymbol{M}\dot{L}_r - (\dot{L}_r + \dot{L}_M + L_M)\frac{\boldsymbol{r}}{r} \right\} U(2,3) \right.$$

$$+ \frac{\boldsymbol{r}}{r} \{3\dot{L}_r W + L_r \dot{W}\} U(2,4) + c_0^2 \left\{ (2L_r M_r - L_M(1+M_r))\frac{\boldsymbol{r}}{r} - (L_r - L_M)\boldsymbol{M} \right\} U(3,3)$$

$$\left. + c_0 \left\{ (L_r(M_r+2) - 3L_M) W \frac{\boldsymbol{r}}{r} - L_r W \boldsymbol{M} \right\} U(3,4) + 3L_r W^2 \frac{\boldsymbol{r}}{r} U(3,5) \right] dS(\boldsymbol{y}) \tag{6-10}$$

$$I_4 = \frac{1}{c_0} \int_{f=0} \left[(\dot{\boldsymbol{L}} - \dot{L}_r \frac{\boldsymbol{r}}{r}) U(2,2) - c_0 \left\{ (2L_r M_r - L_M) \frac{\boldsymbol{r}}{r} - L_r \boldsymbol{M} - M_r \boldsymbol{L} \right\} U(3,2) \right.$$

$$\left. + (\boldsymbol{L} - L_r \frac{\boldsymbol{r}}{r}) W U(3,3) \right] dS(\boldsymbol{y}) \tag{6-11}$$

$$I_5 = -\frac{1}{c_0} \int_{f=0} \left[\left\{ \dot{L}_r \left(\frac{\boldsymbol{r}}{r} - \boldsymbol{M} \right) - L_r \dot{\boldsymbol{M}} \right\} U(2,3) \right.$$

$$+ c_0 \left\{ \frac{\boldsymbol{r}}{r}(2L_r M_r - L_M) - \boldsymbol{M}(L_r M_r - L_M + L_r) \right\} U(3,3)$$

$$\left. + 2L_r \left(\frac{\boldsymbol{r}}{r} - \boldsymbol{M} \right) W U(3,4) \right] dS(\boldsymbol{y}) \tag{6-12}$$

$$I_6 = -\frac{1}{c_0} \int_{f=0} \left[(\boldsymbol{L} - 3L_r \frac{\boldsymbol{r}}{r}) U(3,1) \right] dS(\boldsymbol{y}) \tag{6-13}$$

其中：$Q = \rho_0 V_n$；$W = r\dot{M}_r + c_0(M_r - \boldsymbol{M}^2)$；$U(m,n) = \dfrac{1}{r^m (1-M_r)^n}$。

6.3 矢量波动方程

密度脉动通常被当作 FW-H 方程中波动算子的变量，受 FW-H 方程推导过程的启发，我们将矢量 $\rho\boldsymbol{u}$ 看作波动变量来推导流动声学的矢量波动方程。为了实现这个目标，我们对广义连续性方程(4-6)求空间偏导，而不是求时间偏导来获得以下方程：

$$\frac{\partial^2 [H(f)\rho]}{\partial t \partial x_i} + \frac{\partial^2 [H(f)\rho u_j]}{\partial x_i \partial x_j} = \frac{\partial [\delta(f)Q]}{\partial x_i} \tag{6-14}$$

然后对广义动量方程(4-7)求时间偏导而不是空间偏导可以得到以下方程：

$$\frac{1}{c_0^2} \frac{\partial^2 [H(f)\rho u_i]}{\partial t^2} + \frac{1}{c_0^2} \frac{\partial^2 [H(f)(\rho u_i u_j + p\delta_{ij} - \sigma_{ij})]}{\partial t \partial x_j} = \frac{1}{c_0^2} \frac{\partial [\delta(f) L_i]}{\partial t} \tag{6-15}$$

用方程(6-15)减去方程(6-14)可以得到

$$\frac{1}{c_0^2} \frac{\partial^2 [H(f)\rho u_i]}{\partial t^2} - \frac{\partial^2 [H(f)\rho u_j]}{\partial x_i \partial x_j} = -\frac{\partial [\delta(f)Q]}{\partial x_i} + \frac{1}{c_0^2} \frac{\partial [\delta(f)L_i]}{\partial t}$$

$$- \frac{1}{c_0^2} \frac{\partial^2}{\partial t \partial x_j} [H(f)(\rho u_i u_j + p\delta_{ij} - \sigma_{ij} - \rho c_0^2 \delta_{ij})] \tag{6-16}$$

由于未扰动流体中 ρ_0 和 p_0 与时间和空间均无关，因此，方程(6-16)可以等价地表示为

$$\frac{1}{c_0^2} \frac{\partial^2 [H(f)\rho \boldsymbol{u}]}{\partial t^2} - \nabla(\nabla \cdot [H(f)\rho \boldsymbol{u}]) = -\nabla[\delta(f)Q] + \frac{1}{c_0^2} \frac{\partial [\delta(f)\boldsymbol{L}]}{\partial t} - \frac{1}{c_0^2} \frac{\partial (\nabla \cdot [H(f)\boldsymbol{T}])}{\partial t} \tag{6-17}$$

其中：$\boldsymbol{u} = u_i \boldsymbol{e}_i$、$\boldsymbol{L} = L_i \boldsymbol{e}_i$、$\boldsymbol{T} = T_{ij} \boldsymbol{e}_j$ 及 $\boldsymbol{e}_i$ 是在 i 方向的基矢量。需要强调方程(6-17)左边不

是波动算子,因为第二项不是 Laplace 算子,但它有下列等价式:
$$\nabla(\nabla \cdot [H(f)\rho\boldsymbol{u}]) = \nabla^2(H(f)\rho\boldsymbol{u}) + \nabla \times (\nabla \times [(H(f)\rho\boldsymbol{u}]) \quad (6\text{-}18)$$

此外,利用恒等式 $\nabla \times (\nabla\phi) = 0$(其中 ϕ 是任意的标量),从动量方程(4-7)出发可以推导出以下方程:

$$\nabla \times (\nabla \times [H(f)\rho\boldsymbol{u}]) = \int_0^t (\nabla \times (\nabla \times [\delta(f)\boldsymbol{L}])) \mathrm{d}t^* - \int_0^t (\nabla \times (\nabla \times (\nabla \cdot [H(f)\boldsymbol{T}]))) \mathrm{d}t^* \quad (6\text{-}19)$$

将方程(6-18)和方程(6-19)代入方程(6-17)中可以得到

$$\frac{1}{c_0^2}\frac{\partial^2[H(f)\rho\boldsymbol{u}]}{\partial t^2} - \nabla^2[H(f)\rho\boldsymbol{u}]$$
$$= -\nabla[\delta(f)Q] + \frac{1}{c_0^2}\frac{\partial[\delta(f)\boldsymbol{L}]}{\partial t} + \int_0^t (\nabla \times (\nabla \times [\delta(f)\boldsymbol{L}])) \mathrm{d}t^*$$
$$- \frac{1}{c_0^2}\frac{\partial(\nabla \cdot [H(f)\boldsymbol{T}])}{\partial t} - \int_0^t (\nabla \times (\nabla \times (\nabla \cdot [H(f)\boldsymbol{T}]))) \mathrm{d}t^* \quad (6\text{-}20)$$

方程(6-20)即为流动声学的矢量波动方程,它包含了三个不同方向的速度分量对应的波动方程。因此,标量 Green 函数仍然对任意的三维自由空间成立。众所周知,FW-H 方程是广义连续性方程和动量方程的恒等变换,而方程(6-20)是广义连续性方程和动量方程的另一种恒等变换。

此外,由于在声源的外部 ρ' 通常远远小于 ρ_0,利用等式
$$\rho\boldsymbol{u} = \rho_0\boldsymbol{u} + \rho'\boldsymbol{u} \quad (6\text{-}21)$$
在线性声学的领域范围内可以得到近似式 $\rho\boldsymbol{u} \approx \rho_0\boldsymbol{u}$,这种近似处理方法被 Ghorbaniasl 等[145]基于 Farassat 时域声压积分公式和线性化的动量方程推导时域声振速积分公式。因此,矢量波动方程(6-20)可以采用以下表示形式:

$$\frac{1}{c_0^2}\frac{\partial^2[H(f)\rho_0\boldsymbol{u}]}{\partial t^2} - \nabla^2[H(f)\rho_0\boldsymbol{u}]$$
$$= \underbrace{-\nabla[\delta(f)Q]}_{\text{单极子源}} + \underbrace{\frac{1}{c_0^2}\frac{\partial[\delta(f)\boldsymbol{L}]}{\partial t} + \int_0^t (\nabla \times (\nabla \times [\delta(f)\boldsymbol{L}])) \mathrm{d}t^*}_{\text{偶极子源}}$$
$$\underbrace{- \frac{1}{c_0^2}\frac{\partial(\nabla \cdot [H(f)\boldsymbol{T}])}{\partial t} - \int_0^t (\nabla \times (\nabla \times (\nabla \cdot [H(f)\boldsymbol{T}]))) \mathrm{d}t^*}_{\text{四极子源}} \quad (6\text{-}22)$$

方程(6-22)等号右端三项分别表示单极子源、偶极子源和四极子源项,基于方程(6-22)采用类似 Farassat 时域声压积分公式的推导方法,即可以推导得到时域声振速的积分公式[20]。

6.4 声振速积分公式

单极子和偶极子源对应的时域声振速积分公式 V1 和 V1A 最早由 Ghorbaniasl 教授等[145]利用 Farassat 时域声压积分公式和线性化的动量方程推导得到。本章在 6.3 节建立的矢量波动方程(6-22)的基础上,采用一种新的方法来推导声振速公式 V1 和 V1A。相对于文献[145]中的推导方法,在矢量波动方程(6-22)的基础上建立的推导方法更为简洁,因此,不仅

可以便捷地推导出单极子和偶极子源的时域声振速公式,也可以推导出四极子源的时域声振速公式。详细的推导过程可以参见文献[20],本书只给出了主要的推导步骤。

从矢量波动方程(6-22)出发,利用 Green 函数的基本性质可以将单极子源的声振速积分公式描述为

$$\rho_0 u'_{Ti}(\boldsymbol{x},t) = -\frac{\partial}{\partial x_i}\int_{f>0}\frac{Q(\boldsymbol{x},t)\delta(f)\delta(t-\tau-r/c_0)}{4\pi r}\mathrm{d}\boldsymbol{y}\mathrm{d}\tau \tag{6-23}$$

利用 Dirac Delta 函数的特征,方程(6-23)可以被简化为

$$4\pi\rho_0 u'_{Ti}(\boldsymbol{x},t) = -\frac{\partial}{\partial x_i}\int_{f=0}\left[\frac{Q(\boldsymbol{y},\tau)}{r(1-M_r)}\right]_{\mathrm{ret}}\mathrm{d}S \tag{6-24}$$

可以发现单极子源的声振速积分式(6-24)和偶极子源的声压积分式(3-46)非常相似。基于以上特征,类似于偶极子源声压公式 1A 的推导,可以得到单极子源的声振速公式为

$$4\pi\rho_0 u'_{Ti}(\boldsymbol{x},t) = \int_{f=0}\left[\frac{\dot{Q}\hat{r}_i}{c_0 r(1-M_r)^2} + \frac{Q(\hat{r}_i-M_i)}{r^2(1-M_r)^2} + \frac{Q\hat{r}_i(r\dot{M}_r+c_0(M_r-M^2))}{c_0 r^2(1-M_r)^3}\right]_{\mathrm{ret}}\mathrm{d}S \tag{6-25}$$

可以发现它与偶极子源的声压式(3-51)非常相似。其中,$\hat{r}_i = r_1/r_0$。

针对矢量波动方程(6-22)中的偶极子源,利用等式

$$\boldsymbol{\nabla}\times(\boldsymbol{\nabla}\times\boldsymbol{L}) = \left(\frac{\partial^2 L_j}{\partial x_i \partial x_j} - \frac{\partial^2 L_i}{\partial x_j \partial x_j}\right)\boldsymbol{e}_i \tag{6-26}$$

可以推导出其对应的声振速公式为

$$4\pi\rho_0 u'_{Li}(\boldsymbol{x},t) = \frac{1}{c_0^2}\frac{\partial}{\partial t}\int_{-\infty}^{+\infty}\int_{f>0}\frac{L_i\delta(f)\delta(t-\tau-r/c_0)}{r}\mathrm{d}\boldsymbol{y}\mathrm{d}\tau$$

$$+\int_0^t\frac{\partial^2}{\partial x_i\partial x_j}\int_{-\infty}^{+\infty}\int_{f>0}\frac{L_j\delta(f)\delta(t-\tau-r/c_0)}{r}\mathrm{d}\boldsymbol{y}\mathrm{d}\tau\mathrm{d}t^*$$

$$-\int_0^t\frac{\partial^2}{\partial x_j\partial x_j}\int_{-\infty}^{+\infty}\int_{f>0}\frac{L_i\delta(f)\delta(t-\tau-r/c_0)}{r}\mathrm{d}\boldsymbol{y}\mathrm{d}\tau\mathrm{d}t^* \tag{6-27}$$

进一步地,利用 Green 函数的基本定义可以推导出关系式

$$\frac{1}{c_0^2}\frac{\partial}{\partial t}\int_{-\infty}^{+\infty}\int_{f>0}\frac{L_i\delta(f)\delta(t-\tau-r/c_0)}{r}\mathrm{d}\boldsymbol{y}\mathrm{d}\tau - \int_0^t\frac{\partial^2}{\partial x_j\partial x_j}\int_{-\infty}^{+\infty}\int_{f>0}\frac{L_i\delta(f)\delta(t-\tau-r/c_0)}{r}\mathrm{d}\boldsymbol{y}\mathrm{d}\tau\mathrm{d}t^* = 0 \tag{6-28}$$

利用 Dirac Delta 函数的属性,将方程(6-28)代入方程(6-27),并消掉时间积分可以得到以下恒等式:

$$\frac{\partial^2}{\partial x_i\partial x_j}\left[\frac{\delta(t-\tau-r/c_0)}{r}\right] = \frac{1}{c_0^2}\frac{\partial^2}{\partial t^2}\left[\frac{\hat{r}_i\hat{r}_j\delta(t-\tau-r/c_0)}{r}\right] + \frac{1}{c_0}\frac{\partial}{\partial t}\left[\frac{(3\hat{r}_i\hat{r}_j-\delta_{ij})\delta(t-\tau-r/c_0)}{r^2}\right]$$

$$+ \frac{(3\hat{r}_i\hat{r}_j-\delta_{ij})\delta(t-\tau-r/c_0)}{r^3} \tag{6-29}$$

将方程(6-29)代入方程(6-27)中,可以得到偶极子源的声振速公式为

$$4\pi\rho_0 u'_{Li}(\boldsymbol{x},t) = \frac{1}{c_0^2}\frac{\partial}{\partial t}\int_{f=0}\left[\frac{L_r\hat{r}_i}{r(1-M_r)}\right]_{\mathrm{ret}}\mathrm{d}S + \frac{1}{c_0}\int_{f=0}\left[\frac{3L_r\hat{r}_i-L_i}{r^2(1-M_r)}\right]_{\mathrm{ret}}\mathrm{d}S$$

$$+ \int_0^t\int_{f=0}\left[\frac{3L_r\hat{r}_i-L_i}{r^3(1-M_r)}\right]_{\mathrm{ret}}\mathrm{d}S\mathrm{d}t^* \tag{6-30}$$

方程(6-30)即为偶极子源的声振速公式 V1，从方程(6-30)出发将方程(6-30)等号右端第一项对观测点的时间导数转换成对源点时间的偏导数，即可以得到偶极子源的声振速公式 V1A[145]：

$$4\pi\rho_0 u'_{Li}(\boldsymbol{x},t) = \frac{1}{c_0}\int_{f=0}\left[I_L\hat{r}_i\right]_{\text{ret}}\mathrm{d}S - \frac{1}{c_0}\int_{f=0}\left[\frac{L_r(M_i-\hat{r}_i)}{r^2(1-M_r)^2}\right]_{\text{ret}}\mathrm{d}S$$
$$-\frac{1}{c_0}\int_{f=0}\left[\frac{L_i-L_r\hat{r}_i}{r^2(1-M_r)}\right]_{\text{ret}}\mathrm{d}S - \int_0^t\int_{f=0}\left[\frac{L_i-3L_r\hat{r}_i}{r^3(1-M_r)}\right]_{\text{ret}}\mathrm{d}S\mathrm{d}t^* \quad (6\text{-}31)$$

采用类似的方法，从矢量波动方程(6-22)出发，推导四极子源的时域声振速公式：

$$4\pi\rho_0 u'_{Qi}(\boldsymbol{x},t) = -\frac{1}{c_0^2}\frac{\partial^2}{\partial t \partial x_k}\int_{-\infty}^{+\infty}\int_{f>0}\frac{T_{ik}\delta(t-\tau-r/c_0)}{r}\mathrm{d}\boldsymbol{y}\mathrm{d}\tau$$
$$-\int_0^t\frac{\partial^3}{\partial x_i \partial x_j \partial x_k}\int_{-\infty}^{+\infty}\int_{f>0}\frac{T_{jk}\delta(t-\tau-r/c_0)}{r}\mathrm{d}\boldsymbol{y}\mathrm{d}\tau\mathrm{d}t^*$$
$$+\int_0^t\frac{\partial^3}{\partial x_j \partial x_j \partial x_k}\int_{-\infty}^{+\infty}\int_{f>0}\frac{T_{ik}\delta(t-\tau-r/c_0)}{r}\mathrm{d}\boldsymbol{y}\mathrm{d}\tau\mathrm{d}t^* \quad (6\text{-}32)$$

利用以下两个恒等式：

$$\frac{1}{c_0^2}\frac{\partial^2}{\partial t \partial x_k}\int_{-\infty}^{+\infty}\int_{f>0}\frac{T_{ik}\delta(t-\tau-r/c_0)}{r}\mathrm{d}\boldsymbol{y}\mathrm{d}\tau - \int_0^t\frac{\partial^3}{\partial x_j \partial x_j \partial x_k}\int_{-\infty}^{+\infty}\int_{f>0}\frac{T_{ik}\delta(t-\tau-r/c_0)}{r}\mathrm{d}\boldsymbol{y}\mathrm{d}\tau\mathrm{d}t^* = 0$$
$$(6\text{-}33)$$

$$\frac{\partial^3}{\partial x_i \partial x_j \partial x_k}\left[\frac{\delta(t-\tau-r/c_0)}{r}\right] = -\frac{1}{c_0^3}\frac{\partial^3}{\partial t^3}\left[\frac{\hat{r}_i\hat{r}_j\hat{r}_k\delta(t-\tau-r/c_0)}{r}\right]$$
$$+\frac{1}{c_0^2}\frac{\partial^2}{\partial t^2}\left[\frac{(\delta_{jk}\hat{r}_i+\delta_{ik}\hat{r}_j+\delta_{ij}\hat{r}_k-6\hat{r}_i\hat{r}_j\hat{r}_k)\delta(t-\tau-r/c_0)}{r^2}\right]$$
$$+\frac{1}{c_0}\frac{\partial}{\partial t}\left[\frac{(3\delta_{jk}\hat{r}_i+3\delta_{ik}\hat{r}_j+3\delta_{ij}\hat{r}_k-15\hat{r}_i\hat{r}_j\hat{r}_k)\delta(t-\tau-r/c_0)}{r^3}\right]$$
$$+\frac{(3\delta_{jk}\hat{r}_i+3\delta_{ik}\hat{r}_j+3\delta_{ij}\hat{r}_k-15\hat{r}_i\hat{r}_j\hat{r}_k)\delta(t-\tau-r/c_0)}{r^4} \quad (6\text{-}34)$$

将方程(6-32)中对空间的偏导数转换为对时间的偏导数，可以得到以下方程：

$$4\pi\rho_0 u'_{Qi}(\boldsymbol{x},t) = \frac{1}{c_0^3}\frac{\partial^2}{\partial t^2}\int_{-\infty}^{+\infty}\int_{f>0}\frac{T_{rr}\hat{r}_i\delta(t-\tau-r/c_0)}{r}\mathrm{d}\boldsymbol{y}\mathrm{d}\tau$$
$$-\frac{1}{c_0^2}\frac{\partial}{\partial t}\int_{-\infty}^{+\infty}\int_{f>0}\frac{[(T_{jj}-6T_{rr})\hat{r}_i+2T_{ri}]\delta(t-\tau-r/c_0)}{r^2}\mathrm{d}\boldsymbol{y}\mathrm{d}\tau$$
$$-\frac{1}{c_0}\int_{-\infty}^{+\infty}\int_{f>0}\frac{[(3T_{jj}-15T_{rr})\hat{r}_i+6T_{ri}]\delta(t-\tau-r/c_0)}{r^3}\mathrm{d}\boldsymbol{y}\mathrm{d}\tau$$
$$-\int_0^t\int_{-\infty}^{+\infty}\int_{f>0}\frac{[(3T_{jj}-15T_{rr})\hat{r}_i+6T_{ri}]\delta(t-\tau-r/c_0)}{r^4}\mathrm{d}\boldsymbol{y}\mathrm{d}\tau\mathrm{d}t^* \quad (6\text{-}35)$$

利用 Dirac Delta 函数的性质消除时间积分项，最终得到四极子源的时域声振速公式 QV1 为

$$4\pi\rho_0 u'_{Qi}(\boldsymbol{x},t) = \frac{1}{c_0^3}\frac{\partial^2}{\partial t^2}\int_{f>0}\left[\frac{T_{rr}\hat{r}_i}{(1-M_r)r}\right]_{\text{ret}}\mathrm{d}\boldsymbol{y} - \frac{1}{c_0^2}\frac{\partial}{\partial t}\int_{f>0}\left[\frac{(T_{jj}-6T_{rr})\hat{r}_i+2T_{ri}}{(1-M_r)r^2}\right]_{\text{ret}}\mathrm{d}\boldsymbol{y}$$
$$-\frac{1}{c_0}\int_{f>0}\left[\frac{(3T_{jj}-15T_{rr})\hat{r}_i+6T_{ri}}{(1-M_r)r^3}\right]_{\text{ret}}\mathrm{d}\boldsymbol{y} - \int_0^t\int_{f>0}\left[\frac{(3T_{jj}-15T_{rr})\hat{r}_i+6T_{ri}}{(1-M_r)r^4}\right]_{\text{ret}}\mathrm{d}\boldsymbol{y}\mathrm{d}t^*$$
$$(6\text{-}36)$$

进一步地,将针对观察点的时间偏导数转换为针对源点的时间偏导数,可以得到四极子源的时域声振速公式 QV1A:

$$4\pi\rho_0 u'_{Qi}(\boldsymbol{x},t) = \int_{f>0} \left[\frac{X_{r1}}{c_0^3 r} + \frac{X_{r2}}{c_0^2 r^2} + \frac{X_{r3}}{c_0 r^3}\right]_{\text{ret}} \mathrm{d}\boldsymbol{y} - \int_0^t \int_{f>0} \left[\frac{(3T_{jj} - 15T_{rr})\hat{r}_i + 6T_{ri}}{r^4(1-M_r)}\right]_{\text{ret}} \mathrm{d}\boldsymbol{y}\mathrm{d}t^*$$

(6-37)

其中

$$X_{r1} = \frac{\dddot{T}_{rr}\hat{r}_i}{(1-M_r)^3} + \frac{(3\dot{T}_{rr}\dot{M}_r + T_{rr}\ddot{M}_r)\hat{r}_i}{(1-M_r)^4} + \frac{3T_{rr}\dot{M}_r^2\hat{r}_i}{(1-M_r)^5}$$

(6-38)

$$X_{r2} = -\frac{(\dot{T}_{jj} - 6\dot{T}_{rr})\hat{r}_i + 2\dot{T}_{ri}}{(1-M_r)^2}$$

$$-\frac{T_{rr}\dot{M}_i + 2T_{ri}\dot{M}_r + 2\dot{T}_{rr}M_i + (2T_{rM} + (T_{jj} - 10T_{rr})\dot{M}_r + 4\dot{T}_{rM} - 8M_r\dot{T}_{rr})\hat{r}_i}{(1-M_r)^3}$$

$$+\frac{3(\dot{T}_{rr}(M_r^2 - M^2) - 2T_{rM}\dot{M}_r)\hat{r}_i - 3T_{rr}(M_j\dot{M}_j\hat{r}_i + (M_i - 5M_r\hat{r}_i)\dot{M}_r)}{(1-M_r)^4}$$

$$+\frac{6(M_r^2 - M^2)T_{rr}\dot{M}_r\hat{r}_i}{(1-M_r)^5}$$

(6-39)

$$X_{r3} = -\frac{(3T_{jj} - 15T_{rr})\hat{r}_i + 6T_{ri}}{(1-M_r)}$$

$$+\frac{-3M_r(2T_{ri} + (T_{jj} - 10T_{rr})\hat{r}_i) + (T_{jj} - 6T_{rr})M_i + 2(-6T_{rM}\hat{r}_i + T_{Mi})}{(1-M_r)^2}$$

$$+\frac{2T_{MM}\hat{r}_i + 4M_i T_{rM} - M_r^2(2T_{ri} + (T_{jj} - 30T_{rr})\hat{r}_i) + M^2(2T_{ri} + (T_{jj} - 10T_{rr})\hat{r}_i)}{(1-M_r)^3}$$

$$-\frac{8M_r(2T_{rM}\hat{r}_i + T_{rr}M_i)}{(1-M_r)^3} + \frac{3(M_r^2 - M^2)(-T_{rr}M_i + (-2T_{rM} + 5M_r T_{rr})\hat{r}_i)}{(1-M_r)^4}$$

$$+\frac{3(M_r^2 - M^2)^2 T_{rr}\hat{r}_i}{(1-M_r)^5}$$

(6-40)

本节介绍的时域声振速公式与第 3 章中介绍的时域声压公式共同构成了流动声学领域中声学标量和矢量的时域预测方法基础。在时域声压和声振速预测的基础上,可以进一步开展任意观察点位置声强矢量和声功率的计算分析。但需要说明,上述介绍的所有时域积分公式中分母均含有 Doppler 因子项 $1-M_r$,因此,对于超音速运动的声源都存在奇异积分和延迟时间方程多解的问题。特别地,对于匀速旋转的声源,延迟时间方程多个解的分布区间及其求解方法可以参见文献[59]。为了避免时域公式存在的上述问题,第 3 章介绍了声压的频域积分公式,采用类似的方法可以推导得到声振速的频域积分公式。此外,在声学研究中,我们更为关注的是频域声学量,如声压和声功率频谱以及频域有功声强等。因此,建立频域声学物理量的直接计算方法更有利于我们开展实际问题的分析研究。

基于本书 3.4.2 节给出的声压频域积分公式,此处进一步给出声振速的频域积分公式。单极子和偶极子源的声振速推导过程可以参见文献[146],四极子声振速的推导过程可以参见文献[20],此处仅仅给出其表示形式为

$$4\pi\rho_0 \tilde{u}'_{Ti}(\boldsymbol{x},\omega) = \int_0^{T_{\text{int}}} \int_{f=0} \frac{Q\hat{r}_i(1-\mathrm{i}kr)}{r^2} \mathrm{e}^{\mathrm{i}kr} \mathrm{e}^{\mathrm{i}\omega\tau} \mathrm{d}S\mathrm{d}\tau$$

(6-41)

$$4\pi\rho_0 c_0 \tilde{u}'_{Li}(\boldsymbol{x},\omega) = -\int_0^{T_{\text{int}}}\int_{f=0}\left(\frac{\mathrm{i}kL_r\hat{r}_i}{r} + \frac{L_i - 3L_r\hat{r}_i}{r^2} + \frac{\mathrm{i}(L_i - 3L_r\hat{r}_i)}{kr^3}\right)\mathrm{e}^{\mathrm{i}kr}\mathrm{e}^{\mathrm{i}\omega\tau}\mathrm{d}S\mathrm{d}\tau \quad (6\text{-}42)$$

$$4\pi\rho_0 c_0 \tilde{u}'_{Qi}(\boldsymbol{x},\omega) = -k^2\int_0^{T_{\text{int}}}\int_{f>0}\frac{T_{rr}\hat{r}_i\mathrm{e}^{\mathrm{i}kr}\mathrm{e}^{\mathrm{i}\omega\tau}}{r}\mathrm{d}\boldsymbol{y}\mathrm{d}\tau$$

$$+ \mathrm{i}k\int_0^{T_{\text{int}}}\int_{f>0}\frac{[(T_{jj}-6T_{rr})\hat{r}_i + 2T_{ri}]\mathrm{e}^{\mathrm{i}kr}\mathrm{e}^{\mathrm{i}\omega\tau}}{r^2}\mathrm{d}\boldsymbol{y}\mathrm{d}\tau$$

$$- \int_0^{T_{\text{int}}}\int_{f>0}\frac{[(3T_{jj}-15T_{rr})\hat{r}_i + 6T_{ri}]\mathrm{e}^{\mathrm{i}kr}\mathrm{e}^{\mathrm{i}\omega\tau}}{r^3}\mathrm{d}\boldsymbol{y}\mathrm{d}\tau$$

$$- \frac{\mathrm{i}}{k}\int_0^{T_{\text{int}}}\int_{f>0}\frac{[(3T_{jj}-15T_{rr})\hat{r}_i + 6T_{ri}]\mathrm{e}^{\mathrm{i}kr}\mathrm{e}^{\mathrm{i}\omega\tau}}{r^4}\mathrm{d}\boldsymbol{y}\mathrm{d}\tau \quad (6\text{-}43)$$

采用前文积分公式相同的命名规则，单极子和偶极子源声振速对应的积分式(6-41)和式(6-42)命名为 FV1A，四极子源声振速对应的积分式(6-43)命名为 FVQ1A。

6.5 应用分析

声音的传播过程是一种特殊的非定常流动过程，因此，也是一种特殊的能量传输过程。通常，描述声能量传播快慢的基本物理量是声功率，但声功率是一个标量，它无法描述声能的传播轨迹，但与声功率密切相关的矢量是声强。声功率与声强的关系类似于流量与速度的关系，前者（声功率/流量）是后者（声强/速度）在有限面积上的通量，即前者可以通过后者在面上的法向积分计算得到。鉴于上述原因，我们采用声强作为基本矢量来分析声能量的传播过程。此外，声压和声振速都是与时间相关的非定常量，两者组合即得到了瞬时声强 $\boldsymbol{I}(\boldsymbol{x},t)$ 的定义[147,148]

$$\boldsymbol{I}(\boldsymbol{x},t) = p'(\boldsymbol{x},t)\boldsymbol{u}'(\boldsymbol{x},t) \quad (6\text{-}44)$$

显然，采用上述变量在工程分析中存在诸多不便，因为我们通常习惯于用一个具体的量值表示声音的强弱或其能量的大小，而不希望用某一瞬时的量值表示。例如，我们通常用声压级描述声压的强弱，而不用瞬时声压描述。鉴于上述原因，对瞬时声强采用时均处理后得到时均声强 $\bar{\boldsymbol{I}}(\boldsymbol{x})$ 的定义为

$$\bar{\boldsymbol{I}}(\boldsymbol{x}) = \overline{p'(\boldsymbol{x},t)\boldsymbol{u}'(\boldsymbol{x},t)} = \frac{1}{T}\int_0^T p'(\boldsymbol{x},t)\boldsymbol{u}'(\boldsymbol{x},t)\mathrm{d}t \quad (6\text{-}45)$$

其中：T 表示采样时间。$\bar{\boldsymbol{I}}(\boldsymbol{x})$ 是一个实矢量，它同时包含声强的大小和方向信息。在声学分析中，我们通常还关注能量在频率上的分布特征，就像不仅关注总声压级的大小，还关注声压级频谱一样。因此，利用傅里叶变换的卷积性质，我们可以推导出时均声强 $\bar{\boldsymbol{I}}(\boldsymbol{x})$ 在每个角频率下的分量，即

$$\tilde{\boldsymbol{I}}(\boldsymbol{x},\omega) = 0.5\tilde{p}'(\boldsymbol{x},\omega)\tilde{\boldsymbol{u}}'^*(\boldsymbol{x},\omega) \quad (6\text{-}46)$$

其中：符号 * 代表复数的共轭。需要强调，$\tilde{\boldsymbol{I}}(\boldsymbol{x},\omega)$ 是一个复矢量，其实部和虚部分别称为有功声强和无功声强。因为只有有功声强部分对声功率有作用，因此在接下来的分析中，我们不研究无功声强。有关声强更多详细的介绍可以查看文献[147-149]。

通过前面的论述，知道采用时域数值方法和频域数值方法能分别计算出 $\boldsymbol{I}(\boldsymbol{x},t)$ 和 $\tilde{\boldsymbol{I}}(\boldsymbol{x},\omega)$。此外，采用时域数值方法也可以计算出 $\tilde{\boldsymbol{I}}(\boldsymbol{x},\omega)$，此时时域声压 $p'(\boldsymbol{x},t)$ 和声振速 $\boldsymbol{u}'(\boldsymbol{x},t)$ 需要

通过傅里叶变换转换为频域信号。

由于人耳能够听到的声压跨度范围很大($2\times10^{-5}\sim200$ Pa),不便于描述,因此通常将声压转换为声压级表征(一般范围为0~140 dB)。出于同样的目的,给出声强级的定义为

$$L_I = 10\lg\left[\frac{|\operatorname{Re}(\widetilde{\boldsymbol{I}}(\boldsymbol{x},\omega))|}{I_{\text{ref}}}\right] \tag{6-47}$$

其中:Re 代表复变量中的实部;声强的参考值为 $I_{\text{ref}} = 10^{-12}$ W/m²。

基于上述研究基础,我们利用两个示例来展示声学矢量(声强矢量和声能流线)在流动声学研究中的价值。其中第一个示例揭示旋转声源辐射声波的三种特有模式,第二个示例揭示阻抗边界散射噪声的特征。

6.5.1 旋转声源辐射声能量的模式分析

在这一节中,首先针对两个基本声源模型(旋转单极子和偶极子点源)来分析它们辐射声能量的特征,然后针对一个虚拟的旋转叶片模型来分析其能量传播模式。下面的研究结果中不仅给出了声学标量的云图(等值线图),也显示了声强矢量图和流线图,因而能够形象地揭示出声能量传播途径。

1. 旋转单极子点源

假设旋转单极子点源是一个定常源,即其源强度不随时间变化而变化。基于方程(3-45)可知,这种声源能够辐射出噪声是因为其处于变速运动状态(即声源的速度大小不变,但方向在变化)。有关声源的具体参数:源强度为 $\int_{f=0} Q\mathrm{d}s = 1$ kg·s^{-1},声源在 XY 平面内绕 Z 轴逆时针旋转,其中旋转半径 $R_y = 0.5$ m,旋转频率 $f_r = 40$ Hz。

将观测点设置在旋转源平面内,其在圆柱坐标系下的坐标为 $R_x = 2$ m、$\phi_x = 0$ 及 $Z_x = 0$。图 6-1 给出了分别采用时域数值方法(TDNM)和频域数值方法(FDNM)计算得到的有功声强频谱,从图中可以看出两种方法计算结果一致。由于观测点位置处在 XY 平面上,因此,声振速和声强在 z 方向的分量等于零,而图 6-1 也只需要给出 x 和 y 方向的声强分量。

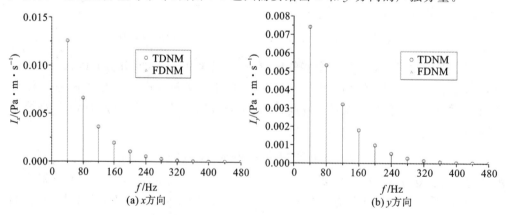

图 6-1 旋转单极子点源的声强频谱

图 6-2 显示了 XY 平面内旋转单极子点源的瞬时声强云图和矢量场。从云图中可以看出,瞬时声强的量级跨度非常大,因此,矢量场中的等长度箭头仅仅表示瞬时声强的矢量方向。

从图 6-2 的结果可以明显看出,部分声能从点源一侧流出,从另一侧流入。需要强调,上述结果清晰地表明旋转单极子点源的能量传播方式与静止单极子点源明显不同。

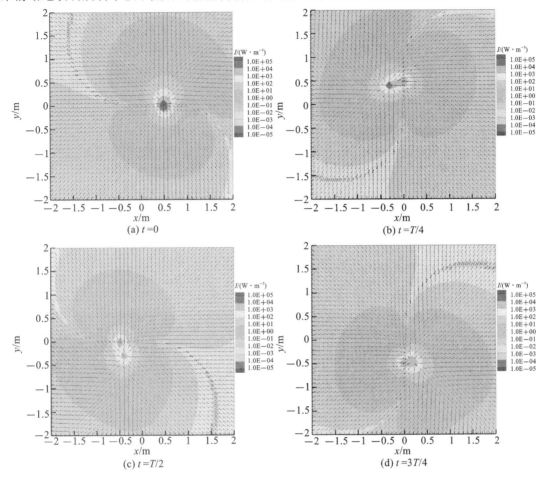

图 6-2 旋转单极子点源的瞬时声强云图和矢量场

为了进一步了解旋转单极子点源的声能量辐射特性,图 6-3 给出了 XY 平面内旋转单极子点源的瞬时声压云图和声强矢量场。由于旋转单极子点源附近瞬时声压的量级很大,所以我们仅仅展示了声压云图从 $-45\sim45$ Pa 的变化范围。由图 6-3 可以看出,在任何时刻旋转单极子点源周围总会同时存在一对正、负声压区域,压缩波和膨胀波分别在正、负声压区域传播。上述旋转单极子点源的瞬时指向性特征和静止偶极子点源的指向性特征十分类似。

图 6-3 清楚地表明在压缩波传播的区域内瞬时声能量从旋转单极子点源流出,而在膨胀波传播区域内声能流向旋转单极子点源。上述瞬时声能量的传播特征可以利用线性动量方程

$$\rho_0 \frac{\partial \boldsymbol{u}'}{\partial t} = -\boldsymbol{\nabla} p' \tag{6-48}$$

解释,方程(6-48)表明瞬时声强的方向与声压梯度方向刚好相反。

图 6-4 给出了 XY 平面内旋转单极子点源的有功声强场,图中等长度的箭头代表有功声强的方向。图 6-4 表明旋转声源在旋转半径为 0.5 m 的圆环上声强级最强,因此,声强测量可以作为声源识别的一种方法。此外,图 6-4 也表明有功声强的矢量方向与径向的夹角仅仅取决于观测点的半径,而与观测点的方位角无关。

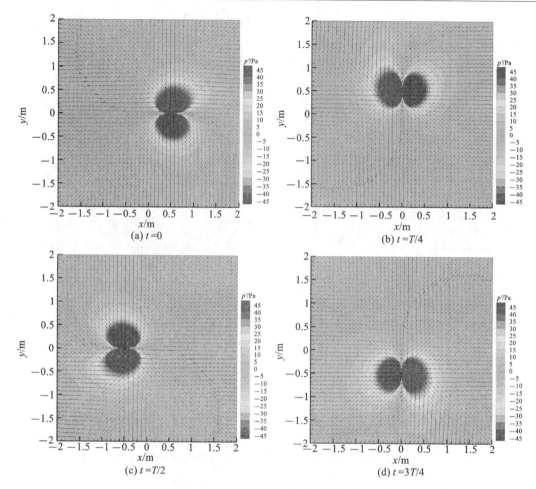

图 6-3 旋转单极子点源的瞬时声压云图和声强矢量场

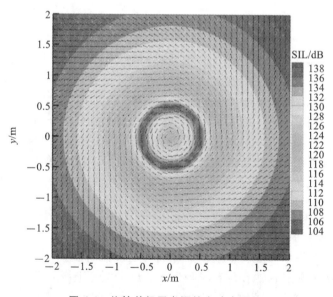

图 6-4 旋转单极子点源的有功声强场

与定常流场中的速度流线相似，声能流线也用来描述声能的流动，声能流线上任意一点的切线方向即为有功声强通过该点的方向[148,150]。图 6-5(a)和(b)分别绘制了旋转单极子点源在内、外区域的声能流量。其结果表明：在大于旋转半径的外区域，旋转单极子点源辐射的能量沿着螺旋形状逐渐向远场传播，该结论与 Carley 采用渐近展开方法[151]得出的结果一致；然而在小于旋转半径的区域，声能流线被限制在该区域内，且声能不能流出该区域。

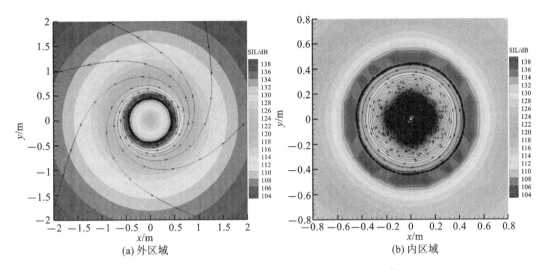

图 6-5　旋转单极子点源在内、外区域的声能流量

进一步，我们将声强矢量方向与圆柱坐标系径向之间的夹角定义为声强流动角。图 6-6 显示了外区域和内区域旋转单极子点源的声强流动角随观察点半径的变化。从图中可以明显发现：在外区域，声强流动角随观测点半径的增大而逐渐减小，值得注意的是在外区域近场中，声强流动角随观察点半径的变化而变化得非常缓慢，这就表明在外区域近场声能量传播会绕旋转声源多次盘旋；在远场区域，流动角接近于 0°，表明在远场中声能量几乎是沿径向传播的。在内区域，流动角随观察点半径的增加而增加。值得注意的，在旋转源的中心，流动角接近 90°。上述特征表明，内区域本质上就是一个声学黑洞，即所有的声能流进这个区域后几乎不可能流出。

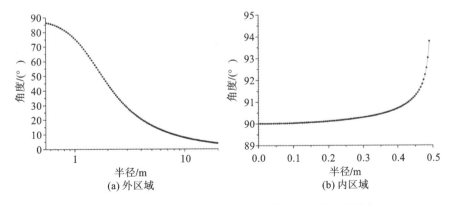

图 6-6　旋转单极子点源的声强流动角随观测点半径的变化

采用类似的方法，我们也分析了 XZ 平面内声能传播的特性。XZ 平面内旋转单极子点源的有功声强场和声能流线分别如图 6-7 和图 6-8 所示。从图中可以观察到旋转单极子点源辐射声能量的两种模式：第一种模式，声能量直接向外传播到旋转平面附近，这种模式如图 6-5(a)所示；第二种模式，声能量先沿半径方向向内传播，然后再沿轴向传播。声强级云图表明第一种声能量传播模式是旋转单极子点源辐射能量的主要模式，因为旋转源平面附近的声强级明显高于轴附近的声强级，上述结论与先前研究螺旋桨厚度噪声得到的结论[152,153]相同。

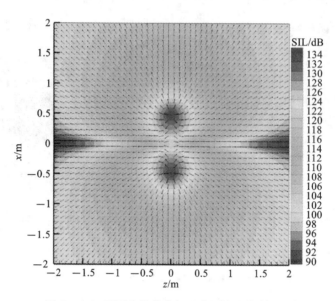

图 6-7　XZ 平面内旋转单极子点源的有功声强场

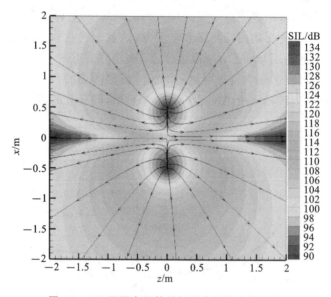

图 6-8　XZ 平面内旋转单极子点源的声能流线

基于前面的分析，我们可以归纳出旋转单极子点源辐射声能量有三种模式。为了便于后文的描述，我们分别把前两种声能量辐射模式称为螺旋模式和声学黑洞模式。在第三种辐射模式中，由于声能先沿径向、后沿轴向传播，因此将它称为 R-A 模式。

2. 旋转偶极子点源

假设偶极子点源的旋转频率和脉动频率分别为 $f_r = 40\,\text{Hz}$ 和 $f_0 = 120\,\text{Hz}$。偶极子点源的源强度矢量在圆柱坐标系中表示为 $\int_{f=0}\widetilde{L}_R\mathrm{d}s = \int_{f=0}\widetilde{L}_\phi\mathrm{d}s = \int_{f=0}\widetilde{L}_z\mathrm{d}s = 1\,\text{N}$，即每个方向上为单位强度。观测点位置在圆柱坐标系表示为 $R_x = 2\,\text{m}$、$\phi_x = 0$ 及 $Z_x = 1\,\text{m}$，其他运行参数均与旋转单极子源相同。下面分别计算单位强度的径向、周向及轴向旋转偶极子辐射的声强。

图 6-9～图 6-11 分别给出了旋转径向、周向和轴向偶极子点源的有功声强频谱。从图中可以看出其时域数值方法结果和频域数值方法结果一致，从而验证了旋转偶极子点源的声强预测结果。

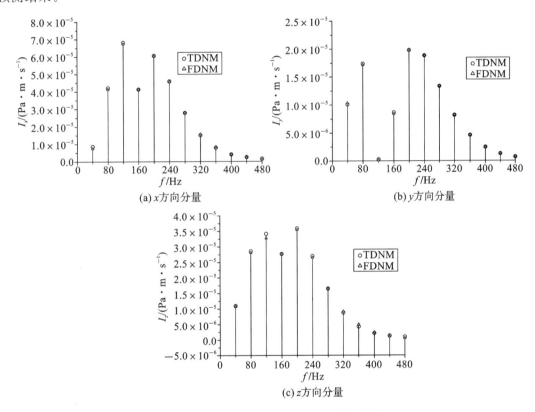

图 6-9 旋转径向偶极子点源的有功声强频谱

图 6-12 和图 6-13 分别显示 XY 和 XZ 平面内旋转径向偶极子点源的有功声强场。由于旋转单频源辐射的噪声频谱是离散的[154]，且离散频率为 $f_m = f_0 + mf_r$。这里仅给出频率为 $f_m = 40\,\text{Hz}$（对应谐波数 $m = -2$）和 $f_m = 200\,\text{Hz}$（对应谐波数 $m = 2$）的结果。从图 6-12 可以看出，声能向远场辐射的模式仍然是螺旋模式，然而当谐波数为正时声能的辐射方向和点源旋转方向相同，在谐波数为负时两者方向相反。在旋转径向偶极子点源附近的近场区域，声能流动的指向性图比旋转单极子点源更复杂。可以观察到一些"涡状"结构，同时在旋转径向偶极子点源内部区域仍然存在一个黑洞，通过绘制内区域的声强流动角可以证实以上结论。

在 XZ 平面内，旋转径向偶极子点源的声辐射模式与旋转单极子点源一样，从图 6-13 可以看出，有功声强的最大值和最小值分别位于点源的旋转平面和轴上。此外，部分声能首先沿

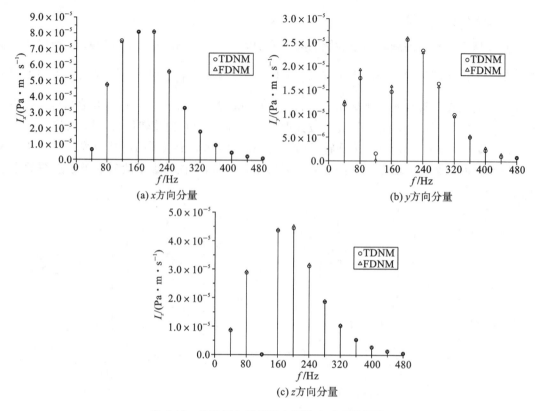

图 6-10 旋转周向偶极子点源的有功声强频谱

径向流入,然后沿轴向传播,即为 R-A 辐射模式。旋转周向偶极子点源的辐射特征与旋转径向偶极子点源的特征非常类似,图 6-14 和图 6-15 分别给出了 XY 和 XZ 平面内旋转周向偶极子点源的有功声强场。

下面分析旋转轴向偶极子点源辐射能量的特征。由于点源旋转所在的平面内没有任何声音,所有的声学参量(包括声压、声速度及声强)都等于零,因此,仅仅给出了 XZ 平面内旋转轴向偶极子点源的有功声强场,如图 6-16 所示。结果表明,旋转轴向偶极子点源的指向性图与静止的横向四极子点源相似,上述特征与旋转径向偶极子点源和周向偶极子点源存在明显的不同。

图 6-17 给出了在 XY 平面内旋转偶极子点源声强流动角随观测点半径变化而变化的关系。旋转轴向偶极子点源在 XY 平面内有功声强等于零,因此,仅仅给出了旋转径向和周向偶极子点源的声强流动角。在外区域,旋转径向和周向偶极子点源的声强流动角逐渐接近于 $0°$;在内区域,旋转径向和周向偶极子点源同样存在声学黑洞,因为声强流动角都接近于 $90°$。上述的辐射特征与旋转单极子点源特征一样。然而,图 6-12 和图 6-14 表明旋转径向和周向偶极子点源在近场区域存在"涡状"结构,因此,导致声强流动角的变化更为复杂,如图 6-17 所示。

3. 旋转叶片

旋转叶片周围的声强场可以通过混合计算气动声学方法得到,即先采用非定常流动模拟或者利用半经验模型[155-164]计算得到气动声源的瞬时信息,然后利用前面提到的时域数值方

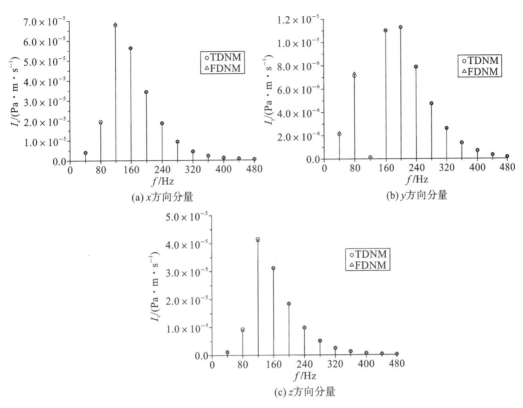

图 6-11 旋转轴向偶极子点源的有功声强频谱

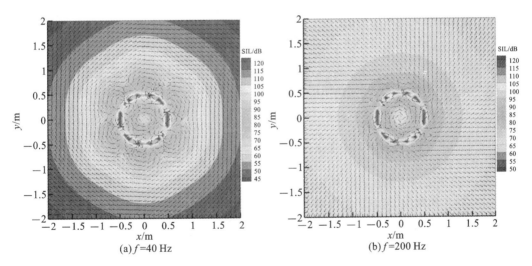

图 6-12 XY 平面内旋转径向偶极子点源的有功声强场

法或频域数值方法计算得到声强。这里利用 Isom 厚度噪声[80,165,166]特征开展研究。Isom 厚度噪声特征为:对于任何封闭的源面,在任意运动情况下,厚度源辐射的噪声等同于恒定载荷源 $\rho_0 c_0^2$ 辐射的噪声。以上声学特征被大量学者广泛应用以验证所开发的气动声学计算代码,如 Ghorbaniasl[116,167]、Khelladi[168]、Mao[83,169] 和 Xu[170]。

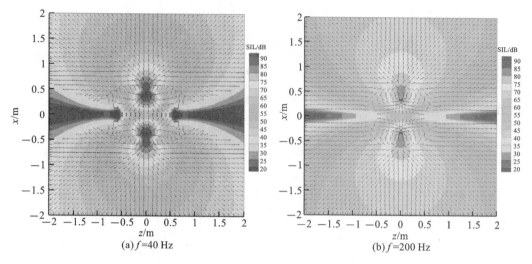

图 6-13 XZ 平面内旋转径向偶极子点源的有功声强场

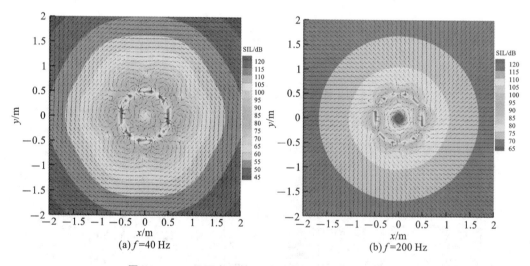

图 6-14 XY 平面内旋转周向偶极子点源的有功声强场

图 6-18 给出了一个虚拟转子结构示意图,它由三个相同叶片均匀周向分布。虽然上述转子不是一个真实的结构,但它仍然能够用来揭示旋转叶片的声能量辐射传播,并且这种测试算例不包括源信息的误差,因此,计算结果能提供一个有效的基准来验证其他预测旋转叶片噪声方法和代码。同时,虚拟转子的主要结构由叶片为一个展向长度为 0.4 m、弦长为 0.05 m 及厚度为 0.01 m 的矩形平板组成,旋转叶片的叶顶直径为 1 m,平板的中心在 XY 平面内。转子以频率 $f_r=100$ Hz 绕 Z 轴逆时针旋转,对应的叶顶旋转马赫数为 0.92。每个叶片的 6 个面均被离散,网格单元沿长、宽、高方向的数量分别为 25、5 和 2,如图 6-18(b) 所示。由于流动噪声主要来源于高马赫数旋转的叶顶位置,因此,需要对叶顶的网格进行加密处理。上述几何结构的转子已经在早期的研究[83,169,170]中被用来验证计算声压和声振速的程序代码。

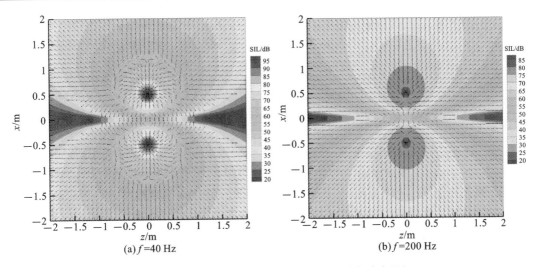

图 6-15　*XZ* 平面内旋转周向偶极子点源的有功声强场

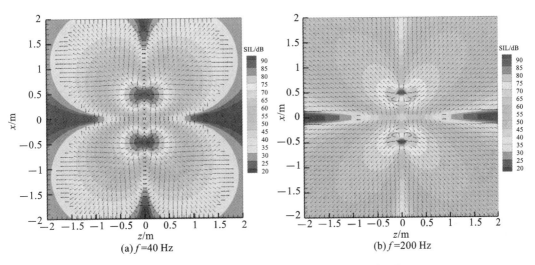

图 6-16　*XZ* 平面内旋转轴向偶极子点源的有功声强场

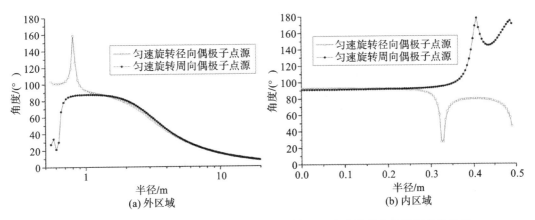

图 6-17　*XY* 平面内旋转偶极子点源声强流动角随观察点半径变化而变化的关系

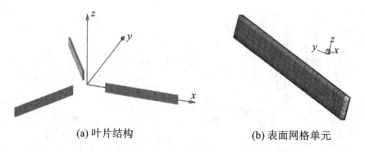

图 6-18 具有三个叶片的虚拟转子结构示意图

当观测点位于 $R_x = 1\,\mathrm{m}$、$\phi_x = \pi/4$ 和 $Z_x = 1\,\mathrm{m}$ 时，图 6-19 分别给出了采用时域数值方法和频域数值方法计算得到的有功声强频谱，由图可以得出，上述两种计算结果一致，因此，进一步验证了数值方法的可靠性。图 6-20 展示了 XY 平面和 XZ 平面内的有功声强场，其计算结果表明旋转叶片的声辐射特征与旋转点源的辐射特征相似。

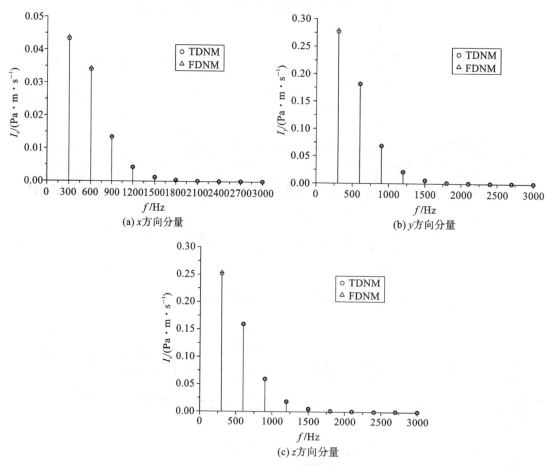

图 6-19 虚拟转子辐射的有功声强频谱

4. 讨论

以上三个算例揭示了旋转单极子点源和偶极子点源辐射声能量的三种模式。一般而言，

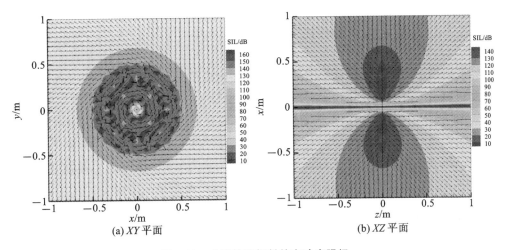

(a) XY 平面　　(b) XZ 平面

图 6-20　虚拟转子辐射的有功声强场

旋转单极子点源和偶极子点源的声能量辐射模式主要为螺旋模式。螺旋模式表明旋转单极子点源、旋转径向偶极子点源及旋转周向偶极子点源的声能主要集中在点源所在的旋转平面内（见图 6-7、图 6-13 和图 6-15），然而旋转轴向偶极子点源的声能主要沿着 $\theta_x \approx \pi/4$ 和 $3\pi/4$ 方向传播（见图 6-16）。

利用上述旋转声源辐射声能量的特征讨论以下两个方面的内容。

(1) 第一个研究内容：机壳吸声。

在机壳内敷设声衬的方法被广泛应用吸收旋转叶片产生的噪声[171-173]，对于轴流式叶轮机械，圆柱形机壳内表面的声阻抗边界条件为

$$\beta \tilde{p}'(\boldsymbol{x},\omega) = -\rho_0 c_0 \tilde{u}'_n(\boldsymbol{x},\omega) = -\rho_0 c_0 \tilde{u}'_R(\boldsymbol{x},\omega) \tag{6-49}$$

其中：β 是法向表面阻抗；$\tilde{u}'_n$ 和 $\tilde{u}'_R$ 分别是法向声振速和径向声振速。方程(6-49)表明：声衬吸收的声能只能是声强的法向分量，而不是其他方向上的声强。正如图 6-6(a) 和图 6-17(a) 所示，在旋转点源附近的声强流动角接近 90°，它表明通过传统的环形声衬仅能吸收很少的一部分声能。通过改进声衬表面的形状，从而减小当地声强矢量和阻抗面法向之间的夹角，也许能够提高声衬的吸声效果，并且通过法向声强在声衬表面的积分可以直接计算出声衬吸收的声能量。

(2) 第二个研究内容：中心散射体吸声。

螺旋桨和开式转子噪声产生是另一个重要应用领域的转子噪声问题。Glegg[174] 和 Kingan[175-177] 已经研究中心体散射对噪声传播的影响。由于旋转声源辐射噪声的模式主要为螺旋模式，因此在中心体上敷设声衬的效果十分有限。即使部分声能量以 R-A 模式辐射，中心体上敷设的声衬也很难吸收旋转单极子点源产生的入射声能，因为其内区域的声强流动角几乎等于 90°；对于旋转的载荷源，从图 6-17(b) 可以观察到，只有观察点离旋转声源很近的时候声强方向才接近于径向。上述特征表明，布置在中心散射体的声衬材料只能有效地吸收小半径处叶片辐射的噪声。

需要说明，上述所有分析得到的结论都只适用于亚音速旋转声源，对应超音速声源的声能量辐射特征可能与亚音速旋转声源有所不同。

6.5.2 边界散射噪声的分析

边界散射噪声的工程应用背景广泛存在,如螺旋桨和发动机噪声受到机身散射的影响,风机噪声受到风道散射的影响等。本节我们以静止单极子点声源辐射声波过程受临近的刚性/阻抗边界球体散射为例,介绍矢量流动声学方法在边界散射噪声分析中的应用。

引入球坐标系 (r,θ,ϕ) 描述声源、散射球体和观察点位置。散射球体球心位于坐标原点位置,半径为 a。入射声源为静止单极子点源,位置矢量为 $\mathbf{y}=(r_y,\theta_y,\phi_y)$,源强度为 $\widetilde{Q}$。位于 $\mathbf{x}=(r_x,\theta_x,\phi_x)$ 的观察点接收到的总声压和径向声振速的解析解[178]为

$$\widetilde{p}'_{MAT}(\mathbf{x},\omega) = -\widetilde{Q}k^2 c_0 \sum_{l=0}^{\infty}\left[j_l(kr_y) - B_l(\omega,\beta)h_l^{(1)}(kr_y)\right]h_l^{(1)}(kr_x)\sum_{m=-l}^{l}Y_{lm}(\theta_x,\phi_x)Y_{lm}^*(\theta_y,\phi_y) \tag{6-50}$$

$$\widetilde{u}'_{MATr}(\mathbf{x},\omega) = \frac{\mathrm{i}\widetilde{Q}k^2}{\rho_0}\sum_{l=0}^{\infty}\left[j_l(kr_y) - B_l(\omega,\beta)h_l^{(1)}(kr_y)\right]h_l^{'(1)}(kr_x)\sum_{m=-l}^{l}Y_{lm}(\theta_x,\phi_x)Y_{lm}^*(\theta_y,\phi_y) \tag{6-51}$$

其中

$$B_l(\omega,\beta) = \frac{j'_l(ka) + \mathrm{i}\beta j_l(ka)}{h_l^{'(1)}(ka) + \mathrm{i}\beta h_l^{(1)}(ka)} \tag{6-52}$$

$$Y_{lm}(\theta,\phi) = (-1)^m\sqrt{\frac{(2l+1)}{4\pi}\frac{(l-|m|)!}{(l+|m|)!}}P_l^{|m|}(\cos\theta)\mathrm{e}^{\mathrm{i}m\phi} \tag{6-53}$$

下面介绍基于等效源的数值方法求解上述声散射现象。总的声场可以表示为入射声和散射声的叠加,其声压和声振速场可表示为

$$\widetilde{p}'_T = \widetilde{p}'_I + \widetilde{p}'_S \tag{6-54}$$

$$\widetilde{u}'_{Ti} = \widetilde{u}'_{Ii} + \widetilde{u}'_{Si} \tag{6-55}$$

其中:$\widetilde{p}'_I$ 和 $\widetilde{u}'_{Ii}$ 分别为入射声压和声振速;$\widetilde{p}'_S$ 和 $\widetilde{u}'_{Si}$ 分别为散射声压和声振速。等效源方法的关键在于构造位于散射体内部的等效源,使散射壁面 $f_S=0$ 上满足一定的声学边界条件。很多学者已经利用等效源方法开展了声散射的研究,如 Lee 等[136,137,179]、Gounot 等[180]、Cheng 等[181]和 Swift 等[182]的工作。一般来讲,等效源可以是静止单极子和偶极子点源,以及这两种点源的任意组合,散射声压 $\widetilde{p}'_S$ 由散射体内部的每一个静止等效源的作用叠加而成,即

$$(k^2+\nabla^2)\widetilde{p}'_S(\mathbf{x},\omega) = \sum_{m=1}^{N_M}\mathrm{i}\omega\widetilde{Q}_{Em}\delta(\mathbf{x}-\mathbf{y}_m) + \sum_{l=1}^{N_D}\frac{\partial\widetilde{D}_{Eli}}{\partial x_i}\delta(\mathbf{x}-\mathbf{y}_l) \tag{6-56}$$

式中:N_M 和 N_D 分别是等效单极子和偶极子点源的数目;$\widetilde{Q}_{Em}$ 和 $\widetilde{D}_{El}$ 分别为第 m 个单极子和第 l 个偶极子点源的频域复源强;$\mathbf{y}_m$ 和 $\mathbf{y}_l$ 分别是第 m 个单极子点源和第 l 个偶极子点源的位置矢量。需要说明的是,所有等效点源可以是静止单极子、偶极子源,或它们的组合形式。

在频域下,散射声压 $\widetilde{p}'_S$ 和声振速 $\widetilde{u}'_{Si}$ 可由上述等效点源计算得到

$$4\pi\widetilde{p}'_S(\mathbf{x},\omega) = -\mathrm{i}\omega\sum_{m=1}^{N_M}\frac{\widetilde{Q}_{Em}\mathrm{e}^{\mathrm{i}kr_m}}{r_m} + \sum_{l=1}^{N_D}\frac{\widetilde{D}_{Elr}(1-\mathrm{i}kr_l)\mathrm{e}^{\mathrm{i}kr_l}}{r_l^2} \tag{6-57}$$

$$4\pi \tilde{u}'_{Si}(\boldsymbol{x},\omega) = \sum_{m=1}^{N_M} \frac{\widetilde{Q}_{E_m} \hat{r}_{mi}(1-\mathrm{i}kr)\mathrm{e}^{\mathrm{i}kr_m}}{\rho_0 r_m^2}$$

$$-\frac{1}{\rho_0 c_0}\sum_{l=1}^{N_D}\left[\frac{\mathrm{i}k\widetilde{D}_{Elr}\hat{r}_{li}}{r_l} + \frac{\widetilde{D}_{Eli} - 3\widetilde{D}_{Elr}\hat{r}_{li}}{r_l^2} + \frac{\mathrm{i}(\widetilde{D}_{Eli} - 3\widetilde{D}_{Elr}\hat{r}_{li})}{kr_l^3}\right]\mathrm{e}^{\mathrm{i}kr_l} \quad (6\text{-}58)$$

其中：$\widetilde{D}_{Elr} = \widetilde{D}_{Eli}\hat{r}_{li}$；$\hat{r}_{li} = r_{li}/r_l$；$r_m = |\boldsymbol{x}-\boldsymbol{y}_m|$；$r_l = |\boldsymbol{x}-\boldsymbol{y}_l|$。

散射体表面 $f_S=0$ 的声学边界条件可以表示为

$$\beta(\tilde{p}'_I + \tilde{p}'_S) + \rho_0 c_0 (\tilde{u}'_{In} + \tilde{u}'_{Sn}) = 0 \quad (6\text{-}59)$$

式中：β 为表面法向导纳，通常为实部不小于零的复数。特殊地，对于刚性壁面，满足 $\beta=0$，则有

$$\tilde{u}'_{In} + \tilde{u}'_{Sn} = 0 \quad (6\text{-}60)$$

由于等效源是人为设定在散射体内部的，因此必须精确确定所有的物理量，即等效源的类型、强度、位置矢量和数目，才能用来计算散射声场。对于一个给定的声散射问题，等效源方法能根据预期的声学边界条件构造出无穷多组等效声源。在本章中，我们提前给定等效源的类型，并假设等效源的数目与散射体表面的离散单元数目相等。尽管采用同样数目的等效声源和离散单元会使得计算较为耗时，但该方法可以避免最小二乘法的计算误差。根据 Lee 等[136]的建议，散射体内部的等效源分布与散射体表面单元布置相同，且其尺寸因子设为 0.8。此外，如果等效源为偶极子点源，其极轴的方向与等效源表面垂直。基于上述假设和声学边界条件，可以构造出一个线性方程组，并通过数值求解得到等效源的强度，从而可以通过方程(6-57)和方程(6-58)直接求解出散射声压和声振速。

假设静止单极子点源的坐标为 $\boldsymbol{y}=(r_y,\theta_y,\phi_y)=(2,0,0)$，声源强度为 $\widetilde{Q}=1\,\mathrm{kg/s}$，散射球体的半径为 $a=1\,\mathrm{m}$，声速为 $c_0=340\,\mathrm{m\cdot s^{-1}}$，空气密度为 $\rho_0=1.2\,\mathrm{kg\cdot m^{-3}}$，无量纲 Helmholtz 数为 $ka=\pi$。采用上述等效源方法分别计算刚性球体 $\beta=0$ 和阻抗球体 $\beta=0.3$ 时的声场。图 6-21 和图 6-22 比较了不同阻抗条件下在 YZ 平面上静止单极子点源辐射声波的指向性，其中观察点半径为 $r_x=20.0\,\mathrm{m}$。图中结果表明：不论是采用静止单极子点源还是静止偶极子点源作为等效源，计算得到的结果都与解析解取得较好的一致性。从图 6-21 和图 6-22 中还可以看出，经过阻抗球散射后的总声压和总径向声振速幅值大约是刚性球散射的一半，这表明球体的表面阻抗对静止单极子点源辐射的声波具有明显的吸声效果。

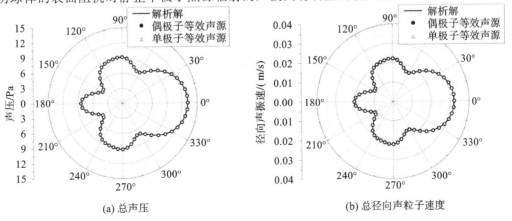

(a) 总声压   (b) 总径向声粒子速度

图 6-21 $\beta=0$ 刚性球散射静止单极子点源辐射声波的指向性

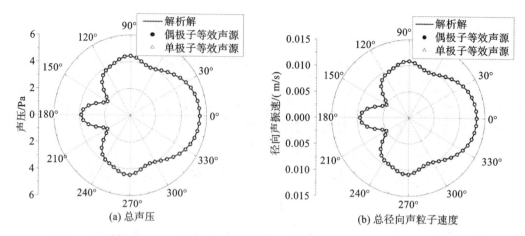

图 6-22 $\beta=0.3$ 阻抗球散射静止单极子点源辐射声波的指向性

图 6-23 和图 6-24 绘制出了不同表面阻抗下散射静止单极子点源辐射声波的有功声强场。由于单极子点源附近的声强梯度非常大,因此,图中仅给出声强级的等值线,统一长度的箭头仅仅表示矢量的方向,而不是其幅值。从图 6-24 中可以看出,在 A 和 B 区域,球体表面上的声强矢量指向球体内部,这意味着该部分的声能量被阻抗散射表面吸收。进一步地,阻抗表面所吸收的声功率可以通过对散射表面的数值积分得到。此外,从图 6-23 中还可以看出,刚性球体表面的一些箭头的方向与球体表面并不相切,这是由等效源方法的计算误差导致的。因此,对计算误差的分析如下。

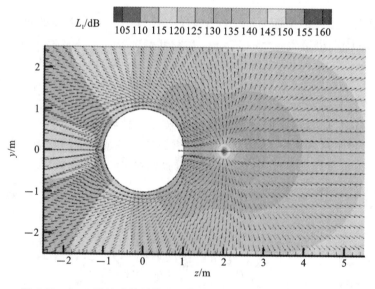

图 6-23 $\beta=0$ 刚性球散射静止单极子点源辐射声波的有功声强场

等效源方法的计算误差来源于散射体表面的单元离散、线性方程组的数值求解以及等效源的位置。在前述的算例分析中,等效源的数目与散射体表面单元数目相等,因此在数值求解过程中不会产生最小二乘误差。下面主要关注散射体表面离散带来的误差。在本章的所有验证算例中,球体表面的四边形单元数目为 $N=864$,表面单元的最大面积为 $\Delta S_{max}=0.0168 \text{ m}^2$,球体表面的网格如图 6-25 所示。

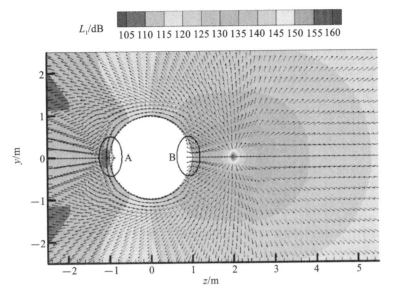

图 6-24 $\beta=0.3$ 阻抗球散射静止单极子点源辐射声波的有功声强场

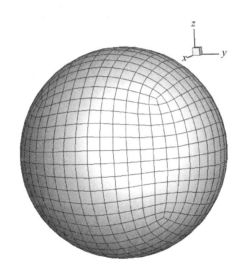

图 6-25 球体表面的网格

分别定义声压和径向声振速的最大相对计算误差为

$$\varepsilon_p = \max \left| \frac{|\tilde{p}'_{AT}(\bm{x}_j,\omega)| - |\tilde{p}'_{T}(\bm{x}_j,\omega)|}{\tilde{p}'_{AT}(\bm{x}_j,\omega)} \right|, j=1,2,3,\cdots,60 \quad (6\text{-}61)$$

$$\varepsilon_u = \max \left| \frac{|\tilde{u}'_{ATr}(\bm{x}_j,\omega)| - |\tilde{u}'_{Tr}(\bm{x}_j,\omega)|}{\tilde{u}'_{ATr}(\bm{x}_j,\omega)} \right|, j=1,2,3,\cdots,60 \quad (6\text{-}62)$$

式中：$\tilde{p}'_{AT}$ 和 $\tilde{p}'_{T}$ 分别为总声压的解析解和数值解；$\tilde{u}'_{ATr}$ 和 $\tilde{u}'_{Tr}$ 分别表示总径向声振速的解析解和数值解。

刚性散射体表面任何位置处的法向声振速和法向声强应该等于零，但在采用等效源方法的实际计算中，数值解仅能确保每个表面单元配点处的法向声强等于零，而不是在每个单元的节点上。上述数值处理会引起表面单元的声强矢量计算误差,即穿透散射体表面的声能量,如图 6-23 所示。为了分析上述计算误差,我们用数值方法计算散射表面 $f_S=0$ 的声功率,采用 Gauss-Legendre 公式对表面进行积分:

$$W = \int_{f_S=0} \widetilde{\boldsymbol{I}} \cdot \boldsymbol{n} \mathrm{d}s \tag{6-63}$$

声功率相对误差的定义为

$$\varepsilon_W = \frac{W}{W_A} \tag{6-64}$$

其中静止单极子点源的声功率解析解为

$$W_A = \frac{\omega_0^2 \left| \widetilde{Q}_M \right|^2}{8\pi\rho_0 c_0} \tag{6-65}$$

表 6-1 列出了刚性球散射静止单极子点源辐射声波在 4 个不同波数下的相对计算误差的变化情况,其中 λ 为波长。结果表明,ε_p 和 ε_u 非常接近但是远大于 ε_W,但是目前算例的所有相对计算误差均小于 2%。更多采用声学矢量研究声散射现象的算例分析研究可以参见文献[134,183]。

表 6-1 刚性球散射静止单极子点源辐射声波的相对计算误差

k	0.5	π	5	6
$\sqrt{\Delta S_{\max}}/\lambda$	0.01	0.06	0.10	0.12
W_{MA}(W)	2.818	111.265	281.837	405.845
W_N(W)	2.35×10^{-4}	0.017	0.048	0.073
$\varepsilon_p \times 100$	0.119	0.488	1.052	1.481
$\varepsilon_u \times 100$	0.119	0.489	1.055	1.483
$\varepsilon_W \times 100$	0.008	0.015	0.017	0.018

6.6 本章小结

FW-H 方程和 Farassat 公式分别以微分方程和积分方程的形式建立了流动声学研究领域中的声源与声学标量(声压或密度扰动)之间的关联关系。在本章中,我们建立了声源与声学矢量(声振速或声强)之间的关联关系,其中第 6.3 节和第 6.4 节分别介绍了声学矢量的波动方程及其时域和频域积分解的推导过程。

在实际工程应用中,声学矢量相对声学标量的优势至少体现在以下两个方面。

第一,能够用类似于流体力学的速度矢量和流线绘制声学中的声振速/声强矢量和声能流线,从而形象地显示声能量从声源位置到观察点位置的具体传递途径。利用上述方法,分别分析了旋转声源辐射的瞬时声强场和有功声强场。研究结果揭示了旋转声源辐射声能量的三种基本模式:第一种模式为螺旋模式,即声能量在旋转声源周围旋绕多次后逐渐向远场传播;第二种模式为声学黑洞模式,即声能一旦流入到声源所在旋转平面且小于旋转半径的内区域,就完全封闭在该区域内而不能再逃逸出去;第三种模式为 R-A 模式,即部分声能量先沿着半径向内传播,然后转成向轴向传播。进一步地,矢量声学方法结合等效源方法形象地揭示了散射球体对声能量传播的影响,强调了吸声位置的重要性,为后续开展吸声结构位置或形状的优化提供了研究基础。

第二,能够在声学矢量的基础上开展声源识别方法的研究。基于声强矢量或声能流线识别声源的方法已经在声学试验中得到了广泛的应用。利用数值方法预测声学矢量的方法同样可以应用于设计流程中的流动噪声源识别。例如,传统的基于壁面压力脉动或者时间导数的声源识别方法只能应用于静止边界的偶极子声源识别,因为它们不能考虑边界运动等因素对声波辐射的影响,但基于声强/声功率的声源识别方法[184]没有上述约束条件的限制,因此,可以将其应用在叶轮机械等领域的声源识别中。

需要说明,本章介绍的矢量波动方程及其积分解均只适用于静态介质的情形,在此情况下,声振速积分公式也可以通过Farassat积分公式联立线性化的Euler方程求解得到,但上述方法不适用于运动介质的情形。有关运动介质的波动方程和积分解将在第7章给出。

7 基于对流波动算子的声比拟理论

7.1 引 言

在应用前述章节推导的波动方程分析特定的声学问题时,右端的源通常被约束在较小的非线性流动区域,左端的波动算子及观察点通常被放置在远离声源的位置。因此,波动方程的右端采用等效声源来描述声音的产生,左端采用波动算子来描述声波的传播过程。上述波动方程左端采用的都是经典波动算子,其表示在求解声波传播时,假设介质处于静止状态。但在很多流动声学的工程应用中,声波传播的介质并不是处于静止状态,而是会受到运动背景流的影响,例如风洞中声波的传播和叶轮机械噪声在管道中的传播等。

关于运动背景流对声传播影响的早期研究可以参见文献[185-189]。截至目前,运动背景流对声传播影响的研究方法可以分解为两类。第一类方法是在波动方程中采用对流形式的波动算子替代静态介质中的经典波动算子。针对均匀背景流的情形,Wells 和 Han[190]最早建立了对流形式的 FW-H 方程,此后学者们分别建立了时域[115,116]和频域[191]的声压积分公式,Mao 等[192]建立了对流矢量波动方程及其对应的声振速积分公式。针对轴流压气机噪声在下游管道中传播的情形,Posson 和 Peake[23]建立了螺旋剪切背景流下的声比拟理论,但是所建立的波动方程需要采用数值方法求解对应的 Green 函数。此外,Lilley[18]和 Goldstein[193]等也研究了平行剪切背景流下的声比拟理论,但是所建立的波动方程无法采用 Green 函数方法转为积分解形式,因此限制了其在实际工程中的应用。第二类方法是采用 Lorentz 或 Prandtl-Glauert 变换方法,考虑背景流对声传播的影响[194-196]。两类方法本质上都是为了考虑运动背景流对声产生和传播的影响,只是第二类方法是在第一类方法的基础上引入了时-空坐标变换进行简化。

本章介绍均匀背景流下的声比拟理论,主要内容安排如下。第 7.2 节介绍运动流中的扰动类型及分解方法,第 7.3 节介绍包含对流波动算子的标量和矢量波动方程,第 7.4 节介绍对应波动方程的时域和频域积分解,第 7.5 节开展背景流中声源辐射声强和声功率的理论和数值分析,第 7.6 节对本章内容进行小结。

7.2 运动流体中的扰动类型和分解

7.2.1 运动流体中的扰动类型与特征

在自然界中,运动流体中的物理量随时间变化的扰动现象广泛存在。1953 年,Kovasznay[7]的研究表明运动流体的扰动类型可以分为声、涡和熵扰动三种模式,通常又将这三种扰动称为声波、涡波和熵波。此外,声扰动又称为势扰动,涡扰动在一些英文文献中又称为Hydrodynamic扰动。在采用小扰动假设,忽略二阶扰动的耦合效应时,三种扰动对应不同物理量的扰动,且这些扰动传播的特征也有所不同,总结归纳如表7-1所示。

表7-1 运动流体中线性小扰动的特征

	密度	压力	速度	涡量	胀量	温度	传播特征
声扰动	√	√	√	×	√	×	相对运动流体以音速向各向传播
涡扰动	×	×	√	√	×	×	伴随运动流体同速向下游传播
熵扰动	√	×	×	×	×	√	伴随运动流体同速向下游传播

上述三种类型的小扰动特征分析也可以参见文献[197]。需要强调,只有在没有边界约束的均匀背景流条件下,上述三种小扰动才能够各自独立分解出来。对于剪切流动或有固体边界约束或考虑不同扰动之间的二阶耦合效应时,上述三种不同类型的扰动可以相互转化[114],此时不同扰动影响的特征不再如表7-1所示。例如,涡扰动同样可以激发出压力扰动。

7.2.2 矢量场有旋和无旋分量的分解

Helmholtz分解和Helmholtz-Hodge分解是流体力学中的基本定理。这两种分解都表明,一个足够平滑的矢量场可以分解为有势无旋的矢量场和有旋无势的矢量场之和,即

$$\boldsymbol{\kappa} = \boldsymbol{\kappa}_a + \boldsymbol{\kappa}_v \tag{7-1}$$

其中:$\boldsymbol{\kappa}$是任意的矢量;下标a和v分别表示有势无旋分量和有旋无势分量。因此,基于上述分解可以得到以下恒等式:

$$\nabla \times \boldsymbol{\kappa}_a = 0; \nabla \cdot \boldsymbol{\kappa}_v = 0; \nabla \times \boldsymbol{\kappa} = \nabla \times \boldsymbol{\kappa}_v; \nabla \cdot \boldsymbol{\kappa} = \nabla \cdot \boldsymbol{\kappa}_a \tag{7-2}$$

对于在无穷远处接近均匀稳态的光滑无界流体,上述分解称为Helmholtz分解,且这种分解永远唯一存在,且是正交的。另一方面,如果流体中存在固体表面为边界,则需要使用以下边界条件保证上述分解仍是唯一的:

$$\boldsymbol{n} \times \boldsymbol{\kappa}_a = 0; \boldsymbol{n} \cdot \boldsymbol{\kappa}_v = 0 \tag{7-3}$$

其中:$\boldsymbol{n}$是垂直于固体表面的单位向量。上述针对有边界约束流体矢量场的分解通常称为Helmholtz-Hodge分解。关于上述两种分解更多的介绍可以参见文献[198-200]。

进一步地,引入Heaviside函数H,其满足

$$\nabla[H(f)] = \delta(f)\boldsymbol{n}(f) \tag{7-4}$$

其中:δ是Dirac三角函数;$\boldsymbol{n}(f)$是面$f=0$上的单位法向矢量。利用方程(7-2)和方程(7-3)可以推导出下列散度和旋度算子:

$$\nabla \cdot [H(f)\boldsymbol{\kappa}] = H(f)\nabla \cdot \boldsymbol{\kappa} + \boldsymbol{\kappa} \cdot \nabla[H(f)]$$
$$= H(f)\nabla \cdot \boldsymbol{\kappa}_a + \boldsymbol{\kappa}_a \cdot \boldsymbol{n}(f)\delta(f) = \nabla \cdot [H(f)\boldsymbol{\kappa}_a] \tag{7-5}$$

$$\nabla \times [H(f)\boldsymbol{\kappa}] = H(f)\nabla \times \boldsymbol{\kappa} + \boldsymbol{\kappa} \times \nabla[H(f)] = H(f)\nabla \times \boldsymbol{\kappa}_v + \delta(f)\boldsymbol{n}(f) \times \boldsymbol{\kappa}_v$$
$$= \nabla \times [H(f)\boldsymbol{\kappa}_v] \tag{7-6}$$

$$\nabla \times [H(f)\boldsymbol{\kappa}_a] = 0; \nabla \cdot [H(f)\boldsymbol{\kappa}_v] = 0 \tag{7-7}$$

7.3 均匀背景中的标量和矢量波动方程

7.3.1 对流波动算子的标量波动方程

假定均匀背景流的速度为 U_∞,当地流体相对背景流的速度为 u',则当地流体的速度为 $U_\infty + u'$。基于上述定义,第 4 章中的广义连续性方程和动量方程可以等价表示为

$$\frac{d[H(f)\rho]}{dt} + \frac{\partial[H(f)\rho u'_j]}{\partial x_j} = Q\delta(f) \tag{7-8}$$

$$\frac{d[H(f)\rho u'_i]}{dt} + \frac{\partial[H(f)(\rho u'_i u'_j + p\delta_{ij} - \sigma_{ij})]}{\partial x_j} = L_i \delta(f) \tag{7-9}$$

其中

$$\frac{d}{dt} = \frac{\partial}{\partial t} + U_{\infty i}\frac{\partial}{\partial x_i} \tag{7-10}$$

$$Q = \rho_0(v_n - U_{\infty n}) + \rho[u'_n - (v_n - U_{\infty n})] \tag{7-11}$$

$$L_i = [(p - p_0)\delta_{ij} - \sigma_{ij}]n_j + \rho u'_i[u'_n - (v_n - U_{\infty n})] \tag{7-12}$$

其中:$U_{\infty n} = U_{\infty i} n_i$。对上述广义连续性方程求关于时间的物质导数,并对动量方程求空间导数,按照经典 FW-H 方程的推导思路,可以得到以下形式的对流 FW-H 方程[116,201]:

$$\left(\frac{1}{c_0^2}\frac{d^2}{dt^2} - \nabla^2\right)p'(\pmb{x}, t) = \frac{d}{dt}[Q\delta(f)] - \frac{\partial}{\partial x_i}[L_i\delta(f)] + \frac{\partial^2}{\partial x_i \partial x_j}[T_{ij}H(f)] \tag{7-13}$$

其中

$$T_{ij} = \rho u'_i u'_j + (p' - c_0^2 \rho')\delta_{ij} - \sigma_{ij} \tag{7-14}$$

如果 $\pmb{U}_\infty = 0$,则上述对流 FW-H 方程等同于经典的 FW-H 方程。

7.3.2 对流波动算子的矢量波动方程

第 6 章已经介绍了静态介质中的矢量波动方程,但第 6 章中介绍的方法不能直接用来推导运动介质中的矢量波动方程。这是因为在运动介质中,速度的扰动不仅与声扰动相关,也与涡扰动相关,因此,在推导运动介质中的矢量波动方程时需要先对速度的扰动分解出涡和声扰动分量。

将 7.2 节中介绍的分解方法代入线性化的欧拉方程,可以得

$$\frac{\partial \pmb{u}'_a}{\partial t} + \frac{\partial \pmb{u}'_v}{\partial t} + \pmb{U}_\infty \cdot \nabla \pmb{u}'_a + \pmb{U}_\infty \cdot \nabla \pmb{u}'_v = -\nabla p'/\rho_0 \tag{7-15}$$

其中:$\pmb{u}'_a$ 和 $\pmb{u}'_v$ 分别是声振速和涡扰动速度;$\pmb{U}_\infty$ 是均匀平均流的速度;p' 是压力扰动;ρ_0 是无扰动密度。此外,对于二阶张量,如 Lighthill 应力张量 $\pmb{T}$ 可以表示为

$$\nabla \cdot (\nabla \cdot \pmb{T})_v = 0; \nabla \times (\nabla \cdot \pmb{T})_a = 0 \tag{7-16}$$

基于上述分解推导均匀背景流下涡扰动和声扰动速度对应的控制方程。首先,广义动量方程(7-9)可以等价表示为

$$\frac{d[H(f)\rho\boldsymbol{u}']}{dt} + \boldsymbol{\nabla}\cdot[H(f)\boldsymbol{T}] + \boldsymbol{\nabla}[H(f)\rho c_0^2] = \boldsymbol{L}\delta(f) \tag{7-17}$$

对方程(7-17)执行旋度运算得

$$\boldsymbol{\nabla}\times\frac{d[H(f)\rho\boldsymbol{u}']}{dt} = \boldsymbol{\nabla}\times[\boldsymbol{L}\delta(f)]_v - \boldsymbol{\nabla}\times[\boldsymbol{\nabla}\cdot[H(f)\boldsymbol{T}]]_v \tag{7-18}$$

远场位置的密度扰动 ρ' 远小于未扰动流体的密度 ρ_0，因此，利用方程(7-2)并忽略二阶扰动小量可以得

$$\boldsymbol{\nabla}\times[H(f)\rho\boldsymbol{u}'] = \boldsymbol{\nabla}\times[H(f)\rho_0\boldsymbol{u}'] + \boldsymbol{\nabla}\times[H(f)\rho'\boldsymbol{u}'] = \boldsymbol{\nabla}\times[H(f)\rho_0\ \boldsymbol{u}'_v] \tag{7-19}$$

将方程(7-19)代入方程(7-18)中可以得

$$\boldsymbol{\nabla}\times\left[\frac{d[H(f)\rho_0\ \boldsymbol{u}'_v]}{dt} - [\boldsymbol{L}\delta(f)]_v + [\boldsymbol{\nabla}\cdot[H(f)\boldsymbol{T}]]_v\right] = 0 \tag{7-20}$$

为了保证方程(7-20)成立，需要满足

$$\frac{d[H(f)\rho_0\ \boldsymbol{u}'_v]}{dt} - [\boldsymbol{L}\delta(f)]_v + [\boldsymbol{\nabla}\cdot[H(f)\boldsymbol{T}]]_v = \boldsymbol{\kappa}_a\ \text{或常数} \tag{7-21}$$

其中：$\boldsymbol{\kappa}_a$ 表示无旋有势的矢量。方程(7-21)等号的左端全部是有旋分量，因此方程(7-21)只能等于0，也就是它可以表示为

$$\frac{d[H(f)\rho_0\ \boldsymbol{u}'_v]}{dt} = [\boldsymbol{L}\delta(f)]_v - [\boldsymbol{\nabla}\cdot[H(f)\boldsymbol{T}]]_v \tag{7-22}$$

方程(7-22)被命名为涡扰动方程，它表明运动流体中扰动速度的有旋分量（即涡波或涡扰动）源于偶极子源和四极子源的作用，而与单极子源无关。并且这种扰动伴随着流体的运动向下游传播，因为方程(7-22)等号左端的是物质导数，而不是波动算子。

下面以矢量 $\rho\boldsymbol{u}'$ 作为波动算子的变量推导均匀背景流下的矢量波动方程，但我们必须首先强调运动背景流中的 $\boldsymbol{u}'$ 表示的是总扰动速度，而不是声振速。对广义连续性方程求空间导数 $\partial/\partial x_i$ 得

$$\frac{d}{dt}\frac{\partial[H(f)\rho]}{\partial x_i} + \frac{\partial^2[H(f)\rho u'_j]}{\partial x_i \partial x_j} = \frac{\partial[Q\delta(f)]}{\partial x_i} \tag{7-23}$$

对广义动量方程求物质导数 d/dt，并除以常数 c_0^2 得

$$\frac{1}{c_0^2}\frac{d^2[H(f)\rho u'_i]}{dt^2} + \frac{1}{c_0^2}\frac{d}{dt}\frac{\partial[H(f)(\rho u'_i u'_j + p\delta_{ij} - \sigma_{ij})]}{\partial x_j} = \frac{1}{c_0^2}\frac{d[L_i\delta(f)]}{dt} \tag{7-24}$$

方程(7-24)减去方程(7-23)得

$$\frac{1}{c_0^2}\frac{d^2[H(f)\rho u'_i]}{dt^2} - \frac{\partial^2[H(f)\rho u'_j]}{\partial x_i \partial x_j} = -\frac{\partial[Q\delta(f)]}{\partial x_i} + \frac{1}{c_0^2}\frac{d[L_i\delta(f)]}{dt}$$
$$- \frac{1}{c_0^2}\frac{d}{dt}\left[\frac{\partial[H(f)(\rho u'_i u'_j + p\delta_{ij} - (\rho-\rho_0)c_0^2\delta_{ij} - \sigma_{ij})]}{\partial x_j}\right] \tag{7-25}$$

方程(7-25)可以表示为

$$\frac{1}{c_0^2}\frac{d^2(H(f)\rho\boldsymbol{u}')}{dt^2} - \boldsymbol{\nabla}[\boldsymbol{\nabla}\cdot(H(f)\rho\boldsymbol{u}')]$$
$$= -\boldsymbol{\nabla}(Q\delta(f)) + \frac{1}{c_0^2}\frac{d(\boldsymbol{L}\delta(f))}{dt} - \frac{1}{c_0^2}\frac{d[\boldsymbol{\nabla}\cdot(H(f)\boldsymbol{T})]}{dt} \tag{7-26}$$

需要强调，方程(7-26)左端并不是波动算子，需要利用以下恒等式

$$\nabla[\nabla \cdot (H(f)\rho \mathbf{u}')] = \nabla^2[H(f)\rho \mathbf{u}'] + \nabla \times [\nabla \times (H(f)\rho \mathbf{u}')] \quad (7\text{-}27)$$

因此，可以在方程(7-26)右端增加新的源项 $\nabla \times [\nabla \times (H(f)\rho \mathbf{u}')]$，将其表示为波动方程的形式。广义动量方程(7-9)可以等效表示为

$$\frac{\partial[\rho u_i' H(f)]}{\partial t} + U_j \frac{\partial[\rho u_i' H(f)]}{\partial x_j} + \frac{\partial[(\rho u_i' u_j' + p\delta_{ij} - \sigma_{ij})H(f)]}{\partial x_j} = L_i \delta(f) \quad (7\text{-}28)$$

对方程执行时间积分，并求两次旋度运算，以及利用定理 $\nabla \times (\nabla \kappa) = 0$ 可以得

$$\nabla \times [\nabla \times (H(f)\rho \mathbf{u}')] = \int_0^t \nabla \times [\nabla \times (\mathbf{L}\delta(f))] \mathrm{d}t^*$$
$$- \int_0^t \nabla \times \{\nabla \times [\nabla \cdot (\mathbf{T}H(f))]\} \mathrm{d}t^*$$
$$- \int_0^t \nabla \times \{\nabla \times [\mathbf{U}_\infty \cdot \nabla (H(f)\rho \mathbf{u}')]\} \mathrm{d}t^* \quad (7\text{-}29)$$

将方程(7-29)和方程(7-27)代入方程(7-26)中，得到以下形式的矢量波动方程：

$$\frac{1}{c_0^2}\frac{\mathrm{d}^2(H(f)\rho \mathbf{u}')}{\mathrm{d}t^2} - \nabla^2(H(f)\rho \mathbf{u}') = -\nabla(Q\delta(f))$$
$$+ \frac{1}{c_0^2}\frac{\mathrm{d}(\mathbf{L}\delta(f))}{\mathrm{d}t} + \int_0^t \nabla \times [\nabla \times (\mathbf{L}\delta(f))] \mathrm{d}t^*$$
$$- \frac{1}{c_0^2}\frac{\mathrm{d}[\nabla \cdot (H(f)\mathbf{T})]}{\mathrm{d}t}$$
$$- \int_0^t \nabla \times \{\nabla \times [\nabla \cdot (H(f)\mathbf{T})]\} \mathrm{d}t^*$$
$$- \int_0^t \nabla \times \{\nabla \times [\mathbf{U}_\infty \cdot \nabla (H(f)\rho \mathbf{u}')]\} \mathrm{d}t^* \quad (7\text{-}30)$$

7.4 均匀背景流对应的积分解

7.4.1 对流 Green 函数

上述含有对流波动算子的标量和矢量波动方程在三维自由空间下的时域 Green 函数为[202]

$$g(\mathbf{x}, \mathbf{y}, t-\tau) = \frac{\delta(t-\tau-R/c_0)}{4\pi R^*} \quad (7\text{-}31)$$

其中

$$R^* = \frac{\sqrt{r^2 + \gamma^2(\mathbf{M}_\infty \cdot \mathbf{r})^2}}{\gamma} = \frac{r\sqrt{1+\gamma^2 M_{\infty r}^2}}{\gamma} \quad (7\text{-}32)$$

$$R = \gamma^2(R^* - rM_{\infty r}) \quad (7\text{-}33)$$

其中：$\gamma = \sqrt{1/(1-M_\infty^2)}$；$M_{\infty r} = M_\infty \hat{r}_i$，$M_{\infty i} = U_{\infty i}/c_0$；$R$ 是指源点和观察点之间的声学距离，而不是几何距离。应当指出的是，上面的格林函数只适合于亚音速均匀来流，因为因子 γ 必须是一个实数[189]。基于上述定义，我们可以推导出以下恒等式

$$\hat{R}_i^* = \frac{\partial R^*}{\partial x_i} = \frac{r_i + \gamma^2 r M_{\infty r} M_{\infty i}}{\gamma^2 R^*} \tag{7-34}$$

$$\hat{R}_i = \frac{\partial R}{\partial x_i} = \gamma^2 (\hat{R}_i^* - M_{\infty i}) \tag{7-35}$$

7.4.2 声学标量和矢量的时域和频域积分解

基于对流 FW-H 方程,得到单极子和偶极子源辐射声波的时域声压积分公式为[116]

$$4\pi p'_T(\boldsymbol{x},t) = \int_{f=0} \left[\frac{(1-M_{\infty R})\dot{Q}}{R^*(1-M_R)^2} + \frac{(1-M_{\infty R})Q(R^*\dot{M}_R + c_0(M_{R^*} - M^2))}{R^{*2}(1-M_R)^3} \right]_{\text{ret}} \mathrm{d}S$$

$$- \int_{f=0} \left[\frac{(1-M_{\infty R})Qc_0(M_{R^*}M_R + \gamma^2(M_{\infty R}^2 - M_{R^*}^2))}{R^{*2}(1-M_R)^3} \right]_{\text{ret}} \mathrm{d}S$$

$$- \int_{f=0} \left[\frac{c_0 \gamma^2 Q(M_{\infty R^*}M_{R^*} - M_{\infty M})}{R^{*2}(1-M_R)^2} + \frac{c_0 M_{\infty R^*} Q}{R^{*2}(1-M_R)} \right]_{\text{ret}} \mathrm{d}S \tag{7-36}$$

$$4\pi p'_L(\boldsymbol{x},t) = \int_{f=0} \left[\frac{\dot{L}_R}{c_0 R^*(1-M_R)^2} + \frac{L_{R^*} - L_M}{R^{*2}(1-M_R)^2} + L_R \frac{R^*\dot{M}_R + c_0(M_{R^*} - M^2)}{c_0 R^{*2}(1-M_R)^3} \right]_{\text{ret}} \mathrm{d}S$$

$$- \int_{f=0} \left[\frac{L_R(M_{R^*}M_R + \gamma^2(M_{\infty M}^2 - M_{R^*}^2))}{c_0 R^{*2}(1-M_R)^3} \right]_{\text{ret}} \mathrm{d}S$$

$$- \int_{f=0} \left[\frac{L_{R^*}M_R + \gamma^2(M_{\infty M}M_{\infty L} - L_{R^*}M_{R^*})}{R^{*2}(1-M_R)^2} \right]_{\text{ret}} \mathrm{d}S \tag{7-37}$$

其中:$M_{\infty R} = M_{\infty i}\hat{R}_i$;$M_{\infty R^*} = M_{\infty i}\hat{R}_i^*$;$M_{\infty M} = M_{\infty i}M_i$;$M_R = M_i\hat{R}_i$;$M_{R^*} = M_i\hat{R}_i^*$;$M_{\infty L} = M_{\infty i}L_i$;$L_{R^*} = L_i\hat{R}_i^*$。应指出在方程(7-36)和方程(7-37)中,$[\cdot]_{\text{ret}}$ 表示所有的被积函数应该在延迟时间 $\tau = t - R(\tau)/c_0$ 处进行求解,其中运动介质中的延迟时间并不等同于静止介质中的延迟时间。方程(7-36)和方程(7-37)明确地考虑了任意方向匀速亚音速来流的影响,如果介质是静止的,那么上述公式就等同于 Farassat 1A 公式。

此外,单极子源的时域积分公式也可以表示为

$$p'_T(\boldsymbol{x},t) = \left(\frac{\partial}{\partial t} + U_{\infty i}\frac{\partial}{\partial x_i}\right) \int_{-\infty}^{+\infty}\int_{f=0} \left[\frac{Q\delta(t-\tau-R/c_0)}{4\pi R^*}\right]_{\text{ret}} \mathrm{d}S\mathrm{d}\tau \tag{7-38}$$

通过对方程(7-38)进行傅里叶变换,并利用微分性质,相应的频域积分公式为

$$\tilde{p}'_T(\boldsymbol{x},\omega) = (-\mathrm{i}\omega + U_{\infty i}\frac{\partial}{\partial x_i}) \int_{-\infty}^{+\infty}\int_{f=0} QG(\boldsymbol{x},\boldsymbol{y},\omega)\mathrm{e}^{\mathrm{i}\omega\tau}\mathrm{d}S\mathrm{d}\tau \tag{7-39}$$

其中 $G(\boldsymbol{x},\boldsymbol{y},\omega)$ 指亚音速均匀来流下三维自由空间的频域 Green 函数,它满足下面的恒等式:

$$G(\boldsymbol{x},\boldsymbol{y},\omega) = \int_{-\infty}^{+\infty} g(\boldsymbol{x},\boldsymbol{y},t-\tau)\mathrm{e}^{\mathrm{i}\omega(t-\tau)}\mathrm{d}t = \frac{\mathrm{e}^{\mathrm{i}kR(\tau)}}{4\pi R^*(\tau)} \tag{7-40}$$

频域 Green 函数相对于观察点坐标的一阶偏导数为

$$\frac{\partial G(\boldsymbol{x},\boldsymbol{y},\omega)}{\partial x_i} = -\frac{\mathrm{e}^{\mathrm{i}kR}(r_i + \gamma^2 r M_{\infty r}M_{\infty i})}{4\pi\gamma^2 R^{*3}} + \frac{\mathrm{i}k\mathrm{e}^{\mathrm{i}kR}\gamma^2(\hat{R}_i^* - M_{\infty i})}{4\pi R^*} \tag{7-41}$$

将方程(7-40)和方程(7-41)代入方程(7-39)中,可以推导出计算亚音速均匀来流中旋转单极子源辐射噪声的频域声压公式为

$$4\pi \tilde{p}'_T(\boldsymbol{x},\omega) = -\int_{-\infty}^{+\infty}\int_{f=0} \left[\frac{\mathrm{i}\omega Q(1-\gamma^2(M_{\infty R^*}-M_\infty^2))}{R^*}\right] \mathrm{e}^{\mathrm{i}kR}\mathrm{e}^{\mathrm{i}\omega\tau}\mathrm{d}S\mathrm{d}\tau$$

$$-\int_{-\infty}^{+\infty}\int_{f=0}\left[\frac{Qc_0 rM_{\infty r}(1+\gamma^2 M_\infty^2)}{\gamma^2 R^{*3}}\right]\mathrm{e}^{\mathrm{i}kR}\mathrm{e}^{\mathrm{i}\omega\tau}\mathrm{d}S\mathrm{d}\tau \tag{7-42}$$

对于亚音速均匀来流下的偶极子源,时域声压公式可表示为

$$4\pi p'_L(\boldsymbol{x},t) = -\frac{\partial}{\partial x_i}\int_{-\infty}^{+\infty}\int_{f=0}\left[\frac{L_i\delta(t-\tau-R/c_0)}{R^*}\right]_{\mathrm{ret}}\mathrm{d}S\mathrm{d}\tau \tag{7-43}$$

通过对方程(7-43)进行傅里叶变换,并且应用方程(7-41),可以推导出在亚音速均匀来流下偶极子源的频域声压公式:

$$4\pi \tilde{p}'_L(\boldsymbol{x},\omega) = \int_{-\infty}^{+\infty}\int_{f=0}\left[\frac{r(L_r+\gamma^2 M_{\infty r}M_{\infty L})}{\gamma^2 R^{*3}} - \frac{\mathrm{i}k\gamma^2(L_{R^*}-M_{\infty L})}{R^*}\right]\mathrm{e}^{\mathrm{i}kR}\mathrm{e}^{\mathrm{i}\omega\tau}\mathrm{d}S\mathrm{d}\tau \tag{7-44}$$

方程(7-42)和方程(7-44)是频域声压积分公式,它们可以用来计算任意方向均匀亚音速来流条件下单极子和偶极子源辐射的远场和近场噪声。因为方程(7-42)和方程(7-44)针对源点时域积分的极限是无穷大的,在有限的时间区域内,可以采用窗函数进行截断处理,我们可以得到适合于数值计算的频域公式为

$$4\pi \tilde{p}'_T(\boldsymbol{x},\omega) = -\int_0^{T_{\mathrm{int}}}\int_{f=0}\left[\frac{\mathrm{i}\omega Q(1-\gamma^2(M_{\infty R^*}-M_\infty^2))}{R^*}\right]w(\tau)\mathrm{e}^{\mathrm{i}kR}\mathrm{e}^{\mathrm{i}\omega\tau}\mathrm{d}S\mathrm{d}\tau$$

$$-\int_0^{T_{\mathrm{int}}}\int_{f=0}\left[\frac{Qc_0 rM_{\infty r}(1+\gamma^2 M_\infty^2)}{\gamma^2 R^{*3}}\right]w(\tau)\mathrm{e}^{\mathrm{i}kR}\mathrm{e}^{\mathrm{i}\omega\tau}\mathrm{d}S\mathrm{d}\tau \tag{7-45}$$

$$4\pi \tilde{p}'_L(\boldsymbol{x},\omega) = \int_0^{T_{\mathrm{int}}}\int_{f=0}\left[\frac{r(L_r+\gamma^2 M_{\infty r}M_{\infty L})}{\gamma^2 R^{*3}}\right]w(\tau)\mathrm{e}^{\mathrm{i}kR}\mathrm{e}^{\mathrm{i}\omega\tau}\mathrm{d}S\mathrm{d}\tau$$

$$-\int_0^{T_{\mathrm{int}}}\int_{f=0}\left[\frac{\mathrm{i}k\gamma^2(L_{R^*}-M_{\infty L})}{R^*}\right]w(\tau)\mathrm{e}^{\mathrm{i}kR}\mathrm{e}^{\mathrm{i}\omega\tau}\mathrm{d}S\mathrm{d}\tau \tag{7-46}$$

其中:积分区间的时间长度 $T_{\mathrm{int}} = [1/f_r, 1/f_0]_{\mathrm{LCM}}$ 和矩形窗函数 $w(\tau)=1$ 可以适用于均匀来流下的旋转源。与时域方程(7-36)和方程(7-37)相比,频域方程(7-45)和方程(7-46)的数学表达式更为简练。该频域公式可以认为是方程(3-65)和方程(3-70)的扩展,并且保留了频域公式的优点,如无奇异积分、无插值误差等[60]。

需要说明的是,采用上述频域公式求解噪声的过程中,需要针对每个频率的分量进行积分求解。因此,上述频域公式求解旋转声源辐射的离散噪声具有较高的求解效率,但是当求解宽频噪声时,其计算量将明显增大。

类似地,从对流矢量波动方程(7-30)出发,可以分别推导得到单极子源和偶极子源在均匀背景流中辐射声波的时域声振速积分公式[192]:

$$4\pi\rho_0 u'_{a,Ti}(\boldsymbol{x},t) = \frac{1}{c_0}\frac{\partial}{\partial t}\int_{f=0}\left[\frac{Q\hat{R}_i}{R^*(1-M_R)}\right]_{\mathrm{ret}}\mathrm{d}S + \int_{f=0}\left[\frac{Q\hat{R}_i^*}{R^{*2}(1-M_R)}\right]_{\mathrm{ret}}\mathrm{d}S \tag{7-47}$$

$$4\pi\rho_0 u'_{a,Li}(\boldsymbol{x},t) = \frac{\partial}{\partial t}\int_{f=0}\left[\frac{L_{a,R}\hat{R}_i+(M_{\infty R}-M_{\infty R}^2)L_{a,i}}{c_0^2 R^*(1-M_R)}\right]_{\mathrm{ret}}\mathrm{d}S$$

$$+\int_{f=0}\left[\frac{L_{a,R^*}\hat{R}_i+(L_{a,R}+\gamma^2 L_{a,R^*})\hat{R}_i^*-L_{a,i}}{c_0 R^{*2}(1-M_R)}\right]_{\mathrm{ret}}\mathrm{d}S$$

$$+\int_{f=0}\left[\frac{(M_{\infty R^*}-2M_{\infty R}M_{\infty R^*}+\gamma^2 M_\infty^2-\gamma^2 M_{\infty R^*}^2)L_{a,i}-\gamma^2 L_{a,M_\infty}M_{\infty i}}{c_0 R^{*2}(1-M_R)}\right]_{\mathrm{ret}}\mathrm{d}S$$

$$+ \int_0^t \int_{f=0} \left[\frac{3L_{a,R^*} \hat{R}_i^* + (2M_\infty^2 - 3M_{\infty R^*}^2 - 1)L_{a,i} - L_{a,M_\infty} M_{\infty i}}{R^{*3}(1-M_R)} \right]_{\text{ret}} \mathrm{d}S \mathrm{d}t^* \quad (7\text{-}48)$$

上述时域积分公式均含有对观察点时间的偏导数,因此,按照 Farassat 公式的命名规则,上述时域积分公式可以命名为适用于均匀背景流的 V1 公式。按照 Farassat 公式 1 向 1A 推导的方法,可以进一步将上述公式中的观察点时间偏导数转换为源点时间偏导数。

进一步地,对上述时域积分公式采用傅里叶变换,可以得到运动声源在均匀背景流中辐射声波的频域声振速积分公式[192]:

$$4\pi\rho_0 \tilde{u}'_{a,Ti}(\boldsymbol{x},\omega) = \int_{-\infty}^{+\infty} \int_{f=0} \left[-\frac{ikQ\hat{R}_i}{R^*} + \frac{Q\hat{R}_i^*}{R^{*2}} \right] e^{ikR} e^{i\omega\tau} \mathrm{d}S \mathrm{d}\tau \quad (7\text{-}49)$$

$$4\pi\rho_0 \tilde{u}'_{a,Li}(\boldsymbol{x},\omega) = -ik \int_{-\infty}^{+\infty} \int_{f=0} \frac{L_{a,R}\hat{R}_i + (M_\infty - M_{\infty R}^2)L_{a,i}}{c_0 R^*} e^{ikR} e^{i\omega\tau} \mathrm{d}S \mathrm{d}\tau$$

$$+ \int_{-\infty}^{+\infty} \int_{f=0} \frac{L_{a,R}\hat{R}_i + (L_{a,R} + \gamma^2 L_{a,R^*})\hat{R}_i^* - L_{a,i}}{c_0 R^{*2}} e^{ikR} e^{i\omega\tau} \mathrm{d}S \mathrm{d}\tau$$

$$+ \int_{-\infty}^{+\infty} \int_{f=0} \frac{(M_{\infty R^*} - 2M_{\infty R}M_{\infty R^*} + \gamma^2 M_\infty^2 - \gamma^2 M_{\infty R^*}^2)L_{a,i} - \gamma^2 L_{a,M_\infty} M_{\infty i}}{c_0 R^{*2}} e^{ikR} e^{i\omega\tau} \mathrm{d}S \mathrm{d}\tau$$

$$+ \frac{i}{k} \int_{-\infty}^{+\infty} \int_{f=0} \frac{3L_{a,R^*}\hat{R}_i^* + (2M_\infty^2 - 3M_{\infty R^*}^2 - 1)L_{a,i} - L_{a,M_\infty}M_{\infty i}}{c_0 R^{*3}} e^{ikR} e^{i\omega\tau} \mathrm{d}S \mathrm{d}\tau$$

$$(7\text{-}50)$$

7.4.3 声压积分公式的数值验证

采用三个算例来验证上面所提出的均匀亚音速来流下的频域公式。前两个算例分别计算单极子点源和偶极子点源的噪声,第三个算例是旋转叶片的 Isom 噪声算例。在前两个算例中,分别采用时域和频域公式计算静止介质和运动介质中的声压。在 Isom 算例中,只计算了运动介质中的噪声频谱。在运动介质的条件下,均匀来流的马赫数矢量是 $\boldsymbol{M}_\infty = (0.1, 0.1, 0.3)$。

所有的时域公式都是采用源点时间占优算法[152]求解,基于时域公式计算得到的结果通过执行 FFT 变化得到频域结果。在所有算例中,采样时间为声源旋转一圈的时间,且采样步数为 360。

声压频谱图和指向性图将在下面的分析中给出。采用柱面坐标系 (R,ϕ,Z) 描述旋转源和观察点位置。由于旋转声源的辐射噪声频谱满足离散特征,静止观察点接收到的噪声离散频率为 $f_m = f_0 + mf_r$。在旋转源平面($Z_x = 0$)上观察点总噪声的指向性通过下列参数计算:

$$D(R_x, \phi_x, \boldsymbol{M}_\infty, f_0, f_r) = \frac{L_p(R_x, \phi_x, \boldsymbol{M}_\infty, f_0, f_r)}{\max[L_p(R_x, \phi_x, \boldsymbol{M}_\infty, f_0, f_r)]} \quad (7\text{-}51)$$

其中

$$L_p(R_x, \phi_x, \boldsymbol{M}_\infty, f_0, f_r) = 20\lg\left(\sqrt{\sum_{m=m_{\min}}^{m_{\max}} |\tilde{p}'(R_x, \phi_x, \boldsymbol{M}_\infty, f_0, f_r)|^2}\Big/p_{\text{ref}}\right) \quad (7\text{-}52)$$

其中:L_p 指当地观察点的总声压值;$p_{\text{ref}} = 2 \times 10^{-5}$ Pa,是参考声压;$m_{\max}$ 和 $m_{\min}$ 分别是谐波数 m 的最大值和最小值。需要注意的是,方程(7-52)中的均方根表示旋转声源辐射的总声压。

1. 旋转单极子点源

单位强度的单极子点声源脉动频率为 $f_0 = 150\text{ Hz}$,即 $Q = \cos(2\pi f_0 \tau)$。点源在 XY 平面($Z_y = 0$)内绕 Z 轴沿逆时针方向以频率 $f_r = 30\text{ Hz}$ 旋转,旋转半径 $R_y = 1\text{ m}$,且 $\tau = 0$ 时的初始方位角 $\phi_y = 0$。如前文所述,与均匀来流相关的附加积分项主要是对近场观测点的噪声有作用,因此我们布置观察点在旋转源附近的近场空间内。当计算声压频谱时,单个观察点位于旋转源所在平面 $R_x = 2\text{ m}, \phi_x = 0, Z_x = 0$ 上。当计算指向性时,36 个观察点被均匀布置在旋转声源平面内半径 $R_x = 2\text{ m}$ 的圆周上。

图 7-1 给出了均匀来流下旋转单极子点源辐射噪声的声压频谱。Ghorbaniasl[116] 的时域式(7-36)得出的结果与本章所推导频域式(7-45)得到的结果完全一致。图 7-2 分别给出了旋转单极子点源在静止介质和运动介质中辐射噪声的声压指向性。在计算该指向性时,最大谐波数为 $m_{\max} = 30$,其对应的频率为 1050 Hz;最小谐波数 $m_{\min} = -4$,其对应的频率为 30 Hz。

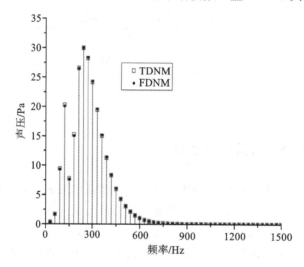

图 7-1 均匀来流下旋转单极子点源辐射噪声的声压频谱

无论在静止介质还是运动介质中,频域公式的预测结果都与时域公式的预测结果相吻合。关于在静止介质中旋转声源辐射出的噪声,基于球谐级数展开法[154]的分析,我们可以得出指向性与静止观察点的周向位置无关,上述特征也表现在数值计算结果的图 7-2(a)中。比较图 7-2(a)与图 7-2(b),可以看出对流效应使辐射声压的最大值向上游方向倾斜。应该强调的是上游观察点位置噪声值的增加仅仅只是由于运动介质对噪声传播的影响,因为在本章计算中,静止介质和运动介质中的声源强度是相同的。所有上述结果证实了所提出的频域公式能够准确地计算亚音速均匀来流情况下旋转单极子点源辐射的噪声。

2. 旋转偶极子点源

本算例中声源的相关参数和算例 1 中的声源参数基本一致,但是偶极子点源的源强度矢量为柱坐标系中每个方向上的单位强度,即 $L_R = L_\phi = L_Z = \cos(2\pi f_0 \tau)$。在本算例中,观察点位置与算例 1 是相同的。

图 7-3 为运动介质中的旋转偶极子点源的声压频谱。图 7-4 比较了旋转偶极子点源在静

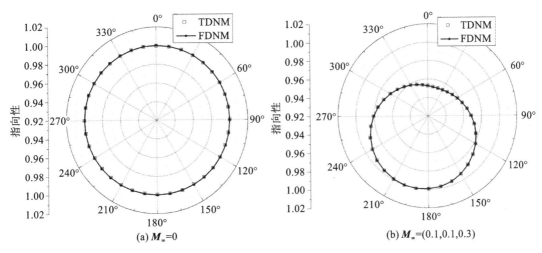

图 7-2 旋转单极子点源在静止介质和运动介质中辐射噪声的声压指向性

止介质和运动介质中辐射噪声的指向性。与旋转单极子点源的算例类似,频域公式得出的结果与时域公式的结果一致,它意味着我们提出的频域偶极子噪声公式也是正确的。此外,图 7-2(b)和图 7-4(b)都表明对流效应导致上游位置观察点的声压级大于下游位置观察点的声压级,上述结果与 Ghorbaniasl[116]的结论一致。

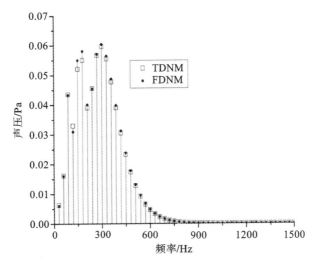

图 7-3 运动介质中的旋转偶极子点源的声压频谱

3. 跨音速转子

在第 6 章中已经描述了 Isom 厚度噪声的特性,它通常被用于声学计算程序的一致性验证。需要说明的是以往针对 Isom 厚度噪声特性的大部分研究[80,165-168]都是基于静止介质的假设,而 Ghorbaniasl[116]验证了 Isom 噪声特性同样适用于运动介质。本节采用的虚拟转子及其划分的面网格与第 6 章完全相同。不同的是,此处假设叶片以频率 $f_r=120$ Hz 绕 Z 轴旋转,对应的叶尖马赫数为 1.1。计算声压频谱的观测点位置为 $R_x=Z_x=1$ m 和 $\phi_x=0$。

考虑到均匀亚音速来流对噪声传播的影响,跨音速转子辐射出的厚度噪声和定常载荷噪

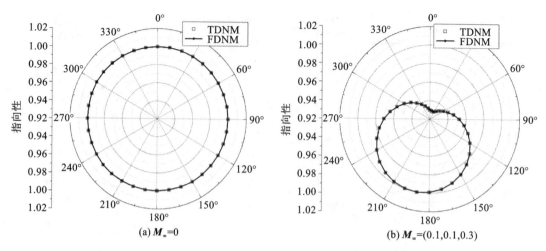

图 7-4 旋转偶极子点源在静止介质和运动介质中辐射噪声的指向性

声分别用频域式(7-45)和式(7-46)计算。运动介质中旋转叶片的声压频谱如图 7-5 所示，厚度噪声的声压频谱与载荷噪声的声压频谱完全一致，上述计算结果表明前面提出的频域公式具有足够的精度计算亚音速均匀来流下旋转分布源辐射的厚度噪声和载荷噪声。

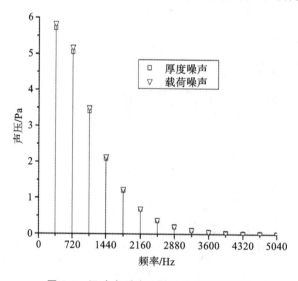

图 7-5 运动介质中旋转叶片的声压频谱

4. 计算耗时分析

下面对上述时域和频域数值方法的计算时间进行比较，其中所有的计算程序都在一台 CPU 内核为 i7-2600 和内存为 8G 的台式计算机上运行。相对于旋转单极子点源和偶极子点源来说，预测单个观察点接收到的噪声声压频谱计算时间如表 7-2 所示。由于频域数值方法的计算时间取决于计算的谐波数，对两种不同的谐波数（即 $N=10$ 和 $N=60$）分别进行了测试。结果表明，适用于运动介质的时域和频域公式所耗费的时间都比适用于静止介质的公式所花费的时间多，这是因为运动介质公式中的运算项数比较多。计算结果也表明，谐波数对时域数值方法的计算耗时几乎没有影响，然而频域数值方法的计算耗时随着谐波数的增加而增加。从上述算例中，还看出频域数值方法对较少谐波数的离散噪声预测是十分高效的，然而对多频噪声的预测效率比较低。因此，提升频域数值方法预测多频噪声的速度是需要进一步探讨的内容。

表 7-2 不同数值方法的计算时间

	静止介质		运动介质	
	TDNM	FDNM	TDNM	FDNM
单极子点源，$N=10$	0.16 s	0.04 s	0.22 s	0.13 s
单极子点源，$N=60$	0.16 s	0.19 s	0.22 s	0.67 s
偶极子点源，$N=10$	0.17 s	0.08 s	0.23 s	0.19 s
偶极子点源，$N=60$	0.17 s	0.47 s	0.23 s	1.10 s

7.4.4 声振速积分公式的数值验证

分别对均匀背景流中单极子点源和偶极子点源诱发的声振速积分公式进行验证和分析。方程(7-22)已经表明单极子点源对涡扰动没有作用，因此，可以采用以下频域形式的线性化 Euler 方程来验证声振速积分公式：

$$\mathrm{i}\omega \tilde{\boldsymbol{u}}' - \boldsymbol{U}_\infty \cdot \nabla \tilde{\boldsymbol{u}}' = \frac{\nabla \tilde{p}'}{\rho_0} \tag{7-53}$$

偶极子点源会同时激发出涡、声扰动速度分量，因此，方程(7-53)不能直接用来验证偶极子点源诱发的声振速积分公式。但是，我们可以通过对方程左右两端同时求散度过滤掉涡扰动速度分量，从而得到

$$\mathrm{i}\omega(\nabla \cdot \tilde{\boldsymbol{u}}'_a) - \nabla \cdot (\boldsymbol{U}_\infty \cdot \nabla \tilde{\boldsymbol{u}}'_a) = \frac{\nabla^2 \tilde{p}'}{\rho_0} \tag{7-54}$$

用于验证偶极子点源诱发的声振速积分公式。对方程(7-53)和方程(7-54)分别采用一阶离散格式计算声压和声振速的空间偏导数，从而得到

$$\underbrace{\mathrm{i}\omega \tilde{u}'_{a,i}(\boldsymbol{x}) - \sum_{j=1}^{3} \frac{U_{\infty j}[\tilde{u}'_{a,i}(\boldsymbol{x}+\Delta l \boldsymbol{e}_j) - \tilde{u}'_{a,i}(\boldsymbol{x})]}{\Delta l}}_{a_{i,\mathrm{LHS}}} = \underbrace{\frac{1}{\rho_0} \frac{\tilde{p}'(\boldsymbol{x}+\Delta l \boldsymbol{e}_i) - \tilde{p}'(\boldsymbol{x})}{\Delta l}}_{a_{i,\mathrm{RHS}}} \tag{7-55}$$

$$\underbrace{\mathrm{i}\omega \sum_{i=1}^{3} \frac{[\tilde{u}'_{a,i}(\boldsymbol{x}+\Delta l \boldsymbol{e}_i) - \tilde{u}'_{a,i}(\boldsymbol{x})]}{\Delta l} - \sum_{i=1}^{3}\sum_{j=1}^{3} \frac{U_{\infty j}[\tilde{u}'_{a,i}(\boldsymbol{x}+\Delta l \boldsymbol{e}_i+\Delta l \boldsymbol{e}_j) - \tilde{u}'_{a,i}(\boldsymbol{x}+\Delta l \boldsymbol{e}_i) - \tilde{u}'_{a,i}(\boldsymbol{x}+\Delta l \boldsymbol{e}_j) + \tilde{u}'_{a,i}(\boldsymbol{x})]}{\Delta l^2}}_{b_{\mathrm{LHS}}}$$

$$= \underbrace{\frac{1}{\rho_0} \sum_{i=1}^{3} \frac{\tilde{p}'(\boldsymbol{x}+\Delta l \boldsymbol{e}_i) - \tilde{p}'(\boldsymbol{x}-\Delta l \boldsymbol{e}_i) + 2\tilde{p}'(\boldsymbol{x})}{\Delta l^2}}_{b_{\mathrm{RHS}}} \tag{7-56}$$

其中：Δl 表示两个静止观察点之间的距离，在本节算例中取 $\Delta l = 10^{-6}$ m。频域声压和声振速利用 7.4.2 节中的时域或频域积分公式计算得到，具体的数值计算方法可以参见文献[115，

116,191]等。

本节算例的其他参数包括环境流体的密度和音速,它们分别为 $\rho_0 = 1.2\,\text{kg/m}^3$ 和 $c_0 = 340$ m/s,亚音速均匀背景流的马赫数为 $\boldsymbol{M}_\infty = (0.3, 0.4, 0.5)$,声源的脉动频率为 $f_0 = 100\,\text{Hz}$。

对于运动背景流中的静止声源算例,声源位于坐标原点位置,36 个观察点位于 $z=10\,\text{m}$ 平面半径为 1 m 的圆弧上,其中圆弧的中心位于 z 轴上。计算结果输出指向性图来验证声振速的积分公式。

对于运动背景流中的旋转声源算例,声源在 $z=0$ 平面上绕 z 轴旋转,旋转半径为 0.8 m,旋转频率为 50 Hz。唯一的观察点坐标为 $(1,1,10)$。计算结果输出频谱来验证声振速的积分公式。

单极子点源的强度为 $\int_{f=0} \widetilde{Q}\,\text{d}S = 0.01\,\text{kg/s}$,利用方程(7-55)验证单极子点源诱发的声振速公式。针对静止单极子点源的算例,图 7-6 表示方程(7-55)左端项和右端项在三个方向的分量指向性结果的对比,其中 Re 和 Im 分别表示实部和虚部;针对旋转单极子点源的算例,图 7-7 表示方程(7-55)左端项和右端项在三个方向的分量频谱结果的对比。两个算例的结果均表明方程(7-55)左端项和右端项的计算结果取得了良好的一致性,从而验证了所建立的单极子点源声振速积分公式。

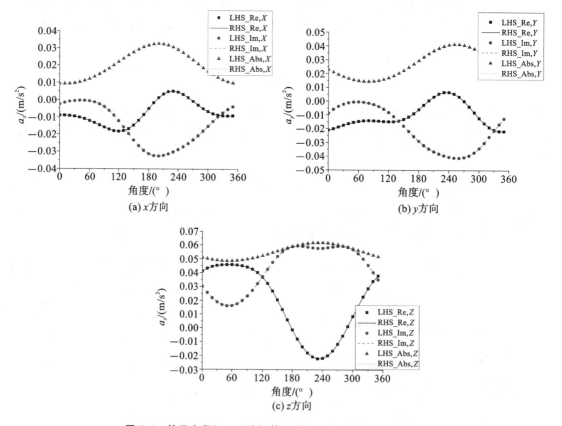

图 7-6 基于方程(7-55)验证静止单极子点源声振速积分公式

偶极子点源的强度定义为 $\int_{f=0} \widetilde{L}_{a,i}\,\text{d}S = 1\,\text{N}$。其中,当偶极子点源处于静止状态时,$i$ 表示直角坐标系下的三个方向;当偶极子点源处于旋转状态时,i 表示圆柱坐标系下的三个方向。

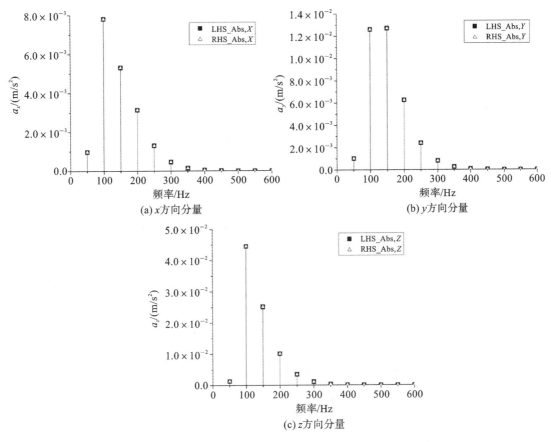

图 7-7 基于方程(7-55)验证旋转单极子点源声振速积分公式

利用方程(7-56)验证偶极子点源诱发的声振速公式。针对静止偶极子点源的算例，图 7-8 表示方程(7-56)左端和右端实部和虚部分量的指向性结果；针对旋转偶极子点源的算例，图 7-9 表示方程(7-56)左端和右端实部和虚部分量的频谱。两个算例的结果均表明方程(7-56)左端和右端的计算结果取得了良好的一致性，从而验证了所建立的偶极子点源声振速公式。

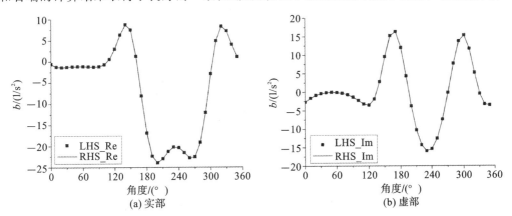

图 7-8 基于方程(7-56)验证静止偶极子点源声振速积分公式

需要强调，偶极子点源在运动背景流中会同时激发出涡、声速度扰动的分量，因此，方程

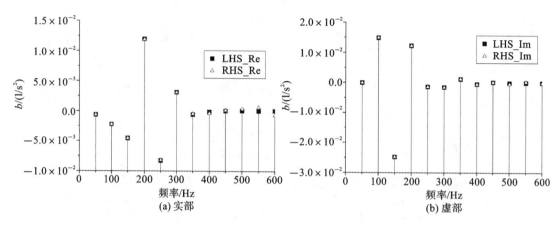

图 7-9 基于方程(7-56)验证旋转偶极子点源声振速积分公式

(7-55)不能用来验证偶极子点源诱发的声振速公式。分别将静止偶极子点源和旋转偶极子点源计算得到的结果代入方程(7-55)中可以得到如图 7-10 和图 7-11 所示的结果。很显然,方程(7-55)左、右两端的结果并不一致,再次表明由于涡扰动速度的存在,不能采用线性化 Euler 方程计算运动背景流中偶极子点源诱发的声振速。

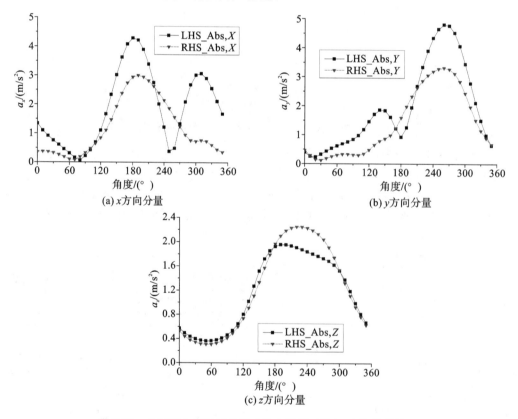

图 7-10 针对静止偶极子点源对比方程(7-55)左、右两端的结果

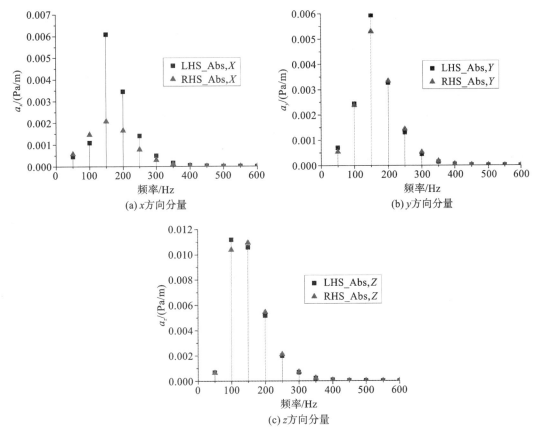

图 7-11 针对旋转偶极子点源对比方程(7-55)左、右两端的结果

7.5 均匀背景流中声源辐射声强和声功率的分析

Lighthill 的声比拟理论表明静止四极子点/紧凑声源辐射的声功率与马赫数的八次方成正比[203]。Curle[8]以及 Ffowcs Williams 和 Hawkings[10]的进一步研究表明,静止单极子和偶极子点/紧凑声源辐射的声功率分别与马赫数的四次方和六次方成正比。上述研究都是假设背景流(即声传播的介质)处于静止状态,因此,上述指数率只能严格成立于马赫数相对较小的流动中。在静止介质中,声功率可以通过远场声压平方的积分运算得到,但在运动背景流中,必须知道声振速之后才能计算得到声强和声功率[9]。

已有大量的研究表明运动背景流形成的对流效应不仅会增加最大声压的量值,而且会导致最大声压的辐射方向向上游倾斜,这一现象称为对流放大效应。但上述现象并不能说明最大声能量的辐射方向也会向上游倾斜,因为辐射声能量不仅取决于声压,也与声振速相关。因此,本节需要澄清的第一个问题是均匀背景流是否会改变声能量的辐射方向。

大量学者已经开展了运动背景流中小扰动的研究。例如,文献[9,204]从线性化 Euler 方程出发,建立了均匀背景流中声强的定义,并在此基础上给出了均匀背景流中声能量的平衡方程,Morfey[205]将上述声强定义拓展到非均匀背景流的情形,Myers[206,207]进一步推导了任意背景流中小扰动的能量守恒方程。特别地，Atassi[208]推导了高频极限下环形管道旋绕背景流中的声功率表达式。需要说明，上述所有研究都是基于齐次线性化 Euler 方程分析展开，没有考虑非齐次声源项对声功率的影响。本节需要解决的第二个问题是建立考虑声源影响的小扰动能量平衡方程，在此基础上分析不同类型声源在运动介质中能量转换和传播的特征。

此外，在气动声学试验中通常认为静止流体中匀速直线运动的声源（如飞机、高速列车）辐射的噪声都可以等价转换为静止声源在均匀背景流中辐射的噪声，即在气动声学风洞中测量运载装置的噪声。此外，一些时空转换技术，如 Galilean 和 Lorentz（Prandtl-Glauert）[194,195]技术也被广泛用于关联这两种情形下声源辐射的声压。但是，从来没有文献公开证明过这两种情况下声源辐射的声功率是完全一致的，因此，本节需要解决的第三个问题是定量对比分析这两种情况下声源辐射的声功率。

7.5.1 均匀背景流中声能量的理论分析

首先分析在无黏、无热传导、有固体边界 $f=0$ 约束的可压缩流体中小幅扰动的传播特征。固体边界 $f=0$ 的约束可以等效为分别在连续性方程中增加单极子源 $Q\delta(f)$ 和动量方程中增加偶极子源 $\boldsymbol{L}\delta(f)$。因此，广义线性化的连续性方程和 Euler 方程可以表述为

$$\frac{\partial [H(f)\rho']}{\partial t} + \boldsymbol{U}_\infty \cdot \nabla [H(f)\rho'] + \rho_0 \nabla \cdot [H(f)\boldsymbol{u}'] = Q\delta(f) \tag{7-57}$$

$$\rho_0 \left[\frac{\partial [H(f)\boldsymbol{u}']}{\partial t} + \boldsymbol{U}_\infty \cdot \nabla [H(f)\boldsymbol{u}']\right] = -\nabla [H(f)p'] + \boldsymbol{L}\delta(f) \tag{7-58}$$

小扰动的能量传输满足以下平衡方程：

$$\frac{\partial E}{\partial t} + \nabla \cdot \boldsymbol{I} = S \tag{7-59}$$

其中：E 表示能量密度；$\boldsymbol{I}$ 表示能流矢量；S 表示能量的产生和转换。Goldstein[9]利用小扰动线性假设 $p' = \rho' c_0^2$ 从线性 Euler 方程出发构造以下表达式：

$$E = H(f)\left(\frac{p'\rho'}{2\rho_0} + \frac{\rho_0 \boldsymbol{u}'^2}{2} + \rho' \boldsymbol{U}_\infty \cdot \boldsymbol{u}'\right) \tag{7-60}$$

$$\boldsymbol{I} = H(f)(p'/\rho_0 + \boldsymbol{u}' \cdot \boldsymbol{U}_\infty)(\rho_0 \boldsymbol{u}' + \rho' \boldsymbol{U}_\infty) \tag{7-61}$$

$$S = (\boldsymbol{u}' + \boldsymbol{U}_\infty \rho'/\rho_0) \cdot \boldsymbol{L}\delta(f) + (p'/\rho_0 + \boldsymbol{u}' \cdot \boldsymbol{U}_\infty)Q\delta(f) + H(f)\rho_0 \boldsymbol{U}_\infty \cdot [\boldsymbol{\omega}' \times \boldsymbol{u}'] \tag{7-62}$$

其中：$\boldsymbol{\omega}' = \nabla \times \boldsymbol{u}'$ 表示瞬时涡量。需要强调上述扰动速度是由于声和涡扰动的共同作用，因此，E 和 $\boldsymbol{I}$ 表示的总能量密度和能流矢量既包括声扰动分量，也包括涡扰动分量。Myers[206]也给出了类似的推导方法，但没有考虑固体边界上声源的影响。在文献[9]和[206]中都没有将涡和声扰动速度分解，因此，方程(7-59)本质上描述的是小扰动的总能量传输。

为了考虑声能量的传输，我们将给出以下两个定义：

$$\hbar = p'/\rho_0 + \boldsymbol{u}_a' \cdot \boldsymbol{U}_\infty \tag{7-63}$$

$$\boldsymbol{J} = \boldsymbol{u}_a' + \rho'/\rho_0 \boldsymbol{U}_\infty \tag{7-64}$$

需要强调上述两个方程中速度扰动为声学分量 $\boldsymbol{u}_a'$，而不是总的扰动速度。将方程(7-57)乘以方程(7-63)和将方程(7-58)乘以方程(7-64)，可以得到以下两个方程：

$$\left[\frac{\partial [H(f)\rho']}{\partial t} + \boldsymbol{U}_\infty \cdot \nabla [H(f)\rho'] + \rho_0 \nabla \cdot [H(f)\boldsymbol{u}']\right][p'/\rho_0 + \boldsymbol{u}_a' \cdot \boldsymbol{U}_\infty] = \hbar Q\delta(f) \tag{7-65}$$

$$\rho_0 \left[\frac{\partial [H(f) \boldsymbol{u}']}{\partial t} + \boldsymbol{U}_\infty \cdot \nabla [H(f) \boldsymbol{u}'] \right] \cdot [\boldsymbol{u}'_a + \rho'/\rho_0 \, \boldsymbol{U}_\infty]$$
$$= \boldsymbol{J} \cdot \left[\boldsymbol{L} \delta(f) - H(f) \rho_0 \left(\frac{\partial \boldsymbol{u}'_v}{\partial t} + \boldsymbol{U}_\infty \cdot \nabla \boldsymbol{u}'_v \right) \right] \tag{7-66}$$

因此,方程求和得到以下声能量平衡方程:

$$\frac{\partial E_a}{\partial t} + \nabla \cdot \boldsymbol{I}_a = S_a \tag{7-67}$$

其中

$$E_a = H(f) \left(\frac{p' \rho'}{2 \rho_0} + \frac{\rho_0 \, {\boldsymbol{u}'_a}^2}{2} + \rho' \boldsymbol{U}_\infty \cdot \boldsymbol{u}'_a \right) \tag{7-68}$$

$$\boldsymbol{I}_a = H(f) (p'/\rho_0 + \boldsymbol{u}'_a \cdot \boldsymbol{U}_\infty)(\rho_0 \boldsymbol{u}'_a + \rho' \boldsymbol{U}_\infty) \tag{7-69}$$

$$S_a = \hbar Q \delta(f) + \boldsymbol{J} \cdot \boldsymbol{L} \delta(f) - H(f) \rho_0 \boldsymbol{J} \cdot \left(\frac{\partial \boldsymbol{u}'_v}{\partial t} + \boldsymbol{U}_\infty \cdot \nabla \boldsymbol{u}'_v \right) \tag{7-70}$$

其中:声能密度 E_a 和声能流矢量(声强矢量) $\boldsymbol{I}_a$ 与 Morfey[205] 和 Myers[206] 给出的定义完全一致。方程(7-70)右端的前两项分别表示单极子点源和偶极子点源的作用,第三项表示均匀背景流中的涡声扰动干涉。

7.3.2 节已经说明单极子源只会辐射声扰动,而偶极子点源会同时辐射声和涡扰动,因此,我们可以发现在均匀背景流中只有单极子点源时,方程(7-70)的源项可以简化为 $S_a = (p'/\rho_0 + \boldsymbol{u}'_a \cdot \boldsymbol{U}_\infty) Q \delta(f)$,此时,单极子点源辐射的声能量永远是守恒的。但是均匀背景流中的偶极子点源辐射的声功率不守恒,因为方程(7-70)右端的最后一项表明涡和声扰动的能量会互相转换,相关的数值算例在后文中给出。

从方程(7-69)出发,利用线性化假设 $p' = \rho' c_0^2$,可以得到以下形式的频域声强表达式:

$$\widetilde{\boldsymbol{I}}_a = \frac{\widetilde{p}' \widetilde{\boldsymbol{u}}'^\dagger_a}{2} + \frac{\widetilde{p}' \widetilde{p}'^\dagger \boldsymbol{M}_\infty}{2 \rho_0 c_0} + \frac{\rho_0 c_0 \widetilde{\boldsymbol{u}}'_a (\widetilde{\boldsymbol{u}}'^\dagger_a \cdot \boldsymbol{M}_\infty)}{2} + \frac{\widetilde{p}' \boldsymbol{M}_\infty (\widetilde{\boldsymbol{u}}'^\dagger_a \cdot \boldsymbol{M}_\infty)}{2} \tag{7-71}$$

方程(7-71)中省略了 Heaviside 函数,~表示频域复变量,上标 † 表示复共轭。需要强调 $\widetilde{\boldsymbol{I}}_a$ 表示复矢量,其中矢量表示时均声强的方向,实部和虚部分别为有功声强和无功声强。声功率只源于有功声强的作用,因此,在后文分析中只开展有功声强分量的分析。

7.5.2 均匀背景流中有功声强场分布特征的数值分析

假设静止声源位于坐标原点,均匀背景流沿 z 轴正方向流动。分别计算单极子和偶极子点源在静态介质和具有不同 Mach 数的均匀背景流 $M_\infty = 0.4$ 和 $M_\infty = 0.8$ 三种工况下的声场。单极子点源的强度定义为 $\int_{f=0} \widetilde{Q} \mathrm{d}S = 0.01 \, \mathrm{kg/s}$。偶极子点源的无旋和有旋分别辐射出声波和涡波,本节分析中我们只分析偶极子点源无旋分量辐射的声波。为了分析流动方向和偶极子点源极轴方向的相对关系对辐射声场的影响,分别定义偶极子点源无旋分量分别为 $\int_{f=0} \widetilde{\boldsymbol{L}}_a \mathrm{d}S = (0,0,1)$ 和 $\int_{f=0} \widetilde{\boldsymbol{L}}_a \mathrm{d}S = (0,1,0)$,前者和后者分别表示与流动方向平行和垂直的偶极子点源。此外,本节所有的数值算例中声源的脉动频率设定为 $f_0 = 100 \, \mathrm{Hz}$。

图 7-12 分别给出了三种 Ma 数下静止单极子点声源辐射的声振速场,其中实线、虚线和点画线分别表示 $M_\infty = 0, 0.4, 0.8$ 三种背景流下的计算结果。结果表明,与声压辐射特征类似,声振速同样表现出对流放大效应,即最大辐射方向向上游方向倾斜。

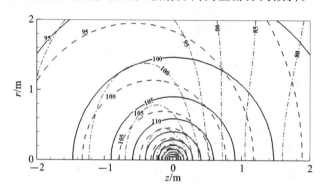

图 7-12 静止单极子点声源辐射的声振速场

图 7-13 显示了静止单极子点声源在三种背景流 Ma 数下有功声强场。结果表现出以下特征。

(1) 与声压和声振速表现出来的对流方向效应相比,运动背景流不会导致最大声强的辐射方向向上游偏转。即使在运动背景流中,有功声强场仍然表现出轴对称特征。

(2) 运动背景流会导致单极子源辐射声强的最大方向为垂直于来流方向,并且随背景流 Ma 数的增加,垂直来流方向上辐射的声能量占比增加。

采用类似的方法可以分析静止偶极子点源以及运动单、偶极子点源在运动背景流中的声强场特征。详细的算例分析可以参见文献[209]。基于这些算例分析可以得到以下结论:静止和旋转单极子点源周围的声强场表现出轴对称特征,而不是对流放大特征,静止和旋转偶极子点源周围的声强场通常是不对称的,最大声强的方向与偶极子点源的极轴方向以及背景流 Ma 数方向密切相关。

7.5.3 均匀背景流中声源辐射声功率的分析

通过对封闭曲面 Γ 上的法向有功声强进行面积分计算可以得到声功率,计算公式为

$$W = \int_\Gamma \mathrm{Re}(\tilde{\boldsymbol{I}}_a \cdot \boldsymbol{n}) \mathrm{d}\Gamma \tag{7-72}$$

为了简化后文的分析,我们假设紧凑/点声源位于坐标系原点位置,均匀背景流的方向沿 Z 轴正方向,选择圆心位于坐标系原点的球面作为观察点封闭曲面 Γ,则方程(7-72)可以转化为

$$W = 2\pi r^2 \int_0^\pi \mathrm{Re}(\tilde{I}_{a,r}) \sin\theta \mathrm{d}\theta \tag{7-73}$$

其中: $\tilde{I}_{a,r} = \tilde{I}_{a,i} \hat{r}_i, \hat{r}_i = r_i/r; \theta$ 表示观察点位置矢量与 Z 轴正方向之间的夹角。

在已有研究[184,210]中,定义了无量纲参数的声功率比(acoustic power ratio, APR)σ 来分析声源运动对声功率辐射的影响。类似地,我们采用以下定义来分析运动背景流对辐射声功率的影响:

7 基于对流波动算子的声比拟理论

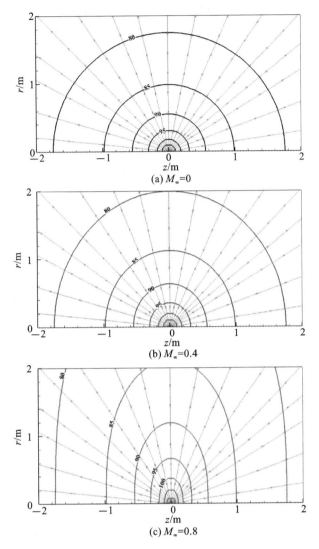

图 7-13 静止单极子点声源的有功声强场

$$\sigma = \frac{W_{M_\infty}}{W_0} = \sum_{n=1}^{4} W_{M_\infty,n}/W_0 \tag{7-74}$$

其中：下标 M_∞ 和 0 分别表示均匀背景流和静态介质；$W_{M_\infty,n}$ 表示方程(7-71)右端第 n 项对辐射声功率的作用。

基于上述定义，声功率级可以计算为

$$\mathrm{SWL}_{M_\infty} = \mathrm{SWL}_0 + 10\lg\sigma \tag{7-75}$$

其中：$10\lg\sigma$ 表示运动背景流对辐射声功率的修正影响。

定义静止单极子点源和偶极子点源的强度分别为 $\int_{f=0} \widetilde{Q}\,\mathrm{d}S = 0.01\ \mathrm{kg/s}$ 和 $\int_{f=0} \widetilde{\boldsymbol{L}}_a\,\mathrm{d}S = (1,1,1)$，声源脉动的角频率为 $\omega_0 = 10\ \mathrm{rad\cdot s^{-1}}$。分别计算静态介质、$\mathrm{Ma}=0.4$ 和 $\mathrm{Ma}=0.8$ 时点声源向半径为 $a=1\ \mathrm{m}$、$2\ \mathrm{m}$、$3\ \mathrm{m}$、$4\ \mathrm{m}$ 及 $5\ \mathrm{m}$ 的球面 Γ 上辐射的声功率。为了便于后文分析，定义无量纲的 Helmholtz 数 $\mathrm{He} = \omega_0 a/c_0$ 来关联声波波长和传播距离。

图 7-14 给出了静止单极子和偶极子点源辐射的声功率随背景流 Ma 数和 Helmholtz 数的变化特征。相关分析如下。

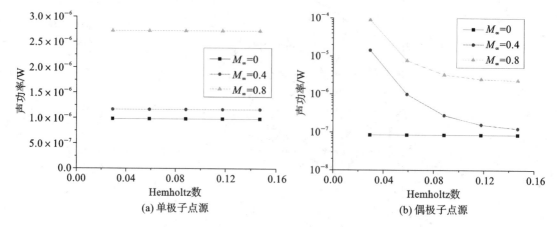

图 7-14　静止单极子和偶极子点源辐射的声功率

(1) 在相同的声源强度下,辐射声功率随着背景流 Ma 数的增大而增大。因此,运动背景流会增强单极子和偶极子点源的辐射声功率,这一结论与 7.5.2 节得到的结果一致。同时,也表明方程(7-71)右端后三项的总和对有功声强/声功率表现出正作用的特征。后文会进一步详细地分析关于方程(7-71)各项的作用。

(2) 图 7-14(a)显示 Helmholtz 数在静止和运动介质中均不影响单极子点源辐射声功率的大小,表明单极子点源在静止和运动介质中均具备声能量守恒的特征。图 7-14(b)显示偶极子点源在静止介质中辐射的声功率不随 Helmholtz 数的变化而变化,但在运动气流中,声功率随 Helmholtz 数的增大而逐渐减小。上述特征表明偶极子点源辐射的声功率在静态介质中具有守恒的特征,但是在运动介质中则会随着传播距离的增加而逐渐衰减。形成运动气流中声功率衰减的原因是涡、声扰动能量的转换。此外,图 7-14(b)的结果表明,在较大 Helmholtz 数(高频、远距离传播)时,声功率的损失逐渐变得缓慢,这表明涡、声扰动能量的转换主要发生在靠近声源区域和低频区间。Atassi[208]在分析螺旋背景流中的声能量传播时也发现了与上述类似的现象。

进一步地,我们详细分析方程(7-71)中右端四项对总声功率的影响。由于单极子点源在无黏介质中辐射的声功率满足能量守恒特征,也就是与观察点的积分面 Γ 无关。因此,可以设置观察点位于无穷远位置,去掉声压积分和声振速积分方程的近场项,从而得到以下表达形式:

$$4\pi \widetilde{p}'_T(\boldsymbol{x},\omega) = -\int_{f=0} \frac{ikc_0 \widetilde{Q}(1-M_{\infty R})}{R^*} e^{ikR} dS, \ |\boldsymbol{x}-\boldsymbol{y}| \to \infty \quad (7-76)$$

$$4\pi \rho_0 \widetilde{u}'_{Ti}(\boldsymbol{x},\omega) = -\int_{f=0} \frac{ik\widetilde{Q}\hat{R}_i}{R^*} e^{ikR} dS, \ |\boldsymbol{x}-\boldsymbol{y}| \to \infty \quad (7-77)$$

在点声源的简化处理下去掉方程(7-76)和方程(7-77)中的面积分,最终可以得到以下表达式[209]:

$$W_{M_\infty,1} = \frac{\omega^2 |\widetilde{Q}|^2 r^2}{16\pi \rho_0 c_0} \int_0^\pi \frac{(1-M_{\infty R})\hat{R}_i \hat{r}_i}{R^{*2}} \sin\theta d\theta$$

$$= \underbrace{\frac{\omega^2 |\widetilde{Q}|^2}{8\pi\rho_0 c_0}}_{W_0} \underbrace{\frac{2\operatorname{arctanh}(M_\infty) - M_\infty}{M_\infty (1-M_\infty^2)^2}}_{\sigma_1} \qquad (7\text{-}78)$$

$$W_{M_\infty,2} = \frac{\omega^2 |\widetilde{Q}|^2 r^2}{16\pi\rho_0 c_0} \int_0^\pi \frac{(1-M_{\infty R})^2}{R^{*2}} M_\infty \sin^2\theta \mathrm{d}\theta$$

$$= \underbrace{\frac{\omega^2 |\widetilde{Q}|^2}{8\pi\rho_0 c_0}}_{W_0} \underbrace{\frac{(M_\infty^2 - 4 + 4\sqrt{1-M_\infty^2})\pi}{4M_\infty (1-M_\infty^2)^{5/2}}}_{\sigma_2} \qquad (7\text{-}79)$$

$$W_{M_\infty,3} = \frac{\omega^2 |\widetilde{Q}|^2 r^2}{16\pi\rho_0 c_0} \int_0^\pi \frac{M_{\infty R} \hat{R}_i \hat{r}_i}{R^{*2}} \sin\theta \mathrm{d}\theta$$

$$= \underbrace{\frac{\omega^2 |\widetilde{Q}|^2}{8\pi\rho_0 c_0}}_{W_0} \underbrace{\frac{M_\infty - (1+M_\infty^2)\operatorname{arctanh}[M_\infty]}{M_\infty (1-M_\infty^2)^2}}_{\sigma_3} \qquad (7\text{-}80)$$

$$W_{M_\infty,4} = \frac{\omega^2 |\widetilde{Q}|^2 r^2}{16\pi\rho_0 c_0} \int_0^\pi \frac{(1-M_{\infty R})M_{\infty R}}{R^{*2}} M_\infty \sin^2\theta \mathrm{d}\theta$$

$$= \underbrace{\frac{\omega^2 |\widetilde{Q}|^2}{8\pi\rho_0 c_0}}_{W_0} \underbrace{\frac{(2(-1+\sqrt{1-M_\infty^2}) + M_\infty^2(-1+2\sqrt{1-M_\infty^2}))\pi}{4M_\infty (1-M_\infty^2)^{5/2}}}_{\sigma_4} \qquad (7\text{-}81)$$

其中：W_0 表示静止单极子点源在静态介质中辐射的声功率；σ_n，$(n=1,2,3,4)$ 表示方程(7-71)中第 n 项对声功率比的作用。进一步地，上述四项求和得到总的声功率比为

$$\sigma_T = \sum_{n=1}^4 \sigma_n = \frac{-\pi + \pi/\sqrt{1-M_\infty^2} + 2\operatorname{arctanh}[M_\infty]}{2M_\infty(1-M_\infty^2)} \qquad (7\text{-}82)$$

图 7-15 给出了均匀背景流 Ma 数对静止单极子点源声功率比的影响。结果显示以下特征。

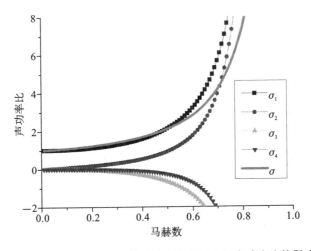

图 7-15　均匀背景流 Ma 数对静止单极子点源声功率比的影响

（1）在马赫数趋近于 0 的极限情形下，σ_1 趋近于 1，而其他三项趋近于 0，这一特征与方程 (7-71) 的解析结果一致。

(2) 在低马赫数情形下,方程(7-71)右端后三项的作用远小于第一项的作用,表明此时运动背景流对声功率的影响可以忽略不计。但随着运动背景流马赫数的逐渐增大,方程(7-71)右端后三项的作用逐渐增强。当运动背景流马赫数趋近于1时,声功率比趋近于无穷大。

(3) σ_1 和 σ_2 显示出对声功率的正作用,而与声振速矢量内积相关的另外两项 σ_3 和 σ_4 显示出对声功率的负作用,即吸收另外两项辐射的声功率。上述特征可以结合图 7-12 中的结果进行解释。对流放大效应导致声源上游的声压和声振速值大于声源下游的值;在声源上游,声振速和背景流马赫数矢量的夹角大于 $90°$,导致 $\widetilde{u}'^\dagger \cdot \boldsymbol{M}_\infty$ 的实部为负;在声源下游, $\widetilde{u}'^\dagger \cdot \boldsymbol{M}_\infty$ 的实部为正。综合上述三项特征,可以推导证明 σ_3 和 σ_4 对声功率的作用为负。类似地,声压和声振速的对流放大效应也可以解释为什么 σ_1 和 σ_2 对声功率的作用为正。

此外,Ffowcs Williams 和 Lovely 的研究建议静止单极子点源的声功率比可以近似表示为(文献[211]的方程10)

$$\sigma_T = 1 + 5M^2 + O(M^4) \tag{7-83}$$

图 7-16 对比了方程(7-82)和方程(7-83)的计算结果。结果表明:在马赫数小于 0.6 时,两种方法预测得到的结果基本一致,但当马赫数进一步增大时,两者预测得到的结果偏差逐渐增大。因此,方程(7-83)只能提供低马赫数流动下声功率的近似修正,方程(7-82)提供了适用于整个亚音速区间范围的解析修正方法。

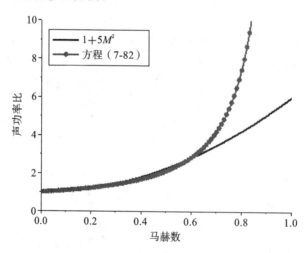

图 7-16　两种方法计算单极子点源声功率比的结果对比

7.5.4　飞行和风洞工况下输出声功率的对比分析

假设单极子点源和偶极子点源的声源强度相同,比较静止介质匀速运动声源(飞行工况)和均匀背景流静止声源(风洞工况)两种工况下的输出声功率。

在飞行工况下,Tanna 和 Morfey[212] 推导了静止单极子点源的声功率比为

$$\sigma_T = \frac{1}{(1-M_\infty^2)^2} \tag{7-84}$$

此外,Morfey 和 Tanna 的研究[212]表明,静止偶极子点源的辐射声功率与极轴(力)方向相关,因此,分别推导得到了极轴平行和垂直背景流方向对应的声功率比分别为

$$\sigma_{L,P} = \frac{3}{2M_\infty^3}\left[\frac{2M(2M_\infty^2-1)}{(1-M_\infty^2)^2} + \ln\left(\frac{1+M_\infty}{1-M_\infty}\right)\right] \quad (7\text{-}85)$$

$$\sigma_{L,C} = \frac{3}{2M_\infty^3}\left[\frac{M}{1-M_\infty^2} - \frac{1}{2}\ln\left(\frac{1+M_\infty}{1-M_\infty}\right)\right] \quad (7\text{-}86)$$

图 7-17 显示了飞行工况和风洞工况下单极子点源辐射声功率比的对比。尽管两种方法计算得到的结果并不完全一致,但在大部分亚音速区间范围内两条曲线吻合得比较好。因此,上述结果证实了时空变换方法可以应用于开展单极子点源辐射声功率的分析。

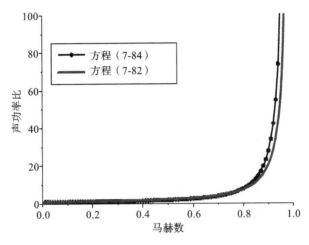

图 7-17 飞行工况和风洞工况下单极子点源声功率比的对比

但是,7.5.3 节已表明均匀背景流中偶极子点源辐射的声功率并不满足守恒律特征,声功率的量值与亥姆霍兹(Helmholtz,简称 He)数相关。因此,我们分别计算三种亥姆霍兹数 He=0.03、0.3 和 3.0 下对应的声功率比值。图 7-18 分别给出了平行流向和垂直流向的静止偶极子点源在运动背景流中的声功率比以及静态介质中匀速运动偶极子点源的声功率比。结果表现出以下特征。

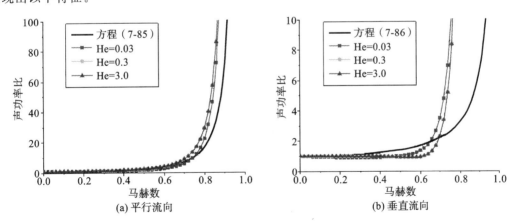

图 7-18 偶极子点源声功率比的对比

(1) 两种工况下偶极子点源辐射的声功率比在低马赫数近似相等,可以认为相同的偶极子点源在飞行工况和风洞工况下辐射的声功率近似相等,但是随着背景流马赫数逐渐接近于1.0,两种工况下偶极子点源辐射的声功率逐渐不同,表明此时相同的偶极子点源在两种工况下的辐射声功率逐渐不同。

（2）随着亥姆霍兹数的逐渐增大，它对偶极子点源辐射声功率的影响也逐渐减弱。这表明偶极子点源辐射的声功率在高频、远场时逐渐接近于守恒状态，也就是说涡、声扰动之间的能量转换主要发生在低频、近场区域。

7.6 本章小结

本章介绍了利用流波动算子的标量和矢量波动方程考虑均匀背景流对声源辐射噪声的影响，在此基础上建立了声压、声振速预测的积分公式并开展了数值验证。本章的主要结论如下：

（1）单极子点源在运动背景流中只会激发出声扰动，而偶极子点源会同时激发出涡、声扰动。因此，单极子点源的辐射声功率在运动背景流中仍然满足守恒特征，但偶极子点源在运动背景流中辐射的声功率不满足守恒特征。进一步的研究证实偶极子点源诱发的涡、声扰动能量转换主要发生在近场、低频区域。

（2）单、偶极子点源在运动背景流中辐射的声压和声振速均表现出对流放大的特征，但单极子点源辐射的声强满足轴对称且最大辐射方向垂直于来流方向，并且随着背景流马赫数的增大，垂直来流方向上辐射的声能量占比增大。

（3）在气动声学试验中，通常认为飞行工况等同于风洞工况。本章的分析表明单极子点源辐射的声功率在两种工况下基本相同，这是因为这两种工况下单极子点源都只会辐射出声波。但这两种工况下偶极子点源辐射的声功率不一定完全相同，因为在运动背景流中偶极子点源会同时激发出涡、声扰动。进一步研究表明：在低马赫数流动条件下，偶极子点源在两种工况下辐射的声功率可以近似认为相同；但是，随着背景流马赫数的增大，偶极子点源在两种工况下辐射的声功率呈现出明显的不同。

8 基于黏性波动算子的声比拟理论

8.1 引 言

由 Lighthill[3]首先提出,由 Curle[8]、Ffowcs Williams 和 Hawkings(FW-H)[10]加以推广的声比拟理论广泛用于预测湍流及其与固体表面干涉辐射的流动噪声。该理论的基本思想是建立非齐次方程来描述流动声学现象,方程左边的波动算子表示声波传播,右边各项表示等效声源。由于 Lighthill、Curle 和 FW-H 方程采用的是经典波动算子,因此,这些方程一般用于预测声波在没有能量耗散的无黏环境中的传播。这一简化处理适用于工程应用中的大多数流动声学问题,例如文献[213-215]中开展的研究工作。

需要强调的是,Lighthill、Curle 和 FW-H 波动方程都是由 Navier-Stokes 方程或广义 Navier-Stokes 方程经过数学变换得到的,理论上讲,这些方程已经全面地考虑了影响声波产生和传播的因素,例如背景流及黏性的影响。但在实际应用中考虑这些因素影响的关键步骤是要准确地计算所有的四极子体源,它本质上表示的是声波产生和传播的耦合过程。在实际求解波动方程的过程中,为了降低计算成本,通常会忽略所有或部分的四极子源。例如,第 4 章中介绍的可渗透边界 FW-H 方程通常就舍弃掉烦琐、费时的四极子体源计算,但这也会导致产生伪噪声问题。Wang 等人[93]对此进行了专门的研究,随后人们也开发了许多技术来解决这一问题,如"end-cap"技术[127]、出口截面平均技术[104]和等效声源技术[111]等。关于这些技术的综述和讨论可以参考文献[216]或本书第 4.3 节的内容。

基于可渗透积分面的方法在计算积分面内侧四极子源的声学作用时可以极大地节约计算成本,但往往也忽略了积分面外的四极子源,也就是忽略了积分面外流体运动及其黏性对声波传播的影响。为了明确考虑这些因素的影响,研究人员提出了改进的非齐次波动方程。例如,学者们先后建立了不同对流形式的 Lighthill 和 FW-H 方程来强调背景流对声波传播的影响,如均匀背景流[115,116]、平行剪切流[18,217]和螺旋流[23]等。Morfey 等人[218]指出黏性四极子的部分源项表示的不是声波产生,而是声波衰减,因此,在计算时不能忽略。他们建议为了强调流体黏性对声波传播的影响,应该用黏性波动算子重新表述声比拟理论。

在某些情况下,流体黏性对声波传播影响很大。例如,声波在黏性流体长距离传播时声能损失不能忽略。此外,当量直径在毫米级以下的多孔材料(如微孔平板和金属泡沫[219,220])广泛用于吸收流动噪声,其原理就是通过黏性耗散来降低噪声级。Kovasznay[7]、Chu 和 Kovasznay[114]的研究表明,黏性可压流动中的扰动可以分解为涡波、声波和熵波三种模式,他们研究了声波在流体中的传播以及不同扰动模式的干涉。Morfey 等[218]、Khamis 和

Bramley[221]通过研究表明，流体黏性对非刚性（有振动或阻尼）固体表面附近的声辐射影响显著。需要注意的是，文献[114]和文献[218]分别推导出了非齐次黏性波动方程，但两者的源项并不一致。

通常采用两种方法来研究流体黏性对声波传播的影响。第一种方法采用线性化的可压缩 Navier-Stokes 方程，它最早由 Kovasznay[7]、Chu 和 Kovasznay[114]提出，后续更多相关的研究可以参见文献[221-227]。虽然大量研究人员研究过这种方法，但对于工程应用而言这种方法目前的计算成本太高。第二种方法沿用声比拟理论的思想，用黏性波动算子代替经典无黏算子，例如 Morfey 等人[218]的研究，但对这种方法的后续研究在文献中少有报道。

上面两种方法各有所长和不足。Kovasznay[7]、Chu 和 Kovasznay[114]将标量（压力、密度和温度）和矢量（速度）的脉动变量进行分解，研究涡波、声波和熵波三种扰动模式之间的干涉和相互转化，但他们分析的是无界的黏性流动，忽略了固体边界的影响。Morfey 等人[218]通过采用广义函数明确地考虑了固体边界对流动噪声产生和传播的影响，他们只推导出了声学标量（即密度和声压）的波动方程，而没有将脉动量分解为涡和声扰动分量，因此，没有考虑不同扰动模式之间的转换。

显而易见，声能在黏性流中并不守恒。因而有必要研究声能耗散的具体机制，也就是声能与其他能量之间的转化机制。Chu 和 kovasznay[114]研究了涡、声和熵三种模式间的干涉和转换问题，但他们没有通过定量的分析研究去揭示声能在黏性流动中的耗散过程。Morfey 等人在文献[218]的附录 A 虽然给出了有关总能守恒的定量研究，但由于没有分解声、涡扰动模式，所以并没有进行声能耗散的定量研究。综上所述，有必要开展声能在黏性流体中的定量耗散研究。

受 Chu 和 Kovasznay[114]以及 Morfey 等人[218]的启发，本章研究有固体边界约束的黏性流动中声波和涡波的产生和传播。本章的第一项工作是基于黏性波动算子推导出标量和矢量的波动方程用于描述黏性流体在刚性固体边界约束条件下声波和涡波的产生和传播。在第 7 章中已经介绍了基于无黏波动算子推导矢量波动方程，本章在此基础上进一步推导黏性波动算子的矢量波动方程，从而实现涡、声扰动的分解；此外，在第 3 章中介绍了无黏波动方程频域积分解的推导方法，本章也会采用这种方法进一步推导黏性波动方程的频域积分解。

本章的第二项工作是研究黏性流动中声能的耗散问题。我们用解析的方法推导了声能平衡方程，它揭示了黏性流动中声能耗散的两种机制，即黏性耗散和涡声干涉。从该方程可以看出，黏性流中声强矢量的表达式不同于无黏流中的定义。在上述改进方程的基础上，可以通过直接计算声强和声功率来定量分析黏性流动中的声能损失。

本章的后续主要内容如下。第 8.2 节利用 Helmholtz-Hodge 分解对流体速度和黏性应力张量进行分解；第 8.3 节在广义可压缩 Navier-Stokes 方程的基础上，用黏性波动算子推导出标量和矢量的波动方程，并给出相应的 Green 函数；第 8.4 节给出了黏性流体中静止和运动源诱导声压、声振速和涡扰动速度的积分公式，并通过数值测试进行验证；第 8.5 节推导黏性流体中的声能平衡方程，并通过直接计算声功率分析黏性对声能耗散的影响；第 8.6 节对本章工作进行小结。

8.2 黏性流体中的扰动分解

8.2.1 流体速度和黏性应力的分解

第 8 章已经介绍过，应用 Helmholtz-Hodge 分解可以将等熵流体的速度扰动分解为涡、声扰动两种分量：

$$u = u_a + u_v \tag{8-1}$$

黏性应力张量表达式为

$$\boldsymbol{\sigma} = \mu[\nabla u + (\nabla u)^{\mathrm{T}}] + (\mu_V - \frac{2\mu}{3})\boldsymbol{I}(\nabla \cdot u) \tag{8-2}$$

其中：上标 T 表示矩阵的转置；$\boldsymbol{I}$ 为单位矩阵；μ 和 μ_V 分别表示剪切黏度和体积（膨胀）黏度。黏性应力张量的散度为

$$\nabla \cdot \boldsymbol{\sigma} = \mu \nabla^2 u + (\mu_V + \frac{\mu}{3})\nabla(\nabla \cdot u) \tag{8-3}$$

结合 $\nabla^2 u = \nabla(\nabla \cdot u) - \nabla \times (\nabla \times u)$，上式可以写为

$$\nabla \cdot \boldsymbol{\sigma} = (\mu_V + \frac{4\mu}{3})\nabla(\nabla \cdot u) - \mu \nabla \times (\nabla \times u) \tag{8-4}$$

需要注意的是，$\boldsymbol{\sigma}$ 是速度 u 的函数，再引入 Heaviside 函数来考虑流固界面 $f=0$ 处的不连续性，可以得到表达式[218]为

$$H(f)\boldsymbol{\sigma} = \boldsymbol{\sigma}[H(f)u] - [\mu(un + nu) + (\mu_V - \frac{2\mu}{3})v_n^S\boldsymbol{I}]\delta(f) \tag{8-5}$$

其中：v_n^S 为固面的法向速度。此外，黏性应力张量散度的广义表达式[218]可以写为

$$\nabla \cdot \{\boldsymbol{\sigma}[H(f)u]\} = (\mu_V + \frac{4\mu}{3})\nabla\{\nabla \cdot [H(f)u]\} - \mu \nabla \times \{\nabla \times [H(f)u]\} \tag{8-6}$$

联立方程(8-5)和方程(8-6)可以得到以下方程：

$$\nabla \cdot [H(f)\boldsymbol{\sigma}] = (\mu_V + \frac{4\mu}{3})\nabla\{\nabla \cdot [H(f)u]\}$$
$$- \nabla \cdot \{[\mu(un + nu) + (\mu_V - \frac{2\mu}{3})u_n\boldsymbol{I}]\delta(f)\} - \mu \nabla \times \{\nabla \times [H(f)u]\} \tag{8-7}$$

对黏性应力张量的散度再次进行求散度运算可以得到

$$\nabla \cdot \{\nabla \cdot [H(f)\boldsymbol{\sigma}]\}$$
$$= (\mu_V + \frac{4\mu}{3})\nabla^2\{\nabla \cdot [H(f)u]\} - \nabla \cdot (\nabla \cdot \{[\mu(un + nu) + (\mu_V - \frac{2\mu}{3})v_n^S\boldsymbol{I}]\delta(f)\}) \tag{8-8}$$

将方程(8-5)和方程(8-6)代入方程(8-7)可以得到

$$\nabla \cdot \{\boldsymbol{\sigma}[H(f)u]\} = (\mu_V + \frac{4\mu}{3})\nabla\{\nabla \cdot [H(f)u_a]\} - \mu \nabla \times \{\nabla \times [H(f)u_v]\} \tag{8-9}$$

方程(8-8)和方程(8-9)将会在第 8.3 节中得到应用。

8.2.2 黏性流中的波传播

描述黏性流体中小扰动的线性化连续性方程和动量方程为

$$-\frac{1}{\rho_0}\frac{\partial \rho'}{\partial t} = \nabla \cdot \boldsymbol{u} \tag{8-10}$$

$$\rho_0 \frac{\partial \boldsymbol{u}}{\partial t} = -\nabla p' + \nabla \cdot \boldsymbol{\sigma} \tag{8-11}$$

将方程(8-1)和方程(8-2)代入上述两式中可以得到

$$-\frac{1}{\rho_0}\frac{\partial \rho'}{\partial t} = \nabla \cdot \boldsymbol{u} = \nabla \cdot (\boldsymbol{u}_a + \boldsymbol{u}_v) = \nabla \cdot \boldsymbol{u}_a \tag{8-12}$$

$$\rho_0 \frac{\partial \boldsymbol{u}_a}{\partial t} + \rho_0 \frac{\partial \boldsymbol{u}_v}{\partial t} = -\nabla p' + \left(\mu_V + \frac{4\mu}{3}\right) \nabla^2 \boldsymbol{u}_a + \mu \nabla^2 \boldsymbol{u}_v \tag{8-13}$$

分别求散度和旋度并结合前文给出的性质，可以将方程(8-13)分解为以下两个方程

$$\nabla \cdot \left[\rho_0 \frac{\partial \boldsymbol{u}_a}{\partial t} + \nabla p' - \left(\mu_V + \frac{4\mu}{3}\right) \nabla^2 \boldsymbol{u}_a\right] = 0 \tag{8-14}$$

$$\nabla \times \left(\rho_0 \frac{\partial \boldsymbol{u}_v}{\partial t} - \mu \nabla^2 \boldsymbol{u}_v\right) = 0 \tag{8-15}$$

方程(8-14)和方程(8-15)的非平凡解为

$$\rho_0 \frac{\partial \boldsymbol{u}_a}{\partial t} + \nabla p' - \left(\mu_V + \frac{4\mu}{3}\right) \nabla^2 \boldsymbol{u}_a = \boldsymbol{\kappa}_v \text{ 或常数} \tag{8-16}$$

$$\rho_0 \frac{\partial \boldsymbol{u}_v}{\partial t} - \mu \nabla^2 \boldsymbol{u}_v = \boldsymbol{\kappa}_a \text{ 或常数} \tag{8-17}$$

其中：$\boldsymbol{\kappa}_a$ 和 $\boldsymbol{\kappa}_v$ 分别是无旋矢量和有旋矢量。方程(8-16)等号左边的每一项都是无旋的，它们的和不可能是有旋矢量；类似地，方程(8-17)等号左边的每一项都是有旋的，它们的和不可能是无旋矢量。上述分析表明：方程(8-16)和方程(8-17)等号右边的项应该是常数。因为我们研究的是黏性流体的非定常分量，所以只需要考虑非零频率处的分量即可。方程(8-16)和方程(8-17)等号右边的非零常数只会影响定常分量(即零频率处的分量)，于是方程(8-16)和方程(8-17)可以写成

$$\rho_0 \frac{\partial \boldsymbol{u}_a}{\partial t} = -\nabla p' + \left(\mu_V + \frac{4\mu}{3}\right) \nabla^2 \boldsymbol{u}_a \tag{8-18}$$

$$\rho_0 \frac{\partial \boldsymbol{u}_v}{\partial t} = \mu \nabla^2 \boldsymbol{u}_v \tag{8-19}$$

从方程(8-12)、方程(8-18)和方程(8-19)可以看出，声波和涡波都可以在黏性流体中传播，但涡波只会激发流体中的速度脉动，不会引起密度或压力脉动。方程(8-18)建立了黏性流体中声压和声振速之间的联系，在无黏流体中它就会退化为线性 Euler 方程。本章第 8.4 节将会利用方程(8-18)和方程(8-19)来验证黏性流中声压、声振速和涡扰动速度的积分公式。

8.3 黏性流体的标量与矢量波动方程

8.3.1 广义 Navier-Stokes 方程和 FW-H 方程

第 3 章中已经介绍用 $f(\boldsymbol{x},t)=0$ 表示黏性流体中的不可渗透刚性固体壁面，可以得到以下广义连续性方程和动量方程：

$$\frac{\partial [H(f)\rho]}{\partial t}+\boldsymbol{\nabla}\cdot[H(f)\rho\boldsymbol{u}]=Q\delta(f) \tag{8-20}$$

$$\frac{\partial [H(f)\rho\boldsymbol{u}]}{\partial t}+\boldsymbol{\nabla}\cdot[H(f)(\rho\boldsymbol{u}\boldsymbol{u}-\boldsymbol{\sigma}+p\boldsymbol{I})]=\boldsymbol{L}\delta(f) \tag{8-21}$$

其中

$$Q=\rho_0 v_n^S \tag{8-22}$$

$$\boldsymbol{L}=[(p-p_0)\boldsymbol{I}-\boldsymbol{\sigma}]\cdot\boldsymbol{n} \tag{8-23}$$

从上述广义连续性方程和动量方程出发，可以推导出描述流体及其与任意运动固面干涉诱发声的波动方程

$$\left(\frac{\partial^2}{\partial t^2}-c_0^2\boldsymbol{\nabla}^2\right)[H(f)\rho']=\frac{\partial}{\partial t}[Q\delta(f)]-\boldsymbol{\nabla}\cdot[\boldsymbol{L}\delta(f)]+\boldsymbol{\nabla}\cdot\{\boldsymbol{\nabla}\cdot[H(f)\boldsymbol{T}]\} \tag{8-24}$$

其中

$$\boldsymbol{T}=\rho\boldsymbol{uu}+[(p-p_0)-c_0^2(\rho-\rho_0)]\boldsymbol{I}-\boldsymbol{\sigma} \tag{8-25}$$

$\boldsymbol{T}$ 是 Lighthill 应力张量。方程(8-24)是由 Navier-Stokes 方程经过数学变换得到的，其中方程等号左端采用的是经典的无损波动算子，等号右端的源项包含流体黏性对声波产生和传播的影响。显而易见，想要准确考虑流体黏性的影响，就需要准确计算所有的四极子项。但在很多工程应用中，人们通常会忽略 $f>0$ 区域四极子源的声学作用，这一近似也就忽略了 $f>0$ 区域内流体黏性对声传播的影响。

8.3.2 黏性标量波动方程

在推导黏性波动方程之前，需要引入黏性正应力

$$\boldsymbol{\sigma}\cdot\boldsymbol{n}=(\mu_V+\frac{4\mu}{3})(\boldsymbol{\nabla}\cdot\boldsymbol{u})\boldsymbol{n}+\mu\boldsymbol{\omega}\times\boldsymbol{n}-2\mu[(\boldsymbol{\nabla}\cdot\boldsymbol{u})\boldsymbol{n}-\boldsymbol{n}\cdot(\boldsymbol{\nabla}\boldsymbol{u})] \tag{8-26}$$

则方程(8-24)中的偶极子源可以重写为

$$\boldsymbol{L}=\boldsymbol{N}+\boldsymbol{J} \tag{8-27}$$

其中

$$\boldsymbol{N}=(p-p_0)\boldsymbol{n}-(\mu_V+\frac{4\mu}{3})(\boldsymbol{\nabla}\cdot\boldsymbol{u})\boldsymbol{n}-\mu\boldsymbol{\omega}\times\boldsymbol{n} \tag{8-28}$$

$$\boldsymbol{J}=2\mu[(\boldsymbol{\nabla}\cdot\boldsymbol{u})\boldsymbol{n}-\boldsymbol{n}\cdot(\boldsymbol{\nabla}\boldsymbol{u})]=\boldsymbol{\nabla}\cdot[\mu(\boldsymbol{un}+\boldsymbol{nu})-2\mu v_n^S\boldsymbol{I}] \tag{8-29}$$

类似地,四极子源可以写为

$$T = M - \sigma \tag{8-30}$$

其中

$$M = \rho uu + [(p-p_0) - c_0^2(\rho-\rho_0)]I \tag{8-31}$$

利用上述定义,FW-H 方程(8-24)可以等价表示为

$$\left(\frac{\partial^2}{\partial t^2} - c_0^2 \nabla^2\right)[H(f)\rho'] + \nabla \cdot \{\nabla \cdot [H(f)\sigma] + [J\delta(f)]\} = \frac{\partial}{\partial t}[Q\delta(f)] - \nabla \cdot [N\delta(f)] + \nabla \cdot [\nabla \cdot [H(f)M]] \tag{8-32}$$

联立式(8-7)和式(8-29)可以推导得到

$$\delta(f)J + \nabla \cdot [H(f)\sigma] = \left(\mu_V + \frac{4\mu}{3}\right)\nabla\{\nabla \cdot [H(f)u] - v_n^S\delta(f)\} - \mu\nabla \times \{\nabla \times [H(f)u]\} \tag{8-33}$$

方程等号左端的各项用于描述声波的传播,因此,引入小扰动的假设是比较合理的。忽略连续性方程(8-20)中二阶小扰动项,则方程(8-20)可以简化为

$$-\frac{1}{\rho_0}\frac{\partial[H(f)\rho']}{\partial t} + v_n^S\delta(f) = \nabla \cdot [H(f)u] \tag{8-34}$$

将方程(8-33)和方程(8-34)代入方程(8-32)中,便可以得到带黏性波动算子的标量波动方程

$$\left(\frac{\partial^2}{\partial t^2} - c_0^2 \nabla^2 - \frac{\mu_V + 4\mu/3}{\rho_0}\frac{\partial}{\partial t}\nabla^2\right)[H(f)\rho'] = \gamma_s(x,t) \tag{8-35}$$

其中源项 $\gamma_s(x,t)$ 的表达式为

$$\gamma_s(x,t) = \frac{\partial}{\partial t}[Q\delta(f)] - \nabla \cdot [N\delta(f)] + \nabla \cdot [\nabla \cdot [H(f)M]] \tag{8-36}$$

方程(8-35)与 FW-H 方程(8-24)中的单极子项表达式相同,但偶极子项和四极子项并不相同。方程(8-35)表明流体黏性对声波产生和传播的影响主要体现在以下两个方面。

(1) 流体黏性影响偶极子源的强度,该影响集中在 $f(x,t)=0$ 面上;流体黏性通过黏性波动算子影响 $f(x,t)>0$ 区域中声波的传播。

(2) 基于小扰动假设可以得到下面的表达式:

$$\nabla \cdot u = -\frac{1}{\rho_0}\frac{\partial \rho'}{\partial t} = -\frac{1}{\rho_0 c_0^2}\frac{\partial p'}{\partial t} \tag{8-37}$$

将上式代入方程(8-28)中,方程(8-36)中的偶极子项可以写成

$$\nabla \cdot [L\delta(f)] = \nabla \cdot [(p-p_0)n\delta(f)] - \nabla \cdot [(\sigma \cdot n)\delta(f)]$$
$$= \nabla \cdot [(p-p_0)n\delta(f)] + \nabla \cdot \left[\frac{\mu_V + 4\mu/3}{\rho_0 c_0^2}\frac{\partial p'}{\partial t}n\delta(f)\right] - \mu\nabla \cdot [(\omega \times n)\delta(f)] \tag{8-38}$$

方程(8-38)就是文献[218]中给出的偶极子源方程。但我们要强调,方程(8-38)仅适用于声源区域内满足小扰动假设的情形,而本章给出的改进方程仍适用于非线性流。

当固面 $f=0$ 静止时,标量波动方程(8-35)中的单极子源项就会变成零。但如果考虑固面振动的情况,就可以通过傅里叶变换把方程(8-35)转换成以下形式的频域方程:

$$\left[-k^2-\mathbf{\nabla}^2+\mathrm{i}\omega\frac{\mu_v+4\mu/3}{\rho_0 c_0^2}\mathbf{\nabla}^2\right]\left[H(f)\widetilde{p}'(\boldsymbol{x},\omega)\right]=\widetilde{\gamma}_s(\boldsymbol{x},\omega) \tag{8-39}$$

其中:采用 $\mathrm{e}^{\mathrm{i}\omega t}$ 作为正变换的基函数,则有

$$\widetilde{\gamma}_s(\boldsymbol{x},\omega)=-\mathrm{i}\omega[\widetilde{Q}\delta(f)]-\mathbf{\nabla}\cdot[\widetilde{\boldsymbol{N}}\delta(f)]+\mathbf{\nabla}\cdot[\mathbf{\nabla}\cdot[H(f)\widetilde{\boldsymbol{M}}]] \tag{8-40}$$

上标~表示频域物理量;表达式 $p'=\rho'c_0^2$ 在气动声源外侧的线性扰动区域成立,$k=\omega/c_0$ 为实波数。方程(8-39)可以表示为

$$(k_a^2+\mathbf{\nabla}^2)[H(f)\widetilde{p}'(\boldsymbol{x},\omega)]=-\xi\widetilde{\gamma}_s(\boldsymbol{x},\omega) \tag{8-41}$$

其中

$$k_a^2=\xi k^2 \tag{8-42}$$

$$\xi=\frac{1}{1-\mathrm{i}k\dfrac{\mu_v+4\mu/3}{\rho_0 c_0}} \tag{8-43}$$

k_a 表示黏性流中声波的复波数,其虚部表示声能在声传播时的耗散。上述方程表明黏性效应对声传播的影响随着频率的增加而增加,本章第 8.5 节将会进一步通过定量的计算示例来描述上述特征。

8.3.3 黏性矢量波动方程

在忽略运动背景流和流体黏性的情况下,可以基于线性化的 Euler 方程通过声压的梯度计算出声振速。但是,上述处理方法不适用于考虑运动背景流或流体黏性的情况,因为在这种情况下流体的扰动速度同时包含涡、声两种模式对应的分量。在本书的第 7 章中介绍了以下两种表达形式的矢量波动方程:

$$\frac{1}{c_0^2}\frac{\partial^2[H(f)\rho\boldsymbol{u}]}{\partial t^2}-\mathbf{\nabla}^2[H(f)\rho\boldsymbol{u}]=-\mathbf{\nabla}[\delta(f)Q]+\int_0^t[\mathbf{\nabla}[\mathbf{\nabla}\cdot[\delta(f)\boldsymbol{L}]]]\mathrm{d}t^*$$
$$-\int_0^t[\mathbf{\nabla}[\mathbf{\nabla}\cdot[\mathbf{\nabla}\cdot[H(f)\boldsymbol{T}]]]]\mathrm{d}t^* \tag{8-44}$$

$$\frac{1}{c_0^2}\frac{\partial^2[H(f)\rho\boldsymbol{u}]}{\partial t^2}-\mathbf{\nabla}^2[H(f)\rho\boldsymbol{u}]$$
$$=-\mathbf{\nabla}[\delta(f)Q]+\frac{1}{c_0^2}\frac{\partial[\delta(f)\boldsymbol{L}]}{\partial t}+\int_0^t(\mathbf{\nabla}\times(\mathbf{\nabla}\times[\delta(f)\boldsymbol{L}]))\mathrm{d}t^*$$
$$-\frac{1}{c_0^2}\frac{\partial(\mathbf{\nabla}\cdot[H(f)\boldsymbol{T}])}{\partial t}-\int_0^t(\mathbf{\nabla}\times(\mathbf{\nabla}\times(\mathbf{\nabla}\cdot[H(f)\boldsymbol{T}])))\mathrm{d}t^* \tag{8-45}$$

上面矢量波动方程也可以等价表示为

$$\frac{1}{c_0^2}\frac{\partial^2[H(f)\rho\boldsymbol{u}]}{\partial t^2}-\mathbf{\nabla}^2[H(f)\rho\boldsymbol{u}]=-\mathbf{\nabla}[\delta(f)Q]+\int_0^t[\mathbf{\nabla}[\mathbf{\nabla}\cdot[\delta(f)\boldsymbol{N}]]]\mathrm{d}t^*$$
$$-\int_0^t[\mathbf{\nabla}[\mathbf{\nabla}\cdot[\mathbf{\nabla}\cdot[H(f)\boldsymbol{M}]]]]\mathrm{d}t^*$$
$$+\frac{1}{c_0^2}\frac{\partial[\delta(f)\boldsymbol{J}+\mathbf{\nabla}\cdot[H(f)\boldsymbol{\sigma}]]}{\partial t}$$
$$+\int_0^t(\mathbf{\nabla}\times(\mathbf{\nabla}\times(\mathbf{\nabla}\cdot[H(f)\boldsymbol{\sigma}]+\delta(f)\boldsymbol{J})))\mathrm{d}t^* \tag{8-46}$$

其中：u 是同时包含涡、声分量的总速度脉动。由于声波和涡波都会产生速度脉动，因此要推导描述声扰动的矢量波动方程就需要过滤掉涡速度扰动分量。方程(8-46)可以等价表示为

$$\delta(f)\boldsymbol{J} + \boldsymbol{\nabla}\cdot[H(f)\boldsymbol{\sigma}] = \left(\mu_V + \frac{4\mu}{3}\right)\boldsymbol{\nabla}^2[H(f)\boldsymbol{u}] + \left(\mu_V + \frac{\mu}{3}\right)\boldsymbol{\nabla}\times\{\boldsymbol{\nabla}\times[H(f)\boldsymbol{u}]\}$$
$$-\left(\mu_V + \frac{4\mu}{3}\right)\frac{1}{\rho_0}\boldsymbol{\nabla}[Q\delta(f)] \quad (8\text{-}47)$$

通过散度运算，再运用类似推导方程(8-18)的方法，可以得到以下形式的矢量波动方程：

$$\frac{1}{c_0^2}\frac{\partial^2[H(f)\rho\boldsymbol{u}_a]}{\partial t^2} - \boldsymbol{\nabla}^2[H(f)\rho\boldsymbol{u}_a] - \frac{\mu_V + 4\mu/3}{c_0^2}\frac{\partial}{\partial t}\boldsymbol{\nabla}^2[H(f)\boldsymbol{u}_a]$$
$$= -\left[1 + \left(\mu_V + \frac{4\mu}{3}\right)\frac{1}{\rho_0 c_0^2}\frac{\partial}{\partial t}\right]\boldsymbol{\nabla}[Q\delta(f)]$$
$$+ \int_0^t [\boldsymbol{\nabla}[\boldsymbol{\nabla}\cdot[\delta(f)\boldsymbol{N}]]]\mathrm{d}t^*$$
$$- \int_0^t [\boldsymbol{\nabla}[\boldsymbol{\nabla}\cdot[\boldsymbol{\nabla}\cdot[H(f)\boldsymbol{M}]]]]\mathrm{d}t^* \quad (8\text{-}48)$$

其中将声振速作为黏性波动算子的声学变量。对于声源外围区域的小扰动声波，忽略二阶小量得到以下的近似表达式：

$$\rho\boldsymbol{u} = \rho_0\boldsymbol{u} + \rho'\boldsymbol{u} \approx \rho_0\boldsymbol{u} \quad (8\text{-}49)$$

则方程(8-48)可以表示为

$$\left[\frac{1}{c_0^2}\frac{\partial^2}{\partial t^2} - \boldsymbol{\nabla}^2 - \frac{\mu_V + 4\mu/3}{\rho_0 c_0^2}\frac{\partial}{\partial t}\boldsymbol{\nabla}^2\right][H(f)\boldsymbol{u}_a] = \boldsymbol{\gamma}_a(\boldsymbol{x},t) \quad (8\text{-}50)$$

其中

$$\boldsymbol{\gamma}_a = -\frac{1}{\rho_0}\left[1 + (\mu_V + \frac{4\mu}{3})\frac{1}{\rho_0 c_0^2}\frac{\partial}{\partial t}\right]\boldsymbol{\nabla}[Q\delta(f)] + \frac{1}{\rho_0}\int_0^t[\boldsymbol{\nabla}[\boldsymbol{\nabla}\cdot[\boldsymbol{N}\delta(f)]]]\mathrm{d}t^*$$
$$-\frac{1}{\rho_0}\int_0^t[\boldsymbol{\nabla}[\boldsymbol{\nabla}\cdot[\boldsymbol{\nabla}\cdot[H(f)\boldsymbol{M}]]]]\mathrm{d}t^* \quad (8\text{-}51)$$

方程(8-50)和方程(8-51)就是带有黏性波动算子的矢量波动方程，用于描述黏性流体中声振速的产生与传播。类似地，对方程(8-51)进行傅里叶变换就可以得到频域下的矢量波动方程

$$\left[-k^2 - \boldsymbol{\nabla}^2 + \mathrm{i}\omega\frac{\mu_V + 4\mu/3}{\rho_0 c_0^2}\boldsymbol{\nabla}^2\right][H(f)\widetilde{\boldsymbol{u}}_a] = \widetilde{\boldsymbol{\gamma}}_a \quad (8\text{-}52)$$

其中

$$\widetilde{\boldsymbol{\gamma}}_a = -\frac{1}{\rho_0\xi}\boldsymbol{\nabla}[\widetilde{Q}\delta(f)] + \mathrm{i}\frac{[\boldsymbol{\nabla}[\boldsymbol{\nabla}\cdot[\widetilde{\boldsymbol{N}}\delta(f)]]]}{\rho_0\omega} - \mathrm{i}\frac{\boldsymbol{\nabla}[\boldsymbol{\nabla}\cdot[\boldsymbol{\nabla}\cdot[H(f)\widetilde{\boldsymbol{M}}]]]}{\rho_0\omega} \quad (8\text{-}53)$$

利用方程(8-43)的定义，方程(8-52)可以等价表示为

$$(k_a^2 + \boldsymbol{\nabla}^2)[H(f)\boldsymbol{\nabla}^2\widetilde{\boldsymbol{u}}_a] = -\xi\widetilde{\boldsymbol{\gamma}}_a(\boldsymbol{x},\omega) \quad (8\text{-}54)$$

下面推导涡扰动速度的控制方程。将方程(8-7)、方程(8-28)代入方程(8-21)可以得到

$$\frac{\partial[H(f)\rho\boldsymbol{u}]}{\partial t} + \mu\boldsymbol{\nabla}\times\{\boldsymbol{\nabla}\times[H(f)\boldsymbol{u}]\}$$
$$= \boldsymbol{N}\delta(f) - \boldsymbol{\nabla}\cdot[H(f)(\rho\boldsymbol{u}\boldsymbol{u} + p\boldsymbol{I})] + \left(\mu_V + \frac{4\mu}{3}\right)\boldsymbol{\nabla}\{\boldsymbol{\nabla}\cdot[H(f)\boldsymbol{u}]\} - \boldsymbol{\nabla}\left\{\left[(\mu_V + \frac{4\mu}{3})u_n\right]\delta(f)\right\}$$
$$(8\text{-}55)$$

上述方程等号左端的第二项可以进行以下恒等变换

$$\nabla \times \{\nabla \times [H(f)\boldsymbol{u}]\} = \nabla \{\nabla \cdot [H(f)\boldsymbol{u}]\} - \nabla^2[H(f)\boldsymbol{u}] \tag{8-56}$$

可以发现方程(8-55)等号右端的第三项、第四项和方程(8-56)等号右端的第一项都是无旋的,那么可以沿用推导方程(8-19)的方法得到以下方程

$$\frac{\partial [H(f)\rho \boldsymbol{u}_v]}{\partial t} - \mu \nabla^2 [H(f)\boldsymbol{u}_v] = [\boldsymbol{N}\delta(f)]_v - [\nabla \cdot [H(f)\boldsymbol{M}]]_v \tag{8-57}$$

因为 $\nabla[H(f)p]$ 是无旋的,所以有 $[\nabla \cdot [H(f)\boldsymbol{M}]]_v = [\nabla \cdot [H(f)(\rho \boldsymbol{u}\boldsymbol{u} + p\boldsymbol{I})]]_v$。结合忽略二阶小量的小扰动假设,方程(8-57)就退化为

$$\frac{\rho_0}{\mu}\frac{\partial [H(f)\boldsymbol{u}_v]}{\partial t} - \nabla^2[H(f)\boldsymbol{u}_v] = \boldsymbol{\gamma}_v(\boldsymbol{x},t) \tag{8-58}$$

其中

$$\boldsymbol{\gamma}_v = \frac{[\boldsymbol{N}\delta(f)]_v}{\mu} - \frac{[\nabla \cdot [H(f)\boldsymbol{M}]]_v}{\mu} \tag{8-59}$$

标量波动方程(8-35)和矢量波动方程(8-50)、方程(8-58)共同描述了声波和涡波在黏性流体中的产生和传播。对方程(8-58)进行傅里叶变换可以得到以下频域表达式:

$$(k_v^2 + \nabla^2)[H(f)\tilde{\boldsymbol{u}}_v] = -\tilde{\boldsymbol{\gamma}}_v \tag{8-60}$$

其中

$$\tilde{\boldsymbol{\gamma}}_v = \frac{[\tilde{\boldsymbol{N}}\delta(f)]_v}{\mu} - \frac{[\nabla \cdot [H(f)\tilde{\boldsymbol{M}}]]_v}{\mu} \tag{8-61}$$

$$k_v = (1+\mathrm{i})\sqrt{\rho_0 \omega/2\mu} = (1+\mathrm{i})\sqrt{\rho_0 c_0 k/2\mu} \tag{8-62}$$

k_v 是涡波的复波数;$\tilde{\boldsymbol{\gamma}}_v$ 是涡波的频域源强度。方程(8-50)和方程(8-58)相比,$\tilde{\gamma}_a$ 项含有单极子源,而 $\tilde{\boldsymbol{\gamma}}_v$ 项不含单极子源,因此单极子源仅辐射声波,而不辐射涡波。另外,$\tilde{\gamma}_a$ 和 $\tilde{\boldsymbol{\gamma}}_v$ 项都含有偶极子和四极子源,这说明在黏性流体中偶极子和四极子既可以辐射声波,也可以辐射涡波。

8.3.4 黏性波动方程的 Green 函数

描述声波扰动的标量和矢量波动方程(8-35)和方程(8-50)的 Green 函数满足以下关系式:

$$k_a^2 G_a(\boldsymbol{x},\boldsymbol{y},\omega) + \nabla^2 G_a(\boldsymbol{x},\boldsymbol{y},\omega) = -\xi\delta(\boldsymbol{x}-\boldsymbol{y}) \tag{8-63}$$

因此,波动方程(8-35)和方程(8-50)在三维无限空间中的 Green 函数可以表示为

$$G_a(\boldsymbol{x},\boldsymbol{y},\omega) = \frac{\xi \mathrm{e}^{\mathrm{i}k_a r}}{4\pi r} \tag{8-64}$$

其一阶和二阶的空间偏导数分别为

$$\frac{\partial G_a(\boldsymbol{x},\boldsymbol{y},\omega)}{\partial x_i} = \frac{\xi(\mathrm{i}k_a r - 1)\mathrm{e}^{\mathrm{i}k_a r}\hat{r}_i}{4\pi r^2} \tag{8-65}$$

$$\frac{\partial^2 G_a(\boldsymbol{x},\boldsymbol{y},\omega)}{\partial x_i \partial x_j} = -k_a^2 \frac{\xi \mathrm{e}^{\mathrm{i}k_a r}}{4\pi r} \tag{8-66}$$

$$\frac{\partial^2 G_a(\boldsymbol{x},\boldsymbol{y},\omega)}{\partial x_i \partial x_j} = \frac{\xi \mathrm{e}^{\mathrm{i}k_a r}}{4\pi r^3}[(3 - 3\mathrm{i}k_a r - k_a^2 r^2)\hat{r}_i \hat{r}_j - (1 - \mathrm{i}k_a r)\delta_{ij}] \tag{8-67}$$

其中：$\hat{r}_i = (x_i - y_i)/r$。将在第 8.4 节推导黏性流体中声辐射的积分公式时利用上述表达式。

涡扰动速度的矢量波动方程(8-60)对应的 Green 函数满足以下关系式：

$$k_v^2 G_v(\boldsymbol{x}, \boldsymbol{y}, \omega) + \nabla^2 G_v(\boldsymbol{x}, \boldsymbol{y}, \omega) = -\frac{\delta(\boldsymbol{x} - \boldsymbol{y})}{\mu} \tag{8-68}$$

因此，涡扰动在三维无限空间中的 Green 函数可以表示为

$$G_v(\boldsymbol{x}, \boldsymbol{y}, \omega) = \frac{\mathrm{e}^{\mathrm{i}k_v r}}{\mu 4\pi r} \tag{8-69}$$

由于流体的黏性系数通常很小，因此方程(8-69)表明涡扰动会随着传播距离 r 的增加而迅速衰减，也就是说，涡波只能在源附近的有限区域内传播。

8.3.5 黏性流体中声波与涡波的波数

如方程(8-42)和方程(8-60)所示，黏性流体中声波和涡波的波数都是复数，其虚部表示的是黏性效应导致的波衰减。现在我们通过参数化研究来分析流体黏性对不同频率波衰减的影响。在本算例中，来流的密度和声速分别为 $\rho_0 = 1.2\,\mathrm{kg/m^3}$、$c_0 = 340\,\mathrm{m/s}$。根据 Stokes 假说[228]，体积黏性系数 μ_V 为零，选取三个不同的黏性系数 $\mu = 1.81 \times 10^{-m}\,\mathrm{Pa \cdot s}(m=4,5,6)$ 来比较它们对声波与涡波衰减的影响。

图 8-1 给出了声波、涡波的波数虚部随流体黏性系数和频率变化而变化的情况。结果表明 $\mathrm{Im}(k_a)$ 和 $\mathrm{Im}(k_v)$ 均随着频率的增加而增加，因此，频率越大，流体黏性对声波和涡波的影响就越大。但是，流体黏性系数的变化对声波和涡波波数的影响却截然相反，当流体黏性系数增加时，$\mathrm{Im}(k_a)$ 增加，而 $\mathrm{Im}(k_v)$ 却减小。以上现象表明，在高黏性系数的流体中声波衰减迅速，而涡波衰减缓慢。特别地，在无黏静止的流体中就没有涡波了。

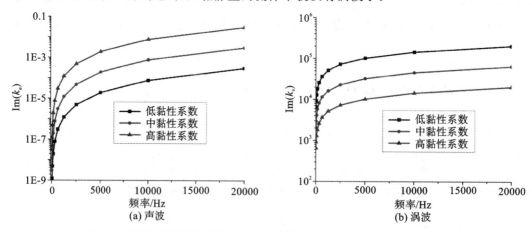

图 8-1 声波、涡波的波数虚部随流体黏性系数和频率变化而变化的情况

8.4 声和涡扰动积分公式

本节将推导出声压、声振速和涡扰动速度的解析积分公式。需要说明的是，本节只给出单极子和偶极子面源的积分公式，四极子体源的公式可以采用类似的方法推导。

8.4.1 声压与声振速公式

利用 Green 函数方法可以得到黏性流体中静止或振动的单极子和偶极子源的频域声压积分公式为

$$\frac{4\pi \tilde{p}'(\boldsymbol{x},\omega)}{\xi} = -\left[i\omega + k_a^2\left(\mu_V + \frac{4\mu}{3}\right)\right]\int_{f=0}\frac{\widetilde{Q}e^{ik_a r}}{r}dS + \int_{f=0}\frac{\widetilde{N}_r(1-ik_a r)e^{ik_a r}}{r^2}dS \quad (8\text{-}70)$$

旋转单极子和偶极子源的频域声压积分公式为

$$\frac{4\pi \tilde{p}'(\boldsymbol{x},\omega)}{\xi} = -\left[i\omega + k_a^2\left(\mu_V + \frac{4\mu}{3}\right)\right]\int_{-\infty}^{\infty}\int_{f=0}\frac{Qe^{ik_a r}e^{i\omega\tau}}{r}dSd\tau + \int_{-\infty}^{\infty}\int_{f=0}\frac{N_r(1-ik_a r)e^{ik_a r}e^{i\omega\tau}}{r^2}dSd\tau$$

$$(8\text{-}71)$$

黏性流体中振动或静止的单极子和偶极子源的频域声振速积分公式为

$$\rho_0 \tilde{u}'_{a,i}(\boldsymbol{x},\omega) = -\frac{\partial}{\partial x_i}\int_{f=0}\widetilde{Q}G_a(\boldsymbol{x},\boldsymbol{y},\omega)dS + \frac{i}{kc_0}\frac{\partial^2}{\partial x_i\partial x_j}\int_{f=0}\widetilde{N}_j G_a(\boldsymbol{x},\boldsymbol{y},\omega)dS \quad (8\text{-}72)$$

将方程(8-65)和方程(8-67)代入方程(8-72)可以得到

$$\frac{4\pi\rho_0 \tilde{u}'_{a,i}(\boldsymbol{x},\omega)}{\xi} = \int_{f=0}\widetilde{Q}\frac{(1-ik_a r)\hat{r}_i}{\xi r^2}e^{ik_e r}dS$$

$$+ \frac{1}{c_0}\int_{f=0}\frac{i(3\widetilde{N}_r\hat{r}_i - \widetilde{N}_i) + k_a r(3\widetilde{N}_r\hat{r}_i - \widetilde{N}_i) - ik_a^2 r^2\widetilde{N}_r\hat{r}_i}{kr^3}e^{ik_e r}dS$$

$$(8\text{-}73)$$

旋转单极子和偶极子源的频域声振速积分公式表示为

$$\frac{4\pi\rho_0 \tilde{u}'_{a,i}(\boldsymbol{x},\omega)}{\xi} = \int_{-\infty}^{\infty}\int_{f=0}Q\frac{(1-ik_a r)\hat{r}_i}{\xi r^2}e^{ik_a r}e^{i\omega\tau}dSd\tau$$

$$+ \frac{1}{c_0}\int_{-\infty}^{\infty}\int_{f=0}\frac{i(3N_r\hat{r}_i - N_i) + k_a r(3N_r\hat{r}_i - N_i) - ik_a^2 r^2 N_r\hat{r}_i}{kr^3}e^{ik_a r}e^{i\omega\tau}dSd\tau$$

$$(8\text{-}74)$$

注意,当 $\xi = 1$ 时,上述积分公式就退化为无黏流体中传统的声压和声振速公式。

8.4.2 涡扰动速度公式

单极子源不会产生涡波,因此只需推导偶极子源的涡扰动速度积分公式。在涡扰动方程(8-58)和 Green 函数方程(8-69)的基础上,可以得到黏性流体中振动或静止的偶极子源诱发的涡扰动速度积分公式为

$$4\pi\mu \tilde{u}'_{v,i}(\boldsymbol{x},\omega) = \int_{f=0}\frac{\widetilde{N}_{v,i}e^{ik_v r}}{r}dS \quad (8\text{-}75)$$

类似地,可以推出旋转偶极子源诱发的频域涡扰动速度积分公式为

$$4\pi\mu\tilde{u}'_{v,i}(\boldsymbol{x},\omega) = \int_{-\infty}^{\infty}\int_{f=0} \frac{N_{v,i}\mathrm{e}^{\mathrm{i}k_v r}\mathrm{e}^{\mathrm{i}\omega\tau}}{r}\mathrm{d}S\mathrm{d}\tau \tag{8-76}$$

方程(8-75)和方程(8-76)表明在黏性流体中涡扰动速度的方向和偶极子源的方向始终一致,这与声波的性质截然不同。

8.4.3 声波积分公式的数值验证

在黏性流体中,声压和声振速应该满足线性化动量方程(8-18),对方程(8-18)进行傅里叶变换得到以下频域表达式:

$$\nabla \tilde{p}' = \mathrm{i}\omega\rho_0 \tilde{\boldsymbol{u}}_a + \left(\mu_V + \frac{4\mu}{3}\right)\nabla(\nabla \cdot \tilde{\boldsymbol{u}}_a) \tag{8-77}$$

对上式中声振速和声压的空间导数采用一阶格式的离散,可以得到下面的表达式:

$$\underbrace{\frac{\tilde{p}'(\boldsymbol{x}+\Delta l\,\boldsymbol{e}_i)-\tilde{p}'(\boldsymbol{x})}{\Delta l}}_{a_{\mathrm{LHS}}}$$

$$=\underbrace{\mathrm{i}\omega\rho_0\tilde{u}_{a,i}(\boldsymbol{x})+\left(\mu_V+\frac{4\mu}{3}\right)\sum_{j=1}^{3}\frac{\tilde{u}'_{a,j}(\boldsymbol{x}+\Delta l\,\boldsymbol{e}_i)-2\tilde{u}'_{a,j}(\boldsymbol{x})+\tilde{u}'_{a,j}(\boldsymbol{x}-\Delta l\,\boldsymbol{e}_i)}{\Delta l^2}}_{a_{\mathrm{RHS}}} \tag{8-78}$$

在本算例中选取步长 $\Delta l = 10^{-7}$ m。分别利用方程(8-70)和方程(8-71)计算静止和旋转源的频域声压,分别利用方程(8-73)和方程(8-74)计算静止和旋转源的频域声振速。

基于定常单极子源和非定常偶极子源来验证上述建立的声学积分公式。其中,单极子源的强度定义为 $\int_{f=0}\tilde{Q}\mathrm{d}S = 10^{-4}$ kg/s;对于静止的偶极子源,定义源强度在直角坐标系下三个方向上的分量为 $\int_{f=0}\tilde{N}_i\mathrm{d}S = 0.1$ N, $i=1,2,3$;对于旋转的偶极子源,定义源强度在柱坐标系下每个方向上的分量为 $\int_{f=0}\tilde{N}_i\mathrm{d}S = 0.1$ N, $i=R,\theta,z$。

对于振动的定常单极子源和静止的非定常偶极子源,源点的初始位置位于坐标原点。在位于 XY 平面内、圆心位于原点且半径为 100 m 的圆周上均匀放置 36 个观测点,分别计算方程(8-78)等号左端和右端的结果来对比其指向性特征。

对于旋转的单极子源和偶极子源,它们在 XY 平面内围绕原点绕半径为 0.2 m 的圆周旋转,频率为 $f_r = 200$ Hz。在固定坐标(10 m, 3 m, 2 m)处放置一个观测点,分别计算方程(8-78)等号左端和右端的结果来对比它们的频谱特征。

算例中的其他测试参数如下:流体密度和声速分别为 $\rho_0 = 1.2$ kg/m^3, $c_0 = 340$ m/s。剪切黏度 $\mu = 1.81\times 10^{-5}$ Pa·s,体积黏度 μ_V 为零。定常单极子源的振动频率和非定常偶极子源的脉动频率均为 $f_0 = 2000$ Hz。

图 8-2 和图 8-3 分别给出了振动单极子源和静止偶极子源对应的指标性。可以看到方程

(8-78)等号两侧的计算结果一致,进而验证了振动或静止声源的积分式(8-70)和式(8-73)。由于这两个例子中所有观测点的 z 向分量都为零,因此,在图中没有绘出。图 8-4 和图 8-5 分别给出了旋转单极子源和偶极子源的频谱。结果表明:在每一频率分量下方程(8-78)两侧的结果都非常吻合。上述算例验证了旋转声源的声压积分式(8-71)和声振速积分式(8-74)。

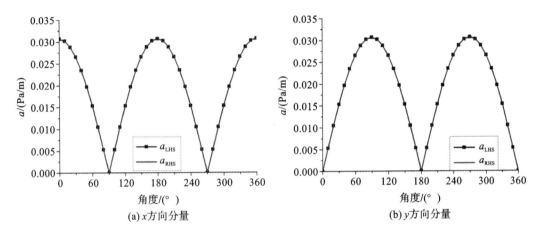

图 8-2 振动单极子源对应的指标性

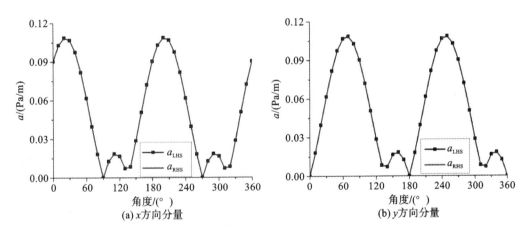

图 8-3 静止偶极子源对应的指标性

8.4.4 涡波积分公式的数值验证

对方程(8-19)进行傅里叶变换可以得到以下频域表达式:

$$-\mathrm{i}\omega\rho_0 \widetilde{\boldsymbol{u}}_v = \mu \nabla^2 \widetilde{\boldsymbol{u}}_v \tag{8-79}$$

对上式中涡速的空间导数采用一阶离散格式,可以得到

$$\underbrace{-\mathrm{i}\omega\rho_0 \widetilde{u}_{v,i}(\boldsymbol{x})}_{b_{\text{LHS}}} = \mu \underbrace{\sum_{j=1}^{3} \frac{\widetilde{u}'_{v,i}(\boldsymbol{x}+\Delta l\,\boldsymbol{e}_j) - 2\widetilde{u}'_{v,i}(\boldsymbol{x}) + \widetilde{u}'_{v,i}(\boldsymbol{x}-\Delta l\,\boldsymbol{e}_j)}{\Delta l^2}}_{b_{\text{RHS}}} \tag{8-80}$$

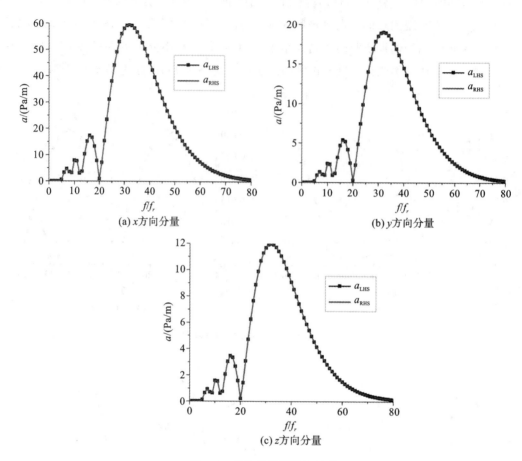

图 8-4 旋转单极子源的频谱

分别用方程(8-75)和方程(8-76)计算在频域空间下静止和旋转偶极子源诱导的涡扰动速度。

当偶极子源以高频率脉动时,黏性流体中的涡波会迅速耗散,因此假定源的脉动频率为 $f_0 = 0.1$ Hz。对于静止的偶极子源,其位置与坐标原点重合,在位于 XY 平面内、圆心与原点重合且半径为 0.1 m 的圆周上均匀放置 36 个观测点,通过计算方程(8-80)等号左端和右端的值来比较它们的指向性特征。对于旋转的偶极子源,其围绕原点进行旋转,转动半径为 0.1 m,转动频率为 $f_r = 0.1$ Hz,在固定坐标(0.2 m,0 m,0 m)处放置一个观测点,通过计算方程(8-80)等号左端和右端的值来比较它们的频谱特征。其他所有参数设置与第 8.4.3 节相同,图 8-6 和图 8-7 的结果验证了所建立的涡扰动速度公式是准确、有效的。从图 8-7 还可以看出,旋转偶极子产生的涡波也会发生 Doppler 频移现象,但总幅值会随着频率的增加而迅速减小,因此通常可以忽略 Doppler 效应。

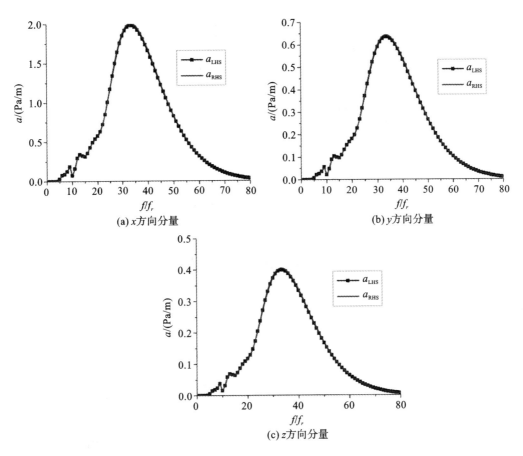

图 8-5 旋转偶极子源的频谱

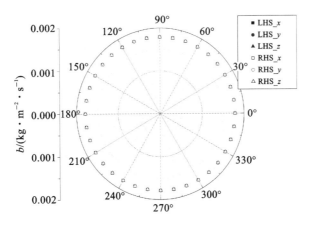

图 8-6 静止偶极子源诱发涡扰动分量的指向性

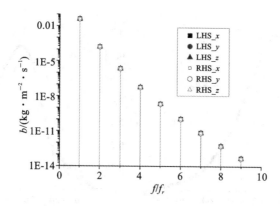

图 8-7 旋转偶极子源诱发涡扰动分量的频谱

8.5 声能耗散分析

8.5.1 声能平衡方程

Morfey 等人在文献[218]的附录 A 中用解析的方法推导出了能量平衡方程,在此基础上他们对声波和涡波的能量平衡进行了定性分析。然而他们并没有将声振速和涡扰动速度从总的速度脉动中分离出来,因此不适合对黏性流体中声传播的能量损失进行定量分析。

下面借鉴 Morfey 等人的方法[218]来推导黏性流体的声能平衡方程。分别将方程(8-18)和方程(8-19)乘以 p' 和 $\boldsymbol{u}_a$ 得

$$\frac{1}{2\rho_0 c_0^2}\frac{\partial p'^2}{\partial t} + p' \boldsymbol{\nabla} \cdot \boldsymbol{u}_a = 0 \tag{8-81}$$

$$\rho_0 \frac{\partial (\boldsymbol{u}_a + \boldsymbol{u}_v)}{\partial t} \cdot \boldsymbol{u}_a + \left(1 + \frac{\mu_V + 4\mu/3}{\rho_0 c_0^2}\frac{\partial}{\partial t}\right)\boldsymbol{u}_a \cdot \boldsymbol{\nabla} p' + \mu \boldsymbol{u}_a \cdot \boldsymbol{\nabla}^2 \boldsymbol{u}_v = 0 \tag{8-82}$$

将两式相加得到以下的声能量平衡方程:

$$\frac{\partial E_a}{\partial t} + \boldsymbol{\nabla} \cdot \boldsymbol{I}_a = D \tag{8-83}$$

其中

$$E_a = \frac{p'^2}{2\rho_0 c_0^2} + \frac{\rho_0 |\boldsymbol{u}_a^2|}{2} - \frac{\mu_V + 4\mu/3}{2\rho_0^2 c_0^4}\frac{\partial p'^2}{\partial t} \tag{8-84}$$

$$\boldsymbol{I}_a = p' \boldsymbol{u}_a + \frac{\mu_V + 4\mu/3}{\rho_0 c_0^2}\frac{\partial}{\partial t}(p' \boldsymbol{u}_a) \tag{8-85}$$

$$D = \mu \boldsymbol{u}_a \cdot \boldsymbol{\nabla}^2 \boldsymbol{u}_v - \rho_0 \boldsymbol{u}_a \cdot \frac{\partial \boldsymbol{u}_v}{\partial t} \tag{8-86}$$

E_a 为声能密度;$\boldsymbol{I}_a$ 为声能通量(声强)矢量;D 表示黏性流体中声波和涡波的干涉。声能平衡方程(8-83)表明黏性流体存在两种声能耗散机制:第一种是黏性耗散,它出现在声传播的整个过程中,并且与流体黏性密切相关;第二种是涡声干涉,由于涡扰动速度随着传播距离的增加

会迅速衰减，所以干涉只出现在源附近的区域。需要强调，方程(8-85)中声强 I_a 的表达式不同于无黏流体中的定义，下一节利用上述定义的声强表达式来计算声功率。

8.5.2 流体黏性对声能耗散的影响

本节利用8.4节建立的声压和声速积分公式来定量分析流体黏性对声耗散的影响，将计算所得的声压、声振速和声功率与无黏流体的结果进行比较。

首先分析振动的定常单极子源的声辐射，相关参数与8.4节相同，源振动频率分别为2000 Hz 和 20000 Hz，分别计算无黏和黏性流体中单极子源的声辐射。图8-8和图8-9对无黏和黏性流体中振动单极子源在不同传播距离 r 处的辐射声压和声振速进行了比较。图8-8 (b)和图8-9 (b)的结果表明，高频率时黏性流体中的声压和声振速都明显小于无黏流体，但从图8-8 (a)和图8-9 (a)可以看出，在频率较低时两者差别并不明显。

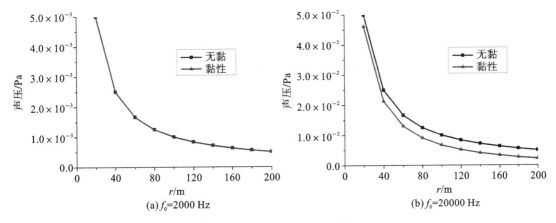

图 8-8　振动单极子源的辐射声压

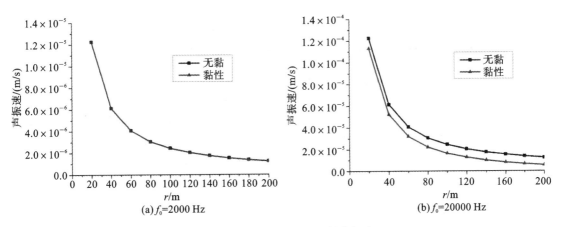

图 8-9　振动单极子源的辐射声振速

然后分析流体黏性和源旋转对声辐射的影响。以8.4节中旋转的偶极子点源为例，计算 $x = (10\ \text{m}, 0\ \text{m}, 0\ \text{m})$、$x = (500\ \text{m}, 0\ \text{m}, 0\ \text{m})$ 和 $x = (1000\ \text{m}, 0\ \text{m}, 0\ \text{m})$ 三个位置的声辐射。

图 8-10 和图 8-11 分别给出了计算得到的声压和声振速频谱。与前面振动单极子的算例类似,当声频率越高、传播距离越远时,流体黏性对声传播的影响就越明显。图中的结果还表明黏性流体的峰值频率要低于无黏流体,在后续图 8-13 给出的声功率频谱中也能观察到这一现象,对于上述现象的解释将在后文中给出。

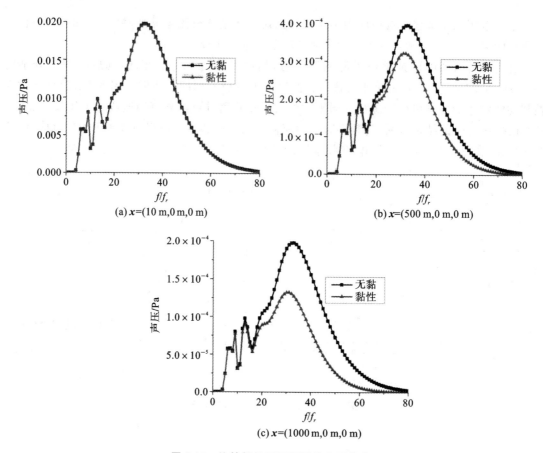

图 8-10 旋转偶极子源辐射的声压频谱

再分析流体黏性对输出声功率的影响,声功率采用下式进行计算:

$$W(\bm{x},\omega) = \int_{\Gamma=0} \mathrm{Re}[\widetilde{\bm{I}}_a(\bm{x},\omega) \cdot \bm{n}(\bm{x},\omega)] \mathrm{d}\Gamma \tag{8-87}$$

其中:$\widetilde{\bm{I}}_a(\bm{x},\omega)$ 表示频域复声强矢量;Re 表示复数的实部;$\Gamma=0$ 是以原点为圆心、半径为 r_x 的包络源的封闭球面;$\bm{n}$ 是该面的法向矢量。然后计算不同半径处球面的声功率来分析流体黏性对声能损失的影响。方程(8-85)中声强的表达式不同于无黏流体的定义形式,相应地,频域有功声强的表达式为

$$\widetilde{\bm{I}}_a(\bm{x},\omega) = 0.5\left[1 - \frac{\mathrm{i}\omega(\mu_V + 4\mu/3)}{\rho_0 c_0^2}\right]\widetilde{p}'(\bm{x},\omega)\,\widetilde{\bm{u}}_a'^{*}(\bm{x},\omega) \tag{8-88}$$

其中:上标 * 表示共轭复数。对于振动的单极子源,图 8-12 给出了不同半径处球面 $\Gamma=0$ 的声功率变化情况。可以看到,声波在无黏流体中传播时没有能量损失,因此声功率与传播距离无关。而在黏性流体中,声功率随传播距离的增加而减小,这表明一部分声能在传播的过程中被

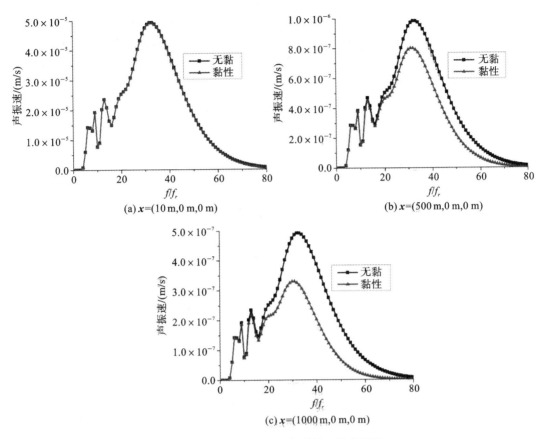

图 8-11　旋转偶极子源辐射的声振速频谱

耗散。此外,比较图 8-12 的结果发现,高频率的声能损失要大于低频率的,这一现象与声压和声速的计算结果一致。

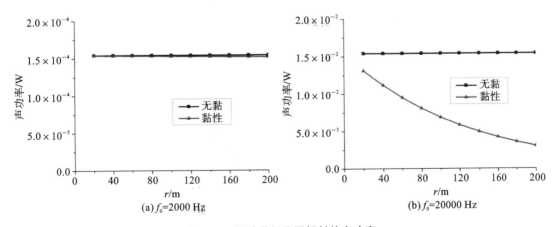

图 8-12　振动单极子源辐射的声功率

对于旋转的偶极子源,图 8-13 对黏性流体和无黏流体的声功率频谱进行了比较。由于无黏流体中没有声能损失,所以声功率不随距离变化而变化,而在黏性流体中可以看到声波传播时存在明显的声能损失。一个有趣的现象是声功率峰值对应的频率会随半径 r_x 的增大而降低，在图 8-10 的声压和图 8-11 的声振速结果中也可以看到这一现象。需要强调，这一现象并非由于 Doppler 效应，而是由于在高频率处声能耗散更大，因为当声频率增加时复系数 ξ 的值会变小。

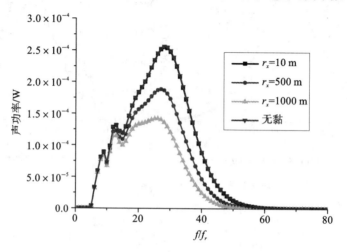

图 8-13　旋转偶极子源的声功率谱

另外，声功率的相对计算误差由下式给出：

$$\varepsilon = \frac{W_{\text{inv}} - W_{\text{vis}}}{W_{\text{vis}}} \times 100\% \tag{8-89}$$

用上述方程比较无黏和黏性流体的声功率，其中下标 inv 和 vis 分别表示无黏流体和黏性流体。基于图 8-13 的计算结果，图 8-14 给出了相对计算误差，其中无量纲参数亥姆霍兹数 He 的定义如下：

$$\text{He} = kr_x = \frac{\omega r_x}{c_0} \tag{8-90}$$

结果表明，当亥姆霍兹数小于 10^5 时可以忽略黏性的影响。因此在许多工程应用中，用传统的声比拟理论（如无损波动算子的 FW-H 方程）预测流动噪声就可以达到理想的计算精度。

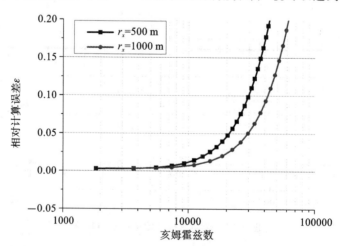

图 8-14　声功率的相对计算误差

但是,在预测非刚性表面非定常黏性流动的声辐射[218]和多孔材料中的声传播[229]时忽略流体黏性会造成较大的误差。因此,未来可以采用黏性标量和矢量波动方程开展上述领域中的应用研究。

8.6 本章小结

本章对黏性流体中声波与涡波的产生和传播开展了相关的研究。本章第一个主要内容就是从广义可压缩 Navier-Stokes 方程出发,推导出了含有黏性波动算子的标量和矢量波动方程。所建立的波动方程利用黏性波动算子和修正源项来分别表示黏性对声波传播和产生的影响,所建立的波动方程还表明声波脉动与单极子、偶极子和四极子源都有关,而涡波脉动只与偶极子和四极子源有关。本章还建立了黏性波动方程对应的频域声压、声振速和涡扰动速度的积分公式,并通过数值测试验证了积分公式的正确性。理论和数值研究均表明,涡波会随着源脉动频率的增加而快速耗散,而且涡波通常只能在源附近的有限区域内传播。

本章的第二个主要内容是推导了声能平衡方程。从平衡方程可以看出,在黏性流体中有两种声能耗散机制:一种是黏性耗散,另一种是涡声干涉。黏性耗散出现在声传播的整个过程中,且与流体黏性密切相关,但涡声干涉只出现在声源附近,因为涡波会随传播距离的增加而迅速耗散。此外,声能平衡方程中声强的表达式不同于无黏流体中的传统形式。利用本章给出的声压、声振速和声强公式直接计算穿过包络所有声源面上的法向声强,就可以定量分析声传播过程中的声功率损失。理论和数值计算结果均表明,当 Helmholtz 数增大时,由流体黏性引起的声能损失会更加明显。一个有意思的现象是,对于黏性流体中旋转声源的声辐射而言,频谱中的峰值频率会随传播距离的增加而降低。这一现象并不是 Doppler 效应造成的,而是由于高频声波在传播过程中的能量耗散加快。

需要强调,很多工程应用的亥姆霍兹数小于 10^5,因此黏性对声波传播的影响通常很小,所以带有无损波动算子的经典声比拟理论(如 FW-H 方程)即可满足预测声波产生和传播的工程要求。然而对于非刚性边界流动的声辐射以及多孔材料的声传播而言,声波干涉对能量转换的影响较大,因此,很有必要考虑流体黏性的影响。进一步地,可以采用本章所建立的带有黏性波动算子的波动方程来分析流体与弹性边界或多孔材料干涉诱发的流动噪声。

9 总结与展望

9.1 声比拟理论研究历史进程的回望与总结

1952年Lighthill的论文《On Sound Generated Aerodynamically》的发表和1976年Goldstein的专著《Aeroacoustics》的出版是流动声学研究历史上两个重要的节点,极大地促进了当时学术界和工业界对流动声学知识体系的建立和发展。这一阶段往往被认为是流动声学研究的第一个黄金时代,它的特征在于围绕流动声学开展了丰富的理论研究,涌现出了一批为声比拟理论的建立和发展作出了巨大贡献的开创性学者。这些学者都与英国剑桥大学、南安普顿大学等具有密切的学术渊源,因此,这也奠定了英国在流动声学理论研究领域的国际影响力。时至今日,剑桥大学的理论物理和应用数学系(Peake教授)、工程系(Dowling教授)和南安普顿大学声学与振动研究所(Joseph教授)等仍然是流动声学研究国际领域的著名研究机构(学者)。

此后,计算机技术的发展极大地促进了研究人员开展计算气动声学算法和应用的研究。其中,基于声比拟理论的流动噪声预测方法应用最广泛,因为相对于其他所有的方法而言,这种方法通常具有最佳的计算性价比,即计算精度与计算耗时之间的平衡性最佳。早在1992年,Lighthill教授就预见了计算流动声学时代的到来并将其命名为流动声学研究的第二个黄金时代,具体见文献[230]最后部分Lighthill教授的总结;2014年,美国斯坦福大学Lele教授对这个阶段20多年的研究工作进行了总结,并对未来研究予以展望[231]。这一阶段的特征体现在两个方面:一方面是基于Euler方程或N-S微分方程的高精度数值仿真技术被应用于开展流动噪声产生和传播的研究,其中美国斯坦福大学Moin教授和Lele教授以及圣母大学的Atassi教授等在此方面均取得了杰出的成就,海外的华人学者在此领域也进行了具有国际影响力的重要研究工作,例如,美国佛罗里达州立大学的Tam C K W教授、圣母大学的Wang Meng教授、欧道明大学的Hu FangQiang教授,以及原任职于英国南安普顿大学、现任职于香港科技大学的Zhang Xin教授等;另一方面是基于声比拟理论建立的积分方程方法被大量地应用于预测各种工程问题中的流动噪声现象,其中,美国国家航空航天局兰利研究中心的Farassat以及宾夕法尼亚州立大学的Brentner教授、Morris教授等人基于积分方程的预测方法及其在喷流和螺旋桨噪声预测中的应用研究广受关注。当然,在此期间甚至还出现了Fedorchenko[232]和Tam[233]等学者对流动声学声比拟理论的质疑,以及Morris和Farassat[234]、Peake[235]、Spalart[236]等学者对此展开的回复辩论,这一历程也刚好印证了唯物辩证法的否定之否定规律。在流动声学研究的第二个黄金时代,尽管以英国为代表的欧洲学术界和工业界依然保持着足够的活力,但是美国实际上已经成为此领域的国际研究中心和领导者。

2022年,著名流动声学专家——加拿大谢布克大学的Moreau教授[237]总结了计算流动声学在喷流噪声、翼型噪声、机身噪声和叶轮机械噪声四个重要领域中取得的主要成就和现状，同时他审慎地预见流动声学研究的第三个黄金时代将是以物理信息内嵌的神经网络为代表的机器学习方法代替传统数值模拟方法的时代。

表 9-1 对上述三个黄金时代的研究背景、特征、学术意义以及应用价值进行了对比和总结。第一个黄金时代的研究背景是人类对航空噪声的控制需求，它的特征是声比拟理论的提出和发展，它的学术意义在于为流动噪声提供了定性分析的理论研究工具或半经验的预测模型，它的应用价值是能够"快但不准"地评估噪声。第二个黄金时代的研究背景是基于计算机的仿真技术在各个领域的广泛使用，它的特征是大量数值方法的建立并被用于分析流动诱发噪声的产生和传播过程，它的学术意义在于为流动噪声提供了定量分析的数值预测工具，它的应用价值是能够"准但不快"地预测噪声。我们正在经历第三个黄金时代，第三个黄金时代的研究背景是人工智能技术的迅速发展和应用，它的特征预计是人工智能技术在流动声学研究中的深度融合，它的意义在于能够为流动噪声的优化设计提供技术支撑，它的应用价值是能够"又准又快"地预测噪声。

表 9-1 流动声学研究的三个黄金时代

黄金时代	背景	特征	学术意义	应用价值
第一个	航空噪声的控制需求	声比拟理论的提出和发展	为流动噪声提供定性分析的理论研究工具或半经验的预测模型	快但不准
第二个	计算机仿真技术应用	数值方法的建立与应用	为流动噪声提供定量分析的数值预测工具	准但不快
第三个	人工智能技术应用	人工智能技术在流动声学研究中的深度融合	为流动噪声的优化设计提供技术支撑	又准又快

9.2 面向国家重大需求的声比拟研究分析

在航空航天背景需求的驱动下，欧美国家长期引领着流动声学最前沿的基础理论和数值算法研究。美国航空航天学会（American Institute of Aeronautics and Astronautics，AIAA）和欧洲航空航天学会理事会（Council of European Aerospace Societies，CEAS）共同组织的年度气动声学会议是本领域最具影响力的学术会议。此外，CEAS 气动声学专家委员会每年在 Journal of Sound and Vibration 期刊上发表的欧洲气动声学年度研究报告在学术界和工业界也具有重要的影响。

在流动声学的研究领域，我国经历了从跟跑到并跑的历史过程。21 世纪以前，北京航空航天大学和西北工业大学主要围绕航空领域的气动声学问题开展了一些研究工作，其中，孙晓峰和周盛教授编写的《气动声学》应该是我国在此领域最早的学术著作[238]。清华大学、上海交通大学、西安交通大学和华中理工大学（现华中科技大学）等单位围绕风机和压缩机流动噪声开展了一些前期的研究。近年来，在我国大飞机、航空发动机、大推力火箭、载人空间站等航空航天领域的重大项目研制过程中，流动噪声都是需要解决的一个重要问题。这些项目的引领也催生了我国在此领域出版了一批专著，例如，北京航空航天大学孙晓峰教授关于航空推进系统流动噪声研究的专著[239]、西北工业大学乔渭阳教授关于航空发动机流动噪声研究的专著[240,241]以及南京航空航天大学史勇杰教授关于直升机流动噪声研究的专著[242]。需要说明的是，这些应用领域关注噪声的问题不仅仅是为了降低噪声对环境的污染，还关系到结构的疲劳断裂和装备的安全可靠性。

此外，以航空器载人、载货及其他作业等多场景低空飞行活动为牵引，辐射带动相关领域融合发展的"低空经济"在2021年已经纳入国家规划。其中，无人机低空飞行需要解决的一个重要问题就是降低流动噪声。

我国学术界和工业界对流动噪声问题的关注不仅仅集中在航空航天领域。在从"制造大国"到"智造强国"的产业升级过程中，高速列车、家用电器和电子产品都是我国逐渐建立的具有重要国际影响力的产业领域。流动噪声往往又是这些产业领域中需要重点关注和解决的技术问题，并且越来越成为影响产品核心竞争力的一个重要指标。除此之外，建设一支世界先进的蓝水海军是我们实现海洋强国战略的重要保障，其中，降低水下航行器及其推进装置的水动力学噪声比控制其他任何领域中流动噪声控制的需求更加重要，也更为迫切。但是，欧美国家关于水动力噪声的研究很少有公开报道。

基于上述时代背景，结合我国现阶段的国家战略和经济发展需求，开展流动声比拟理论的研究意义分析如下。

第一，得益于计算机技术的快速发展，高精度数值模拟方法被逐步应用到开展流动噪声传播的研究中，但是声比拟理论依然是目前和未来一段时间内最具有性价比的开展流动噪声研究的方法。特别是在一些特定的流动声学领域，如叶轮机械，现有的绝大部分研究采用的是声比拟理论。图9-1列出了Web of Science数据库分别以Aeroacoustics和Acoustic Analogy为主题词查找2013—2022年论文发表的数量，结果表明气动声学研究的论文数量在逐年上升，并且声比拟理论相关的研究占据了所有论文的1/3左右，因此，在气动声学研究愈发受到关注的背景下，声比拟理论依然是十分重要的研究方法。

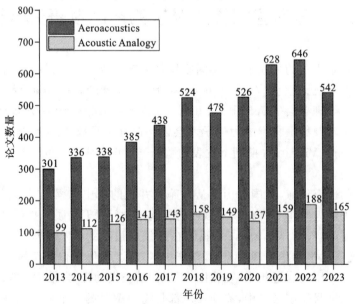

图9-1 近十年来论文统计结果的对比

第二,欧美国家气动声学的研究主要是以航空航天的工程需求为背景。这一研究背景决定了该领域气动声学研究的两个基本特征。其一是高成本、精细化的特征。航空航天的行业特征决定了其不需要过多地考虑成本来开展精细化的研究工作。得益于近些年来我国大飞机专项、两机专项和载人航天工程专项等航空航天领域中重大工程项目的启动,我国学术界和工业界在气动声学领域的研究也投入了大量的资源和成本以提升计算机硬件和开发各种精细化仿真软件。其二是高马赫数、强剪切的特征。以航空航天为背景的喷气噪声、机翼噪声和叶轮机械噪声都具备上述特征,其中涉及复杂的涡声(喷流噪声)、声涡(发动机声衬)、熵声(燃烧噪声)转换机理,因此,当前有必要采用高精度数值仿真方法来揭示不同类型扰动的转换和传播机理。

高铁汽车、家用电器、电子产品是我国现阶段国民经济的重要支柱产业,这些领域也存在大量的流动噪声问题需要解决。但是,解决这些领域中的流动噪声问题不能完全照搬欧美国家研究气动声学的模式,其原因至少包括两个方面。其一,上述领域中的研究对象都是消费品,存在迭代更新快、成本控制严的特征,采用高成本、精细化、长周期的研究模式不能适用于上述领域产品的研发过程。例如,我们不能套用航空叶片机流动噪声预测和控制的研究模式和方法来开展家用电器、电子产品中风扇噪声的预测和控制。其二,相对于航空航天领域的高马赫数、强剪切流动特征,高铁汽车、家用电器、电子产品领域中的流体运动往往具有明显的低马赫数特征。一方面,相对于高马赫数运动而言,采用高精度数值模拟方法直接求解低马赫数流动伴随的声学现象具有更大的难度,因为在低马赫数流动中声学扰动量更加微弱。另一方面,通常可以通过求解不可压缩 N-S 方程来近似获取低马赫数流动的声源信息,但是如果直接套用声比拟理论进行噪声预测,则不能考虑边界散射对声波传播的影响。

第三,水下航行器和推进装置的噪声问题是我国目前需要重点关注的一个问题。它与以航空航天为背景的流动噪声存在一定的类似性,但是至少存在以下几个方面的特殊性:一是与水动力噪声关联的流动马赫数明显更低;二是弹性结构边界对水动力噪声的影响更为重要;三是空泡和空化噪声是水动力噪声的特有问题。低马赫数流动噪声的特殊性前面已经分析过,此处不再赘述。大部分研究流动声学的论文和著作中都采用了刚性边界的假设,且不用考虑空泡相关的噪声问题,然而大量的工程实践表明上述两个因素对水下噪声的产生和传播存在极为重要的影响。

前面已经提及,相对于气动声学研究的大量文献和每年举行的各类学术会议,欧美国家对水动力噪声研究成果的公开明显更为谨慎。编者认为可能是因为以下三方面的原因:其一是水动力噪声与国防高度关联,从而很少公开相关的研究成果;其二是水动力噪声研究,特别是试验研究的难度和成本更高,因此,该方面的成果相对较少;其三是虽然发展了一些工程技术和积累了一些工程经验,但是并没有建立与气动声学现有理论体系不同的理论与方法。

据编者所知,目前只能找到两本由欧美国家出版的水动力噪声研究相关的著作。一本著作是长期从事涡声理论基础研究的著名学者 Howe 的著作《Acoustics of Fluid-Structure Interactions》[132],其中一章 Sound generation in a fluid with flexible boundaries 专门研究弹性边界下的流动噪声,该书作者强调"即使只有很少部分结构振动的能量散射为声能量,(弹性边界条件下)流动的有效声辐射效率会明显高于类似几何的刚性结构"。但是,该书中只是针对简单几何的弹性结构开展了理论研究,而没有开展面向实际工程问题的应用研究。另一本著作《Mechanics of Flow-Induced Sound and Vibration》是由长期在美国 David Taylor 海军船舶研究与发展中心工作的水动力声学专家 William K. Blake 编写。该著作包括两卷,最早出版于 1986 年,并在 2017 年进行了修改再版[25,243],该著作中大篇幅地强调了弹性结构以及空泡与空化在水动力噪声研究中的重要性。该著作的第一卷包含六章内容,对应的副标题是"通用的概念和基本的声源(General concepts and elementary sources)",第五章和第六章分别是"流动诱发振动和噪声的基础(Fundamentals of flow-induced vibration and noise)"和"空泡动力学和空化的介绍(Introduction to bubble dynamics and caviation)"。该专著的第二卷同样包含六章,对应的副标题是"复杂的流-固干涉(Complex flow-structure interactions)"。需要说明,此处英文 flow-structure interactions 没有翻译为流固耦合是因为中文语境中的流固耦合通常指的是流体与弹性固体的耦合,但该卷中研究的固体结构不一定都是按照弹性结构处理的。第二卷的第一章标题为"水动力诱发的空化和空泡噪声(Hydrodynamically induced caviation and bubble noise)",第三章标题为"壁湍流和随机噪声激励下的阵列和结构响应(Response of arrays and structures to turbulent wall flow and random sound)",后续还有第四章第二节"圆柱壳体结构声学基础(Elements of the structural acoustics of cylinderial shells)"和第四节"阀门中的空化噪声(Caviation noise in valves)"等与水动力噪声相关的专题研究等。

基于上述分析我们可以得到两个结论:其一,类似于高铁汽车、家用电器、电子产品领域中的流动噪声研究一样,我们同样不能把面向航空航天的气动声学研究方法和模式直接照搬到开展水动力噪声的研究中;其二,弹性边界以及空化和空泡对水动力噪声影响的研究还有待深入。例如,上述两本专著本质上尚未跳出"气动声学"和"振动声学"研究的惯性思维来开展液体与弹性固体边界或弹性气体边界(气泡)作用诱发噪声的研究。声比拟理论发展演化的一条脉络就是从 Lighthill 方程处理无边界约束的湍流诱发噪声,到 Curle 方程处理静止刚性固体边界约束的湍流诱发噪声,再到 Ffowcs Williams 和 Hawkings 处理任意运动刚性固体边界约束的湍流诱发噪声。因此,我们可以预见声比拟理论进一步的发展应该是处理任意运动弹性固体边界约束的湍流诱发噪声和任意运动弹性气液边界(气泡)约束的湍流诱发噪声。

9.3 立足人工智能时代的声比拟研究展望

流动声学是一门应用驱动型技术的学科,上述所有的理论研究和数值算法的发展都是为了解决实际工程中出现的各类问题,并最终通过试验来验证所建立理论的适用性和算法的精确度。此外,这些理论和算法还需要尽可能简洁、高效,从而能够便捷地分析和解决实际工程问题。以美国国家航空航天局(National Aeronautics and Space Administration,NASA)开发的飞机噪声预测程序(Aircrat Noise Prediction Program,ANOPP)为例,它伴随气动声学理论和技术研究的不断深入而与时俱进。NASA 在 1982 年推出第一版 ANOPP 时的基础是结合声比拟理论和试验数据的半经验模型[244],其相当于气动声学第一个黄金时代的研究成果在工业界的应用,但是这些基于半经验模型的预测方法只能适用于常规布局飞机噪声的预测,因此,其特征可以概述为"快而不准";2011 年公布第二版 ANOPP 时的重要特征是基于物理的模型[245],也就是应用气动声学第二个黄金时代的研究成果提升了飞机噪声预测的精度并具备非常规布局飞机噪声的预测能力,但同时对计算资源提出了较高的要求,因此,其特征可以概述为"准而不快";2022 年 NASA 已经开始在 ANOPP 程序中开发人工神经网络工具[246]的模块,可以预见这将是气动声学第三个黄金时代重要成果的初步应用,它的期望特征应该"又准又快"。

人工智能技术的发展为学术界和工业界广泛开展流动噪声的优化设计提供了可实践的途径。航空器、水下航行器以及叶轮机械的气、水动力学优化设计目前已经逐步在工业界得到了广泛应用,其中关键之一是上述优化设计流程通常只需要开展定常流动模拟,且其成本和耗时能够为工业部门所接受。但是,当前在大部分应用领域尚不能广泛开展流动噪声优化设计,其对应的瓶颈问题是还没有建立"又准又快"的方法预测流动噪声。

基于人工智能技术开展流体动力学的仿真研究[247-251]近年来迅猛发展,并且还出现了专门的名词"智能流体力学"。人工智能技术已经能够良好地开展定常流动和气、水动力性能的预测,因此,可以进一步推进航空器、水下航行器,以及叶轮机械气、水动力学的优化设计。人工智能技术目前也被应用于开展各种应用领域中非定常流动的预测研究,但是必须承认目前的人工智能技术应用在非定常流动预测方面还存在以下两方面的不足。

其一,以机器学习为代表的人工智能技术需要大量的数据样本进行训练,相对于定常流动数值模拟,非定常流动数值模拟的计算成本更高、耗时更长,以基于大量非定常流动数据样本的方式去建立机器学习模型限制了其在很多应用领域的推广应用,所以十分有必要建立基于更少样本数据的机器学习方法。

其二,现有的机器学习方法虽然能够较好地预测时均、定常流场以及周期性分量的扰动,如周期性涡脱落和动静叶栅的周期性干涉,但是还很难精确地预测随机扰动的时变过程,这是由于湍流本质上存在的混沌和间歇特征决定的[252]。

综上所述,基于现有人工智能技术有能力开展周期性扰动及其对应的离散噪声预测,但是需要降低获取非定常流场数据样本的数量或成本,也就是在"又准又快"的基础上还需要解决低成本的问题;基于人工智能的技术目前还很难预测湍流随机扰动的时变过程,因此,还不具备对宽频噪声的预测能力,也就是依然没有解决"预测不准"宽频噪声的这个难题。

在上述时代背景和工程需求下,实现流动噪声离散和宽频分量"又准又快"预测的基本构思如下。

其一,针对周期性扰动关联的离散噪声,一方面可以减少非定常流动数值模拟的成本,例如,可以采用多相位平均的定常流或者非线性谐波方法[253,254]来降低周期性扰动的预测成本;另一方面,物理信息嵌入的神经网络[255,256]为降低需要参与训练的样本数量提供了一条新的可行方法。

其二,针对随机性扰动关联的宽频噪声,合适的策略是不预测随机扰动的时变过程,而是预测随机扰动的频谱特征,如湍动能谱、壁面压力脉动谱。这是因为虽然湍流的瞬时运动具有不可预测性,但是湍流统计理论表明随机扰动的频谱具有可预测性,并且大量的研究表明可以建立湍动能谱和壁面压力脉动谱与定常/时均流场之间的关联性,例如,湍动能谱的理论模型包括 Liepmann 模型、von Karmon 模型等;壁面压力脉动谱的理论模型包括 Grasso 模型[257],半经验模型包括 Goody 模型[258]、Hu 模型[259]和 Lee 模型[260]等,更全面的总结可以参见文献[261]。但是,上述理论模型是基于各种简化和假设推导得到的,上述半经验模型主要基于有限的试验测量得到,因此,应用到不同领域中还存在"预测不准"的不足。高精度数值模拟和机器学习方法的结合刚好能够解决上述问题,并且不会存在非定常样本数据获取困难的问题,因为完成非定常流动数值模拟后,即可把流场中每个网格节点上速度和压力等的随机扰动分量提取出来开展机器学习模型的训练和验证。已经有部分学者在此方面开展了探索研究，并初步证实了这种方法的可行性[262-265]。

上述分析为应用人工智能技术实现离散和宽频声源的"又准又快"预测设想了一条切实可行的技术路线。进一步地，需要借助人工智能技术实现噪声传播过程的"又准又快"预测。

基于声比拟理论的积分方程方法能够快速地预测任意观察点位置的声学物理量信息，因此，这种方法比基于求解微分方程的高精度数值模拟方法具有更"快"的优势。同时，这种预测方法通常可以满足高速列车、家用电器和电子产品等低马赫数流动噪声的预测精度要求。但是，在航空喷流噪声和航空叶轮机械噪声等应用领域，必须考虑平行剪切流和螺旋剪切流对噪声传播的影响。虽然 Lilley[18]、Posson[23]等学者采用声比拟理论的思路已经建立了考虑非均匀背景流对声传播影响的波动方程，但是上述波动方程没有解析 Green 函数，而是需要先采用数值方法求解 Green 函数，然后将上述波动方程转换为积分方程，从而实现噪声传播过程的预测。通过引入物理信息嵌入的神经网络可以快速地求解特定边界下带有脉冲点声源的非齐次波动方程，从而实现 Green 函数和声传播过程的快速求解。

上述分析表明人工智能技术的引入不仅能够更快地预测声源和声传播，而且能够拓展声比拟理论在实际工程中的应用范围，例如考虑非均匀背景对声传播的影响。因此，在流动声学研究的第三个黄金时代，人工智能技术必将使声比拟理论表现出更强大的工程应用价值。

参 考 文 献

[1] Stowell E Z, Deming A F. Vortex noise from rotating cylindrical rods [J]. The Journal of the Acoustical Society of America, 1936, 7(3): 190-198.

[2] Gutin L. On the sound field of a rotating propeller [J]. Physical magazine of the Soviet Union, 1948, 9(1): 2-22.

[3] Lighthill M J. On sound generated aerodynamically: I. General theory [J]. Proceedings of the Royal Society of London Series A Mathematical and Physical Sciences, 1952, 211(1107): 564-587.

[4] Tam C K. Computational aeroacoustics: a wave number approach [M]. Cambridge: Cambridge University Press, 2012.

[5] Wagner C. Large-eddy simulation for acoustics [M]. Cambridge: Cambridge University Press, 2007.

[6] Rayleigh J W S B. The theory of sound [M]. London: Macmillan, 1896.

[7] Kovasznay L S. Turbulence in supersonic flow [J]. Journal of the Aeronautical Sciences, 1953, 20(10): 657-674.

[8] Curle N. The influence of solid boundaries upon aerodynamic sound [J]. Proceedings of the Royal Society of London Series A Mathematical and Physical Sciences, 1955, 231(1187): 505-514.

[9] Goldstein M E. Aeroacoustics [M]. New York: McGraw Hill, 1976.

[10] Ffowcs Williams J E, Hawkings D L. Sound generation by turbulence and surfaces in arbitrary motion [J]. Philosophical Transactions of the Royal Society of London Series A Mathematical and Physical Sciences, 1969, 264(1151): 321-342.

[11] Powell A. Theory of vortex sound [J]. The Journal of the Acoustical Society of America, 1964, 36(1): 177-195.

[12] Howe M S. Theory of vortex sound [M]. Cambridge: Cambridge University Press, 2003.

[13] Crighton D, Williams J F. Sound generation by turbulent two-phase flow [J]. Journal of Fluid Mechanics, 1969, 36(3): 585-603.

[14] Howe M. Contributions to the theory of aerodynamic sound, with application to excess jet noise and the theory of the flute [J]. Journal of Fluid Mechanics, 1975, 71(4): 625-673.

[15] Mao Y, Hu Z. Acoustic analogy for multiphase or multicomponent flow [J]. ASME Journal of Vibration and Acoustics, 2018, 140(2): 021006.

[16] Morfey C, Wright M. Extensions of Lighthill's acoustic analogy with application to computational aeroacoustics [J]. Proceedings of the Royal Society Series A

Mathematical, Physical and Engineering Sciences, 2007, 463(2085): 2101-2127.

[17] Dowling A P, Ffowcs Williams J E. Sound and sources of sound [M]. Chichester: Ellis Horwood, 1983.

[18] Lilley G M. On The noise from jets [R]. AGARD CP-131, 1974.

[19] Phillips O M. On the generation of sound by supersonic turbulent shear layers [J]. Journal of Fluid Mechanics, 1960, 9(1): 1-28.

[20] Mao Y, Tang H, Xu C. Vector wave equation of aeroacoustics and acoustic velocity formulations for quadrupole source [J]. AIAA Journal, 2016, 54(6): 1922-1931.

[21] Carley M. Time domain calculation of noise generated by a propeller in a flow [D]. Ireland: Trinity College, 1996.

[22] Mohring W. A well posed acoustic analogy based on a moving acoustic medium [J]. arXiv: Fluid Dynamics, 2010, 10093766.

[23] Posson H, Peake N. The acoustic analogy in an annular duct with swirling mean flow [J]. Journal of Fluid Mechanics, 2013, 726: 439-475.

[24] Mao Y, Hu Z. Scalar and vector viscous wave equations of fluid bounded by solid boundaries [J]. Aerospace Science and Technology, 2020, 106: 106158.

[25] Blake W K. Mechanics of flow-induced sound and vibration, volume 2: complex flow-structure interactions [M]. Orlando: Academic Press, 2017.

[26] 汤渭霖, 俞孟萨, 王斌. 水动力噪声理论 [M]. 北京: 科学出版社, 2019.

[27] Л Д 朗道, Е М 栗弗席兹. 流体动力学 [M]. 5 版. 李植, 译. 北京: 高等教育出版社, 2013.

[28] Olsen W, Gutierrez O, Dorsch R, et al. The effect of nozzle inlet shape, lip thickness, and exit shape and size on subsonic jet noise [C]. Washington: Proceedings of the 11th Aerospace Sciences Meeting, 1973.

[29] Lighthill M J. Jet noise [J]. AIAA Journal, 1963, 1(7): 1507-1517.

[30] Tam C K. Supersonic jet noise [J]. Annual Review of Fluid Mechanics, 1995, 27(1): 17-43.

[31] Lyrintzis A S, Coderoni M. Overview of the use of large-eddy simulations in jet aeroacoustics [J]. AIAA Journal, 2020, 58(4): 1620-1638.

[32] Ffowcs Williams J E. The noise from turbulence convected at high speed [J]. Philosophical Transactions of the Royal Society of London Series A Mathematical and Physical Sciences, 1963, 255(1061): 469-503.

[33] Hubbard H. Aeroacoustics of flight vehicles: theory and practice [R]. NASA Technical Report RP1258, 1991.

[34] Ribner H S. Quadrupole correlations governing the pattern of jet noise [J]. Journal of Fluid Mechanics, 1969, 38(1): 1-24.

[35] Batchelor G. The theory of axisymmetric turbulence [J]. Proceedings of the Royal Society of London Series A Mathematical and Physical Sciences, 1946, 186(1007): 480-502.

[36] Chandrasekhar S. The theory of axisymmetric turbulence [J]. Philosophical Transac-

tions of the Royal Society of London Series A Mathematical and Physical Sciences, 1950, 242(855): 557-577.

[37] Goldstein M, Rosenbaum B. Effect of anisotropic turbulence on aerodynamic noise [J]. The Journal of the Acoustical Society of America, 1973, 54(3): 630-645.

[38] Khavaran A. Role of anisotropy in turbulent mixing noise [J]. AIAA Journal, 1999, 37(7): 832-841.

[39] Bailly C, Lafon P, Candel S. Subsonic and supersonic jet noise predictions from statistical source models [J]. AIAA Journal, 1997, 35(11): 1688-1696.

[40] Tam C K, Golebiowski M, Seiner J. On the two components of turbulent mixing noise from supersonic jets [C]. Common Wealth of Pennsylvania: Proceedings of the Aeroacoustics Conference, 1996.

[41] Tam C K. A phenomenological approach to jet noise: the two-source model [J]. Philosophical Transactions of the Royal Society A, 2019, 377(2159): 20190078.

[42] Tam C K, Auriault L. Jet mixing noise from fine-scale turbulence [J]. AIAA Journal, 1999, 37(2): 145-153.

[43] Thomas A, Williams G. Flame noise: sound emission from spark-ignited bubbles of combustible gas [J]. Proceedings of the Royal Society of London Series A Mathematical and Physical Sciences, 1966, 294(1439): 449-466.

[44] Crighton D, Dowling A, Williams J F, et al. Modern methods in analytical acoustics [J]. Journal of Fluid Mechanics, 1996, 318(1): 410-412.

[45] Dowling A P, Mahmoudi Y. Combustion noise [J]. Proceedings of the Combustion Institute, 2015, 35(1): 65-100.

[46] Morgans A S, Duran I. Entropy noise: A review of theory, progress and challenges [J]. International Journal of Spray and Combustion Dynamics, 2016, 8(4): 285-298.

[47] Cumpsty N. Jet engine combustion noise: pressure, entropy and vorticity perturbations produced by unsteady combustion or heat addition [J]. Journal of Sound and Vibration, 1979, 66(4): 527-544.

[48] Müller E-A, Obermeier F. Vortex sound [J]. Fluid Dynamics Research, 1988, 3(1-4): 43-51.

[49] Bowman J, Senior T B, Uslenghi P L. Electromagnetic and acoustic scattering by simple shapes [M]. Amsterdam: North-Holland Publishing Company, 1969.

[50] Farassat F, Myers M K. Multidimensional generalized functions in aeroacoustics and fluid mechanics-Part 1: basic concepts and operations[J]. International Journal of Aeroacoustics, 2011, 10(2-3): 161-199.

[51] Farassat F. Theory of noise generation from moving bodes with an application to helicopter rotors [R]. NASA Langley Technical Report Server, 1975, 01(12).

[52] Powell A. Aerodynamic noise and the plane boundary [J]. The Journal of the Acoustical Society of America, 1960, 32(8): 982-990.

[53] Farassat F. Derivation of Formulations 1 and 1A of Farassat [R]. NASA/TM-2007-

214853, 2007.

[54] Brentner K S, Farassat F. Modeling aerodynamically generated sound of helicopter rotors [J]. Progress in Aerospace Sciences, 2003, 39(2-3): 83-120.

[55] Farassat F, Brentner K S. The uses and abuses of the acoustic analogy in helicopter rotor noise prediction [J]. Journal of the American Helicopter Society, 1988, 33(1): 29-36.

[56] Casper J, Farassat F. A new time domain formulation for broadband noise predictions [J]. International Journal of Aeroacoustics, 2002, 1(3): 207-240.

[57] Farassat F, Casper J. Broadband noise prediction when turbulence simulation is available—drivation of frmulation 2B and its statistical analysis [J]. Journal of Sound and Vibration, 2012, 331(10): 2203-2208.

[58] Farassat F, Brentner K S. Supersonic quadrupole noise theory for high-speed helicopter rotors [J]. Journal of Sound and Vibration, 1998, 218(3): 481-500.

[59] Tang H, Mao Y, Qi D. Solution characteristics of the retarded-time equation for transonic rotating sources [J]. AIAA Journal, 2013, 51(8): 2035-2040.

[60] Tang H, Qi D, Mao Y. Analysis on the frequency-domain numerical method to compute the noise radiated from rotating sources [J]. Journal of Sound and Vibration, 2013, 332(23): 6093-6103.

[61] Hardin J C. Some elegant derivations employing generalized functions [J]. International Journal of Aeroacoustics, 2015, 14(1-2): 353-358.

[62] Kanwal R P. Generalized functions: theory and applications [M]. 3th ed. New York: Springer Science & Business Media, 2011.

[63] Farassat F, Brentner K, Dunn M. Working with the wave equation in aeroacoustics: the pleasures of generalized functions [C]. Roma: Proceedings of the 13th AIAA/CEAS Aeroacoustics Conference, 2007.

[64] Norberg C. Fluctuating lift on a circular cylinder: review and new measurements [J]. Journal of Fluids and Structures, 2003, 17(1): 57-96.

[65] Howe M S. Edge-source acoustic Green's function for an airfoil of arbitrary chord, with application to trailing-edge noise [J]. Quarterly Journal of Mechanics and Applied Mathematics, 2001, 54(1): 139-155.

[66] Schram C. A boundary element extension of Curle's analogy for non-compact geometries at low-Mach numbers [J]. Journal of Sound and Vibration, 2009, 322(1-2): 264-281.

[67] Khalighi Y, Mani A, Ham F, et al. Prediction of sound generated by complex flows at low mach numbers [J]. AIAA Journal, 2010, 48(2): 306-316.

[68] Mao Y, Qi D, Gu Y. Prediction of airfoil noise induced by low-Mach-number flow [J]. Proceedings of the Institution of Mechanical Engineers Part G-Journal of Aerospace Engineering, 2012, 226(G5): 561-573.

[69] Croaker P, Kessissoglou N, Marburg S. A CFD-BEM coupling technique for low

Mach number flow induced noise [C]. Proceedings of Acoustics, 2013.

[70] Van Der Velden W C P, Van Zuijlen A H, De Jong A T, et al. Estimation of spanwise pressure coherence under a turbulent boundary layer[J]. AIAA Journal, 2015, 53(10): 3134-3138.

[71] Mancinelli M, Pagliaroli T, Camussi R, et al. On the hydrodynamic and acoustic nature of pressure proper orthogonal decomposition modes in the near field of a compressible jet [J]. Journal of Fluid Mechanics, 2018, 836: 998-1008.

[72] Mancinelli M, Pagliaroli T, Di Marco A, et al. Wavelet decomposition of hydrodynamic and acoustic pressures in the near field of the jet [J]. Journal of Fluid Mechanics, 2017, 813: 716-749.

[73] Felli M, Grizzi S, Falchi M. A novel approach for the isolation of the sound and pseudo-sound contributions from near-field pressure fluctuation measurements: analysis of the hydroacoustic and hydrodynamic perturbation in a propeller-rudder system [J]. Experiments in Fluids, 2014, 55(1): 1-17.

[74] Jiang H, Zhang X. An acoustic-wave preserved artificial compressibility method for low-Mach-number aeroacoustic simulations [J]. Journal of Sound and Vibration, 2022, 516: 116505.

[75] Cianferra M, Ianniello S, Armenio V. Assessment of methodologies for the solution of the Ffowcs Williams and Hawkings equation using LES of incompressible single-phase flow around a finite-size square cylinder [J]. Journal of Sound and Vibration, 2019, 453: 1-24.

[76] Tautz M, Besserer K, Becker S, et al. Source formulations and boundary treatments for Lighthill's analogy applied to incompressible flows [J]. AIAA Journal, 2018, 56(9): 1-13.

[77] 汤宏涛. 旋转声源辐射噪声的预测方法及应用[D]. 西安: 西安交通大学, 2013.

[78] Francescantonio P D. A new boundary integral formulation for the prediction of sound radiation [J]. Journal of Sound and Vibration, 1997, 202(4): 491-509.

[79] Farassat F, Nystrom P A. Isom's thickness noise formula for rotating blades with finite thickness at the tip [J]. Journal of Sound and Vibration, 1980, 72(4): 550-553.

[80] Farassat F. The derivation of a thickness noise formula for the far-field by Isom [J]. Journal of Sound and Vibration, 1979, 64(1): 159-160.

[81] Farassat F. Extension of Isom's thickness noise formula to the near field [J]. Journal of Sound and Vibration, 1979, 67(2): 280-281.

[82] Farassat F, Succi G P. A review of propeller discrete frequency noise prediction technology with emphasis on two current methods for time domain calculations [J]. Journal of Sound and Vibration, 1980, 71(3): 399-419.

[83] Mao Y, Xu C, Qi D. Frequency-domain model of tonal blade thickness and loading noise [J]. The Journal of the Acoustical Society of America, 2014, 135(1): 93-103.

[84] Farassat F, Myers M K. Extension of Kirchhoff's formula to radiation from moving

surfaces [J]. Journal of Sound and Vibration, 1987, 123(3): 451-460.

[85] Di Francescantonio P. A new boundary integral formulation for the prediction of sound radiation [J]. Journal of Sound and Vibration, 1997, 202(4): 491-509.

[86] K S Brentner, F Farassat. Analytical comparison of the acoustic analogy and Kirchhoff formulation for moving surfaces [J]. AIAA Journal, 1998, 36: 1379-1386.

[87] Pierce A D. Acoustics: An introduction to its physical principles and applications [M]. 3th ed. New York: ASA Press, 2018.

[88] Morgans W. The Kirchhoff formula extended to a moving surface [J]. The London, Edinburgh, and Dublin Philosophical Magazine and Journal of Science, 1930, 9(55): 141-161.

[89] Brentner K S, Farassat F. An analytical comparison of the acoustic analogy and kirchhoff formulation for moving surfaces [J]. AIAA Journal, 1997, 36(8): 1379-1386.

[90] Lyrintzis A, Xue Y. Versatile kirchhoff code for aeroacoustic predictions [J]. AIAA Journal, 1997, 35(1): 198-204.

[91] Farassat F, Brentner K, Dunn M. A study of supersonic surface sources-The Ffowcs Williams-Hawkings equation and the Kirchhoff formula [C]. Toulouse: The 4th AIAA/CEAS Aeroacoustics Conference. 1998.

[92] Farassat F. Acoustic radiation from rotating blades-the Kirchhoff method in aeroacoustics [J]. Journal of Sound and Vibration, 2001, 239(4): 785-800.

[93] Meng, Wang, Sanjiva, et al. Computation of quadrupole noise using acoustic analogy [J]. AIAA Journal, 1996, 34(11): 2247-2254.

[94] Sinayoko S, Wright M C M, Sandberg R D. A generalised Ffowcs Williams and Hawkings fomulation applied to flow simulations with vortical outflow [C]. Firenze: The 22nd International Congress on Sound and Vibration. 2015.

[95] Zhong S, Zhang X. A sound extrapolation method for aeroacoustics far-field prediction in presence of vortical waves [J]. Journal of Fluid Mechanics, 2017, 820: 424-450.

[96] Uzun A, Lyrintzis A S, Blaisdell G A. Coupling of integral acoustics methods with LES for jet noise prediction [C]. Montreal: The 42nd AIAA Aerospace Sciences Meeting and Exhibit, 2004.

[97] Colonius T, Lele S K. Computational aeroacoustics: progress on nonlinear problems of sound generation [J]. Progress in Aerospace Sciences, 2004, 40(6): 345-416.

[98] Avital E J, Sandham N D, Luo K H. Calculation of basic sound radiation of axisymmetric jets by direct numerical simulations [J]. AIAA Journal, 1999, 37: 161-168.

[99] Lockard D P, Casper J H. Permeable surface corrections for Ffowcs Williams and Hawkings Integrals [C]. The 11th AIAA/CEAS Aeroacoustics Conference, 2005.

[100] Ikeda T, Enomoto S, Yamamoto K, et al. Quadrupole effects in the Ffowcs Williams-Hawkings equation using permeable control surface [C]. Proceedings of the

18th AIAA/CEAS Aeroacoustics Conference, 2012.

[101] Rahier G, Huet M, Prieur J. Additional terms for the use of Ffowcs Williams and Hawkings surface integrals in turbulent flows [J]. Computers & Fluids, 2015, 120: 158-172.

[102] Ikeda T, Enomoto S, Yamamoto K, et al. Quadrupole corrections for the permeable-surface Ffowcs Williams – Hawkings equation [J]. AIAA Journal, 2017, 55(7): 1-14.

[103] Ikeda T, Enomoto S, Yamamoto K, et al. On the modification of the Ffowcs Williams-Hawkings integration for jet noise prediction [C]. The 19th AIAA/CEAS Aeroacoustics Conference. 2013.

[104] Shur M, Spalart P, Strelets M. Noise prediction for increasingly complex jets. Part 2: applications [J]. International Journal of Aeroacoustics, 2005, 4(4): 247-266.

[105] Spalart P R, Shur M L, Strelets M K, et al. Initial noise predictions for rudimentary landing gear [J]. Journal of Sound and Vibration, 2011, 330(17): 4180-4195.

[106] Spalart P R, Shur M L. Variants of the Ffowcs Williams-Hawkings equation and their coupling with simulations of hot jets [J]. International Journal of Aeroacoustics, 2009, 8(5): 477-491.

[107] Mendez S, Shoeybi M, Lele S K, et al. On the use of the Ffowcs Williams-Hawkings equation to predict far-field jet noise from large-eddy simulations [J]. International Journal of Aeroacoustics, 2013, 12(1-2): 1-20.

[108] Obrist D, Kleiser L. The Influence of spatial domain truncation on the prediction of acoustic far-fields [C]. Proceedings of the 13th AIAA/CEAS Aeroacoustics Conference, 2007.

[109] Wright M, Morfey C. On the extrapolation of acoustic waves from flow simulations with vortical out flow [J]. International Journal of Aeroacoustics, 2015, 14(1-2): 217-228.

[110] Yao H D, Davidson L, Eriksson L E. Noise radiated by low-Reynolds number flows past a hemisphere at Ma = 0.3 [J]. Physics of Fluids, 2017, 29(7): 076102.

[111] Lopes L V, Boyd Jr D D, Nark D M, et al. Identification of spurious signals from permeable Ffowcs Williams and Hawkings surfaces [C]. Proceedings of the Vertical Flight Society 73rd Annual Forum. 2017.

[112] Zhong S, Zhang X. On the frequency domain formulation of the generalized sound extrapolation method [J]. The Journal of the Acoustical Society of America, 2018, 144(1): 24-31.

[113] Zhong S, Zhang X. A generalized sound extrapolation method for turbulent flows [J]. Proceedings of the Royal Society, 2018, 2210(474): 20170614.

[114] Chu B T, Kovásznay L S G. Non-linear interactions in a viscous heat-conducting compressible gas [J]. Journal of Fluid Mechanics, 1958, 3(5): 494-514.

[115] Najafi-Yazdi A, Brès G A, Mongeau L. An acoustic analogy formulation for moving

sources in uniformly moving media [J]. Proceedings of the Royal Society A: Mathematical, Physical and Engineering Sciences, 2011, 467(2125): 144-165.

[116] Ghorbaniasl G, Lacor C. A moving medium formulation for prediction of propeller noise at incidence [J]. Journal of Sound and Vibration, 2012, 331(1): 117-137.

[117] Lyrintzis A S. Review: The use of Kirchhoff's method in computational aeroacoustics [J]. Journal of Fluids Engineering, 1994, 116(4): 665-676.

[118] Xue Y, Lyrintzis A S. Rotating Kirchhoff method for three-dimensional transonic blade-vortex interaction hover noise [J]. AIAA J, 1994, 32(7): 1350-1359.

[119] Lyrintzis A S, Koutsavdis E K. Rotorcraft impulsive noise prediction using a rotating Kirchhoff formulation [J]. Journal of Aircraft, 2015, 33(6): 1054-1061.

[120] Lee S, Kim J, Yu Y H, et al. Prediction of rotor high-speed impulsive noise with combined CFD-Kirchhoff method [J]. Journal of Sound and Vibration, 1997, 207(4): 453-464.

[121] Lyrintzis A S, Koutsavdis E K, Berezin C R. An Evaluation of a rotating Kirchhoff acoustic methodology [J]. Journal of the American Helicopter Society, 1998, 43(1): 57-65.

[122] Gloerfelt X, Bailly C, Juvé D. Direct computation of the noise radiated by a subsonic cavity flow and application of integral methods [J]. Journal of Sound and Vibration, 2003, 266(1): 119-146.

[123] Serré R, Robinet J C, Margnat F. The influence of a pressure wavepacket's characteristics on its acoustic radiation [J]. The Journal of the Acoustical Society of America, 2015, 137(6): 3178.

[124] Ghorbaniasl G, Siozos-Rousoulis L, Lacor C. A time-domain Kirchhoff formula for the convective acoustic wave equation [J]. Proceedings Mathematical Physical & Engineering Sciences, 2016, 472(2187): 20150689.

[125] Goldstein E M. Aeroacoustics of turbulent shear flows [J]. Annual Review of Fluid Mechanics, 1984, 16(1): 263-285.

[126] Luo K H, Sandham N D. Instability of vortical and acoustic modes in supersonic round jets [J]. Physics of Fluids, 1997, 9(4): 1003-1013.

[127] Nitzkorski Z, Mahesh K. A dynamic end cap technique for sound computation using the Ffowcs Williams and Hawkings equations [J]. Physics of Fluids, 2014, 26(11): 115101.

[128] Campos L M B C. On the Emission of sound by an ionized inhomogeneity [J]. Proceedings of the Royal Society A: Mathematical, 1978, 359: 65-91.

[129] Morfey C L. Amplification of aerodynamic noise by convected flow inhomogeneities [J]. Journal of Sound and Vibration, 1973, 31(4): 391-397.

[130] Ffowcs Williams J E. Sound production at the edge of a steady flow [J]. Journal of Fluid Mechanics, 1974, 66(04): 791-816.

[131] Dowling A P, Ffowcs Williams J E, Goldstein M E. Sound production in a moving

stream [J]. Philosophical Transactions of the Royal Society Biological Sciences, 1978, 288(1353): 321-349.

[132] Howe M S. Acoustics of fluid-structure interactions [M]. Cambridge: Cambridge University Press, 1998.

[133] Mao Y, Xu C, Qi D. Computation of instantaneous and time-averaged active acoustic intensity field around rotating source [J]. Journal of Sound and Vibration, 2015, 337: 95-115.

[134] Mao Y, Cai J, Gu Y, et al. Direct evaluation of acoustic-Intensity vector field around an impedance scattering body [J]. AIAA Journal, 2014, 53(5): 1362-1371.

[135] Lee S, Brentner K S, Farassat F, et al. Analytic formulation and numerical implementation of an acoustic pressure gradient prediction [J]. Journal of Sound and Vibration, 2008, 319(3-5): 1200-1221.

[136] Lee S, Brentner K S, Morris P J. Assessment of time-domain equivalent source method for acoustic scattering [J]. AIAA Journal, 2011, 49(9): 1897-1906.

[137] Lee S, Brentner K S, Morris P J. Time-domain Approach for Acoustic Scattering of Rotorcraft Noise [C]. Proceedings of the AHS International Annual Forum, 2009.

[138] Ghorbaniasl G, Huang Zhongjie, Siozos-Rousoulis L, et al. Analytical acoustic pressure gradient prediction for moving medium problems [J]. Proceedings of the Royal Society Mathematical Physical & Engineering Sciences, 2015, 471(2184): 20150342.

[139] Singer B A, Brentner K S, Lockard D P. Simulation of acoustic scattering from a trailing edge [J]. Journal of Sound and Vibration, 1999, 230(3): 541-560.

[140] Howe M S. Trailing edge noise at low Mach numbers [J]. Journal of Sound and Vibration, 1999, 225(2): 211-238.

[141] Oberai A, Roknaldin F, Hughes T J R. Computation of trailing-edge noise due to turbulent flow over an airfoil [J]. AIAA Journal, 2012, 40(11): 2206-2216.

[142] Khalighi Y, Mani A, Ham F, et al. Prediction of sound generated by complex flows at low Mach numbers [J]. AIAA Journal, 2010, 48(2): 306.

[143] Martínez-Lera P, Schram C, Bériot H, et al. An approach to aerodynamic sound prediction based on incompressible-flow pressure [J]. Journal of Sound and Vibration, 2014, 333(1): 132-143.

[144] Croaker P, Kessissoglou N, Marburg S. Strongly singular and hypersingular integrals for aeroacoustic incident fields [J]. International Journal for Numerical Methods in Fluids, 2015, 77(5): 274-318.

[145] Ghorbaniasl G, Carley M, Lacor C. Acoustic velocity formulation for sources in arbitrary motion [J]. AIAA Journal, 2013, 51(3): 632-642.

[146] Mao Y, Zhang Q, Xu C, et al. Two types of frequency-domain acoustic-velocity formulations for rotating thickness and loading sources [J]. AIAA Journal, 2015, 53(3): 713-722.

[147] Jacobsen F. A note on instantaneous and time-averaged active and reactive sound intensity [J]. Journal of Sound and Vibration, 1991, 147(3): 489-496.

[148] Mann, Adin J. Instantaneous and time-averaged energy transfer in acoustic fields [J]. Journal of the Acoustical Society of America, 1987, 82(1): 17-30.

[149] Jacobsen F. Sound intensity and its measurement and applications [J]. Journal of the Acoustical Society of America, 2008, 3: 1-16.

[150] Waterhouse R V, Feit D. Equal-energy streamlines [J]. Journal of the Acoustical Society of America, 1986, 80(2): 681-684.

[151] Carley M. Sound radiation from propellers in forward flight [J]. Journal of Sound and Vibration, 1999, 225(2): 353-374.

[152] Brentner K S, Farassat F. Modeling aerodynamically generated sound of helicopter rotors [J]. Progress in Aerospace Sciences, 2003, 39(2): 83-120.

[153] Gopalan G, Schmitz F H. Helicopter thickness noise reduction possibilities through active on-blade acoustic control [J]. Journal of Aircraft, 2010, 47(1): 41-52.

[154] Mao Y, Gu Y, Qi D, et al. An exact frequency-domain solution of the sound radiated from the rotating dipole point source [J]. Journal of the Acoustical Society of America, 2012, 132(3): 1294.

[155] Amiet R K. Noise due to turbulent flow past a trailing edge [J]. Journal of Sound and Vibration, 1976, 47(3): 387-393.

[156] Paterson R W. Acoustic radiation and surface pressure characteristics of an airfoil due to incident turbulence [C]. The 3rd Aeroacoustics Conference, 1976.

[157] Zhou Q, Joseph P. Frequency-domain method for rotor self-noise prediction [J]. AIAA J, 2012, 44(6): 1197-1206.

[158] Blandeau V P, Joseph P F, Kingan M J, et al. Broadband noise predictions from uninstalled contra-rotating open rotors [J]. International Journal of Aeroacoustics, 2013, 12(3): 245-282.

[159] Blandeau V P, Joseph P F. Broadband noise due to rotor-wake/rotor interaction in contra-rotating open rotors [J]. AIAA Journal, 2010, 48(11): 2674-2686.

[160] Blandeau V P, Joseph P F. Validity of Amiet's model for propeller trailing-edge noise [J]. AIAA J, 2011, 49(1): 1057-1066.

[161] Roger M, Moreau S. Broadband Self Noise from loaded fan blades [J]. AIAA Journal, 2012, 42(3): 536-544.

[162] Stephane, Moreau, Michel, et al. Competing broadband noise mechanisms in low-speed axial fans [J]. AIAA Journal, 2007, 45(1): 48-57.

[163] Rozenberg Y, Roger M, Moreau S. Rotating blade trailing-edge noise: experimental validation of analytical model [J]. AIAA Journal, 2010, 48(5): 951-962.

[164] Sinayoko S, Kingan M J, Agarwal A. Trailing edge noise theory for rotating blades in uniform flow [J]. Proceedings of the Royal Society of London Series A, 2013, 469(2157): 20130065.

[165] Farassat F. Extension of Isom's thickness noise formula to the near field [J]. Journal of Sound and Vibration, 1979, 67(28): 245-302.

[166] Farassat F, Nystrom P. Isom's thickness noise formula for rotating blades with finite thickness at the tip [J]. Journal of Sound Vibration, 1980, 72(4): 550-553.

[167] Ghorbaniasl G, Hirsch C. Validation of a time domain formulation for propeller noise prediction [J]. International Journal of Aeroacoustics, 2006, 5(4): 295-310.

[168] Khelladi S, Kouidri S, Rey R. Isom's thickness noise for axial and centrifugal subsonic fans [J]. Journal of Sound and Vibration, 2008, 313(1-2): 1-6.

[169] Mao Y, Zhang Q, Xu C, et al. Two types of frequency-domain acoustic-velocity formulations for rotating thickness and loading sources [J]. AIAA Journal, 2014, 53: 713-722.

[170] Xu C, Mao Y, Qi D. Frequency-domain acoustic pressure formulation for rotating source in uniform subsonic inflow with arbitrary direction [J]. Journal of Sound and Vibration, 2014, 333(14): 3081-3091.

[171] Sutliff D L, Jones M G. Low-speed fan noise attenuation from a foam-metal liner [J]. Journal of Aircraft, 2009, 46(4): 1381-1394.

[172] Gu Y, Qi D, Mao Y, et al. Theoretical and experimental studies on the noise control of centrifugal fans combining absorbing liner and inclined tongue [J]. Proceedings of the Institution of Mechanical Engineers, Part A: Journal of Power and Energy, 2011, 225(6): 789-801.

[173] Sutliff D L, Jones M G, Hartley T C. High-Speed turbofan noise reduction using foam-metal liner over-the-rotor [J]. Journal of Aircraft, 2013, 50(5): 1491-1503.

[174] Glegg, Stewart A L. Effect of centerbody scattering on propeller noise [J]. AIAA Journal, 1991, 29(4): 572-576.

[175] Kingan M J, Self R H. Open rotor tone scattering [J]. Journal of Sound and Vibration, 2012, 331(8): 1806-1828.

[176] Sureshkumar P, Kingan M J. Open rotor tone acoustics: near-field prediction and projection [C]. 18th AIAA/CEAS Aeroacoustics Conference, 2012.

[177] Kingan M J, Powles C, Self R H. Effect of centerbody scattering on advanced open-rotor noise [J]. AIAA Journal, 2010, 48(5): 975-980.

[178] 程建春. 声学原理 [M]. 北京: 科学出版社, 2012.

[179] Lee S, Brentner K S, Morris P J. Acoustic scattering in the time domain using an equivalent source method [J]. AIAA Journal, 2012, 48(12): 2772-2780.

[180] Gounot Y J R, Musafir R E. On appropriate equivalent monopole sets for rigid body scattering problems [J]. Journal of the Acoustical Society of America, 2007, 122(6): 3195.

[181] Cheng B, Brentner K, Morris P. Validation of a time-domain equivalent source method for acoustic scattering by an oblate spheroid [C]. The 51st AIAA Aerospace Sciences Meeting Including the New Horizons Forum and Aerospace

Exposition, 2013.

[182] Swift S, Blaisdell G, Lyrintzis A. An efficient time-domain equivalent source method for acoustic scattering [J]. International Journal of Aeroacoustics, 2015, 14(1-2): 133-160.

[183] Mao Y, Gu Y, Xu C. Validation of frequency-domain method to compute noise radiated from rotating source and scattered by surface [J]. AIAA Journal, 2016, 54(4): 1-10.

[184] Mao Y, Xu C. Analytical acoustic power spectrum formulations for rotating monopole and dipole point sources [J]. Journal of Vibration and Acoustics: Transactions of the ASME, 2016, 138: 021009.

[185] Lighthill M J. The fourth annual fairey lecture: the propagation of sound through moving fluids [J]. Journal of Sound and Vibration, 1972, 24(4): 471-492.

[186] Dowling A P. Convective amplification of real simple sources [J]. Journal of Fluid Mechanics, 1976, 74(3): 529-546.

[187] Levine H. A note on sound radiation into a uniformly flowing medium [J]. Journal of Sound and Vibration, 1980, 71(1): 1-8.

[188] Lakhtakia A, Varadan V K, Varadan V V. Green's functions for propagation of sound in a simply moving fluid [J]. Journal of the Acoustical Society of America, 1989, 85(5): 1852-1856.

[189] Chapman C J. Similarity variables for sound radiation in a uniform flow[J]. Journal of Sound and Vibration, 2000, 233(1): 157-164.

[190] Wells V L, Han A Y. Acoustics of a moving source in a moving medium with application to propeller noise [J]. Journal of Sound and Vibration, 1995, 184(4): 651-663.

[191] Xu C, Mao Y, Qi D. Frequency-domain acoustic pressure formulation for rotating source in uniform subsonic inflow with arbitrary direction [J]. Journal of Sound and Vibration, 2014, 333(14): 3081-3091.

[192] Mao Y, Hu Z, Xu C, et al. Vector aeroacoustics for a uniform mean flow: acoustic velocity and vortical velocity [J]. AIAA Journal, 2018, 56(7): 2782-2793.

[193] Goldstein M E. A generalized acoustic analogy [J]. Journal of Fluid Mechanics, 2003, 488(488): 315-333.

[194] Gregory A L, Sinayoko S, Agarwal A, et al. An acoustic space-time and the Lorentz transformation in aeroacoustics [J]. International Journal of Aeroacoustics, 2015, 14(7): 977-1003.

[195] Rienstra S W, Hirschberg A. An introduction to acoustics [M]. Eindhoven University of Technology, 2013.

[196] Du Y, Ma T, Yang C D. Unifying the stationary and convective Ffowcs Williams and Hawkings solutions for aeroacoustic predictions via a Lorentz transformation [J]. Aerospace Science and Technology, 2023, 142(9): 124-136.

[197] 单鹏. 多维气体动力学基础 [M]. 北京:北京航空航天大学出版社,2008.

[198] Chorin A J, Marsden J E. A mathematical introduction to fluid mechanics [M]. 3th ed. New York: Springer-Verlag Publishing Company, 1990.

[199] Denaro F M. On the application of the Helmholtz – Hodge decomposition in projection methods for incompressible flows with general boundary conditions [J]. International Journal for Numerical Methods in Fluids, 2003, 43(1): 43-69.

[200] Bhatia H, Norgard G, Pascucci V, et al. The Helmholtz-Hodge decomposition—a survey [J]. IEEE Transactions on Visualization & Computer Graphics, 2013, 19(8): 1386-1404.

[201] Najafi-Yazdi A, Brès G A, Mongeau L. An acoustic analogy formulation for moving sources in uniformly moving media [J]. Proceedings of the Royal Society of London, Series A: Mathematical and Physical Sciences, 2011, 467: 144-165.

[202] Carley M, Fitzpatrick J A. Linear acoustic formulae for calculation of rotating blade noise with asymmetric inflow [C]. 2nd AIAA and CEAS Aeroacoustics Conference, 1996.

[203] Lighthill M J. On sound generated aerodynamically. II. turbulence as a source of sound [J]. Proceedings of the Royal Society A Mathematical Physical & Engineering Sciences, 1954, 222(1148): 1-32.

[204] Cantrell R H. Interaction between sound and flow in acoustic cavities: mass, momentum, and energy considerations [J]. Journal of the Acoustical Society of America, 1964, 36(4): 697.

[205] Morfey C L. Acoustic energy in non-uniform flows [J]. Journal of Sound and Vibration, 1971, 14(2): 159-170.

[206] Myers M K. An exact energy corollary for homentropic flow [J]. Journal of Sound and Vibration, 1986, 109(2): 277-284.

[207] Myers M K. Transport of energy by disturbances in arbitrary steady flows [J]. Journal of Fluid Mechanics, 2006, 226(-1): 383-400.

[208] Atassi O V. Computing the sound power in non-uniform flow [J]. Journal of Sound and Vibration, 2003, 266(1): 75-92.

[209] Xu C, Mao Y, Hu Z, et al. Vector aeroacoustics for a uniform mean flow: acoustic intensity and acoustic power [J]. AIAA Journal, 2018, 56(7): 2794-2805.

[210] Morfey C L, Tanna H K. Sound radiation from a point force in circular motion [J]. Journal of Sound and Vibration, 1971, 15(3): 325-351.

[211] Ffowcs Williams J E, Lovely D J. Sound radiation into uniformly flowing fluid by compact surface vibration [J]. Journal of Fluid Mechanics, 1975, 71(04): 689-700.

[212] Tanna H K, Morfey C L. Sound radiation from point sources in circular motion [J]. Journal of Sound and Vibration, 1971, 16(3): 337-348.

[213] Prieur J, Rahier G. Aeroacoustic integral methods, formulation and efficient numerical implementation [J]. Aerospace Science and Technology, 2001, 5(7): 457-468.

[214] Romani G, Casalino D. Rotorcraft blade-vortex interaction noise prediction using the Lattice-Boltzmann method [J]. Aerospace Science and Technology, 2019, 88(5): 147-157.

[215] Teruna C, Ragni D, Avallone F, et al. A rod-linear cascade model for emulating rotor-stator interaction noise in turbofans: a numerical study [J]. Aerospace Science and Technology, 2019, 90(23): 275-288.

[216] Mao Y, Hu Z. Analysis of spurious sound due to vortical flow through permeable surfaces [J]. Aerospace Science and Technology, 2020, 96: 105544.

[217] Goldstein M E. An exact form of Lilley's equation with a velocity quadrupole/temperature dipole source term [J]. Journal of Fluid Mechanics, 2001, 443: 231-236.

[218] Morfey C L, Sorokin S V, Gabard G. The effects of viscosity on sound radiation near solid surfaces [J]. Journal of Fluid Mechanics, 2012, 690(1): 441-460.

[219] Xu C, Mao Y. Experimental investigation of metal foam for controlling centrifugal fan noise [J]. Applied Acoustics, 2016, 104: 182-192.

[220] Xu C, Mao Y, Hu Z. Numerical study of pore-scale flow and noise of an open cell metal foam [J]. Aerospace Science and Technology, 2018, 82-83: 185-198.

[221] Khamis D, Brambley E J. Viscous effects on the acoustics and stability of a shear layer over an impedance wall [J]. Journal of Fluid Mechanics, 2016, 810: 489-534.

[222] Xin B, Sun D, Jing X, et al. Numerical study of acoustic instability in a partly lined flow duct using the full linearized Navier – Stokes equations [J]. Journal of Sound and Vibration, 2016, 373: 132-146.

[223] Na W, Boij S, Efraimsson G. Acoustic characterization of a hybrid liner consisting of porous material by using a unified linearized navier-stokes approach [C]. The 22nd AIAA/CEAS Aeroacoustics Conference, 2016.

[224] Holmberg A, Kierkegaard A, Weng C. A frequency domain linearized Navier – Stokes method including acoustic damping by eddy viscosity using RANS [J]. Journal of Sound and Vibration, 2015, 346: 229-247.

[225] Carbajo J, Ramis J, Godinho L, et al. A finite element model of perforated panel absorbers including viscothermal effects [J]. Applied Acoustics, 2015, 90(3): 1-8.

[226] Kierkegaard A, Allam S, Efraimsson G, et al. Simulations of whistling and the whistling potentiality of an in-duct orifice with linear aeroacoustics [J]. Journal of Sound and Vibration, 2012, 331(5): 1084-1096.

[227] Kierkegaard A, Boij S, Efraimsson G. A frequency domain linearized Navier-Stokes equations approach to acoustic propagation in flow ducts with sharp edges [J]. Journal of the Acoustical Society of America, 2010, 127(2): 710-719.

[228] Stokes G G. On the Theories of the internal friction of fluids in motion, and of the equilibrium and motion of elastic solids [M]. Classics of Elastic Wave Theory. Society of Exploration Geophysicists, 2007.

[229] Dokumaci E. On the effect of viscosity and thermal conductivity on sound power

transmitted in uniform circular ducts [J]. Journal of Sound and Vibration, 2016, 363: 560-570.

[230] Hardin J C, Hussaini M Y. Computational aeroacoustics [M]. New York: Springer-Verlag, 1993.

[231] Lele S K, Nichols J W. A second golden age of aeroacoustics? [J]. Philosophical Transactions of the Royal Society A: Mathematical, Physical and Engineering Sciences, 2014, 372(2022): 20130321.

[232] Fedorchenko A T. On some fundamental flaws in present aeroacoustic theory [J]. Journal of Sound and Vibration, 2000, 232(4): 719-782.

[233] Tam C K W. Computational aeroacoustics examples showing the failure of the acoustic analogy theory to identify the correct noise sources[J]. Journal of Computational Acoustics, 2002, 10(04): 387-405.

[234] Morris P J, Farassat F. Reply by the authors to C. K. W. Tam [J]. AIAA J, 2002, 62(9).

[235] Peake N. A note on "Computational aeroacoustics examples showing the failure of the acoustic analogy theory to identify the correct noise sources" by CKW TAM [J]. Journal of Computational Acoustics, 2004, 12(04): 631-634.

[236] Spalart P R. Application of full and simplified acoustic analogies to an elementary problem [J]. Journal of Fluid Mechanics, 2007, 578: 113-118.

[237] Moreau S. The third golden age of aeroacoustics [C]. Proceedings of the 29th Annual Conference of the Computational Fluid Dynamics Society of Canada, 2021.

[238] 孙晓峰,周盛. 气动声学 [M]. 北京: 国防工业出版社, 2014.

[239] Sun X, Wang X. Fundamentals of aeroacoustics with applications to aeropropulsion systems [M]. Shanghai: Shanghai Jiao Tong University Press, 2021.

[240] 乔渭阳. 航空发动机气动声学 [M]. 北京: 北京航空航天大学出版社, 2010.

[241] 乔渭阳,王良锋. 航空发动机实验气动声学 [M]. 北京: 科学出版社, 2022.

[242] 史勇杰,徐国华,招启军. 直升机气动声学 [M]. 北京: 科学出版社, 2019.

[243] Blake W K. Mechanics of flow-induced sound and vibration, volume 2: Complex flow-structure interactions [M]. Amsterdam: Academic Press, 2017.

[244] Zorumski W E. Aircraft noise prediction program theoretical manual, part 1 [R]. NASA Technical Report 83199, 1982.

[245] Lopes L V D, Burley C L. Design of the Next Generation Aircraft Noise Prediction Program: ANOPP2 [C]. Proceedings of the AIAA/CEAS Aeroacoustics Conference, 2011.

[246] Thurman C. The ANOPP2 Artificial Neural Network Tool Reference Manual. [R]. NASA Technical Report TM-20220014856, 2022.

[247] Duraisamy K, Iaccarino G, Xiao H. Turbulence modeling in the age of data [J]. Annual review of Fluid Mechanics, 2019, 51(1): 357-377.

[248] Brunton S L, Noack B R, Koumoutsakos P. Machine learning for fluid mechanics

[J]. Annual Review of Fluid Mechanics, 2020, 52(1): 477-508.

[249] Lye K O, Mishra S, Ray D. Deep learning observables in computational fluid dynamics[J]. Journal of Computational Physics, 2020, 410: 109339.

[250] Zhao Y, Akolekar Harshal D, Weatheritt J, et al. RANS turbulence model development using CFD-driven machine learning [J]. Journal of Computational Physics, 2020, 411(1): 109413.

[251] Kou J, Zhang W. Data-driven modeling for unsteady aerodynamics and aeroelasticity [J]. Progress in Aerospace Sciences, 2021, 125: 100725.

[252] Pope S B. Turbulent flows [M]. Cambridge: Cambridge University Press, 2013.

[253] Ning W, He L. Computation of unsteady flows around oscillating blades using linear and nonlinear harmonic euler methods [J]. Journal of Turbomachinery, 120(3): 508-514.

[254] Chen T, Vasanthakumar P, He L. Analysis of unsteady blade row interaction using nonlinear harmonic approach [J]. Journal of Propulsion and Power, 2000, 17(3): 651-658.

[255] Karniadakis G E, Kevrekidis I G, Lu L, et al. Physics-informed machine learning [J]. Nature Reviews Physics, 2021, 3: 422-440.

[256] Raissi M, Perdikaris P, Karniadakis G E. Physics-informed neural networks: a deep learning framework for solving forward and inverse problems involving nonlinear partial differential equations [J]. Journal of Computational Physics, 2019, 378: 686-707.

[257] Grasso G, Jaiswal P, Wu H, et al. Analytical models of the wall-pressure spectrum under a turbulent boundary layer with adverse pressure gradient [J]. Journal of Fluid Mechanics, 2019, 877: 1007-1062.

[258] Goody M. Empirical spectral model of surface pressure fluctuations [J]. AIAA J, 2004, 42(9): 1788-1794.

[259] Hu N. Empirical model of wall pressure spectra in adverse pressure gradients [J]. AIAA J, 2018, 56(9): 1-16.

[260] Lee S. Empirical wall-pressure spectral modeling for zero and adverse pressure gradient flows [J]. AIAA J, 2018, 56(5): 1-12.

[261] Hwang Y F, Bonness W K, Hambric S A. Comparison of semi-empirical models for turbulent boundary layer wall pressure spectra [J]. Journal of Sound and Vibration, 2009, 319(1-2): 199-217.

[262] Lecler S, Weiss P E, Deck S. Prediction of wall-pressure fluctuations for separating/reattaching flows applied to space launchers using zonal detached eddy simulation-based convolutional neural networks [J]. Physics of Fluids, 2023, 35(6): 065107.

[263] Ling J, Barone M F, Davis W, et al. Development of machine learning models for turbulent wall pressure fluctuations [C]. Proceedings of the 55th AIAA Aerospace Sciences Meeting, 2017.

[264] Dominique J, Van den Berghe J, Schram C, et al. Artificial neural networks modeling of wall pressure spectra beneath turbulent boundary layers [J]. Physics of Fluids, 2022, 34(3).

[265] 张勇奇, 程康, 徐辰, 等. 基于深度学习的壁面压力脉动频谱预测 [C]. 哈尔滨: 第三届全国计算声学大会, 2023.